中国科学院科学与社会系列报告

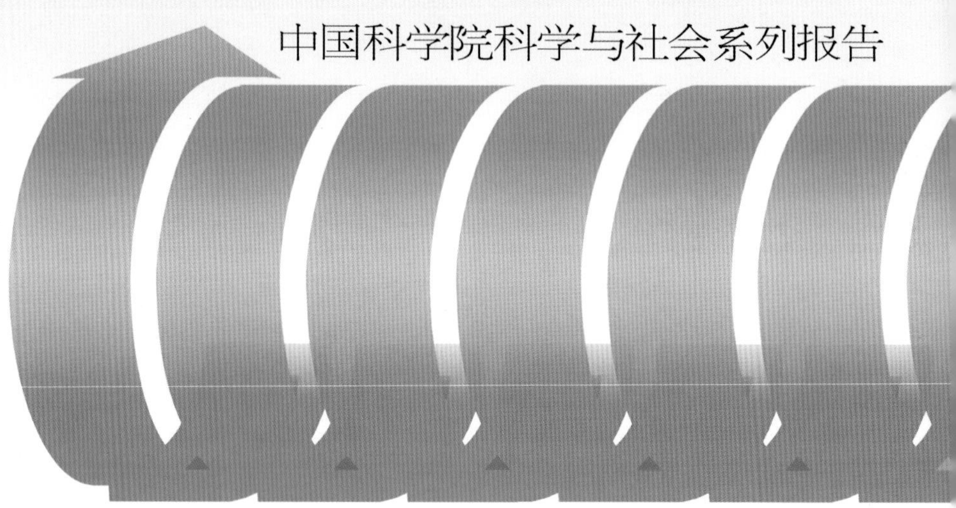

2005
高技术发展报告

High Technology Development Report

中 国 科 学 院

科 学 出 版 社

北 京

内 容 简 介

本书是中国科学院面向公众、面向决策人员的系列年度报告——《高技术发展报告》的第六本。全书在综述2004年高技术发展动态的同时，以生物技术为主题，着重介绍生物技术领域发展趋势、生物技术新进展、高技术与社会等社会普遍关注的重大问题，提出促进中国高技术与产业发展的思路和政策建议。

本报告有助于社会公众了解高技术特别是生物技术发展动态，可供各级领导干部、有关决策部门和社会公众参考。

图书在版编目(CIP)数据

2005高技术发展报告/中国科学院.—北京：科学出版社，2005
（中国科学院科学与社会系列报告）
ISBN 7-03-015034-1

Ⅰ.2…　Ⅱ.中…　Ⅲ.高技术-技术发展-研究报告-中国-2005　Ⅳ.N12

中国版本图书馆CIP数据核字（2005）第011922号

责任编辑：沈红芬　侯俊琳／责任校对：鲁　素
责任印制：钱玉芬／封面设计：黄华斌

科学出版社 出版
北京东黄城根北街16号
邮政编码：100717
http://www.sciencep.com
中国科学院印刷厂 印刷
科学出版社发行　各地新华书店经销
*
2005年3月第　一　版　开本：787×1092　1/16
2005年3月第一次印刷　印张：15½　插页：2
印数：1—12 000　字数：295 000

定价：36.00元

（如有印装质量问题，我社负责调换〈科印〉）

世界科技发展的新趋势及其影响

（代序）

路甬祥

胡锦涛总书记在2004年召开的两院院士大会上指出："科学技术是经济社会发展的一个重要基础资源，是引领未来发展的主导力量。"全面建设小康社会，实现经济社会全面协调可持续发展，需要我们正确把握当今世界科技发展趋势，深刻认识科学技术对经济社会发展的影响，切实推进我国科技进步和创新，全面落实科学发展观，推动我国经济社会的全面协调可持续发展。

一、当今世界科技发展的现状与趋势

进入新世纪之后，新的科学发现、新的技术突破及重大集成创新不断涌现，学科交叉融合进一步发展，科学与技术不断更新，科学传播、技术转移和规模产业化速度越来越快。科学技术在经济社会发展和人类文明进程中发挥了更加明显的基础性和带动性作用。

1. 信息科技依然发挥主导作用

计算机科技继续向深亚微米、超大规模集成、网格化、智能化方向发展；量子计算、生物计算等将可能引发计算模式的变革，从而研制出更加快捷、更加安全、功能更加多样的计算工具；以通信、计算机、软件、宽带网络及3S（遥感、全球信息系统、全球定位系统）等技术为代表的信息技术，以及计算机、网络通信、信息家电和信息处理技术的相互融合，继续改变着人类的生活方式与生产方式，并将继续推进新军事变革；信息技术与其他技术交叉融合，促进传统产业升级换代，催生出新的产业门类，改变了人类社会的产业结构。

2. 生命科学和生物技术正酝酿一系列重大突破

基因组学、蛋白质组学、脑与认知科学等已成为生命科学的热点与前沿，生命科学、物质科学、信息科学、认知科学与复杂性科学的融合孕育着重大的科学突破；以人类和重要作物基因组学为基础的生物技术，在解决人类食品、疾病和健康等问题方面不断取得重大进展；以生物为材料的工业生物技术异军突起，估计 2020 年后，工业生物制造有可能成为重要的核心产业，并将带动绿色生产和循环经济的发展；生物技术还将带动环境、能源等领域发生重大变革；通过对生物多样性了解的深入，以及生态环境修复技术的发展，将使人类有可能扭转长期以来单纯向自然索取的历史，逐渐恢复较为健康稳定的地球生态系统。

3. 物质科学焕发新的生机

向微观领域探索的粒子物理学，将继续致力于 4 种基本相互作用统一理论的探索，并可能取得新的进展，致力于宏观领域探索的宇宙学，将继续深入探讨宇宙起源和演化等重大理论问题，并有望出现新的突破，特别是通过揭示占宇宙 96% 物质成分的暗物质和 20% 暗能量的奥秘，有可能导致可以和量子论、相对论比肩的重大理论突破，形成人类新的时空观、物质观和能量观；新的量子现象和规律不断发现，并将得到更为广泛的应用，新一代量子器件将推动信息科技和生物技术进入新的发展阶段；在化学领域，材料分子尺度的设计和组装已成为可能，将对材料制备产生革命性的影响。

4. 新材料继续成为人类文明的基石

21 世纪材料科学与技术的发展具有功能化、复合化、智能化和环境友好等特征，最活跃的将是信息功能材料、纳米材料、高性能陶瓷、生物材料、复合材料等。高比强度、高比刚度、耐高温高压、耐腐蚀等极端条件的超级结构材料将向着强功能和结构与功能一体化的方向发展，智能材料将进一步受到重视。纳米材料和碳纳米管将成为 21 世纪的超级材料，作为纤维，其强度有可能比钢大 100 倍，而重量仅为同体积钢的 1/6；作为导线，其电导率远远超过铜，纳米技术的规模应用可能在 15 年以后逐渐实现。智能材料和超导材料因具有特殊的功能，将格外受到重视，预计到 2020 年前后，美国、日本及欧洲将利用超导电缆输送电力，减少能耗，超导材料还将使 21 世纪的航运、铁路及其他基础设施面貌一新。用于国防的隐身材料的研究已从初期的涂覆性涂层向复合结构、掺混军工材料发展，用纳米高分子复合材料制作隐身材料已成为世界国防科技关注的热点。

5. 资源环境科学技术发展迅速

地球系统科学、环境污染的分子科学原理、环境资源定量方法、循环经济理论等已成为新的热点，生物多样性和生态系统持续管理、环境健康和环境变化等日益受到全球的普遍关注，环境技术已成为许多国家优先发展的重点高技术领域，正在不断为实现经济与社会、人与自然的协调发展提供有力的科学基础和技术支撑；资源科学将从对地表浅层资源的探寻走向地表深层，从陆地走向海洋，从单纯注重矿产资源的探寻逐步转移到以可持续发展为目标的资源合理利用与环境保护。

6. 能源科学技术越来越受到重视

化石燃料的高效与清洁利用技术将得到广泛应用，节能技术及能源高效利用技术愈来愈受到广泛重视，单位 GDP 的能耗将继续出现显著下降，环境污染将进一步降低；到 2020 年，太阳能、风能和生物质能等可再生能源在一些发达国家将占到能源总量的 20% ~30%；氢能源体系的开发引起重视，污染少、效率高、发展潜力巨大的燃料电池关键技术已基本解决，正在走向产业化，并向电站规模发展，向燃料电池与蒸汽燃气轮机技术集成方向发展，形成联合循环发电；核能的利用将进一步发展，不久的将来有可能研制出高效、安全、洁净的先进核能系统；核聚变能研究与探索显现希望的曙光，一旦受控核聚变技术取得突破并实现商业化应用，将开辟人类能源利用的新途径。

7. 空间和海洋科技为人类开辟新的疆域

在经历了半个多世纪的发展后，航天技术将进一步加快拓展应用领域和市场；开发月球资源和发展太空生产能力将在 21 世纪初成为现实；外层空间微重力和超真空环境的利用将使人类在 21 世纪初生产出超纯材料、新的药品和优质抗逆农作物品种等；空间通信、遥感和全球导航定位已经或正在形成新兴产业，多层次、多用途、实时性、天地衔接的天基信息系统将为社会经济发展和国家安全提供强有力的保障。海洋科技事关人类的可持续发展，事关国家安全，事关世界政治和经济格局，因此越来越引起各国的重视。海洋环境科学、海洋生态科学、海洋及海底构造动力学等学科的研究日趋活跃；海洋生物多样性资源可持续开发利用的生物技术以及相关海洋信息技术和海洋渔牧技术，成为世界各国竞相发展的海洋高技术领域；深海生物基因开发技术、天然气水合物资源勘探技术，将为人类开发出新型食物、新型药物和新的能源。

8. 数学在自然科学、工程技术和社会科学中的作用意义重大

数学在不断探索数与形内在逻辑和简洁优美表达的同时，成为自然科学与工程技术的基础语言和犀利工具，并与系统科学、计算机科学技术一起，致力于发展生物、地球、环境、宇宙、认知等复杂系统研究的分析方法和理论创新；数学与社会科学的结合使得一些传统的定性学科走向定量学科，成为分析经济社会发展和金融动态及现代管理的有效手段，并为宏观决策提供可靠的依据；基于数学分析的复杂性科学和系统科学将为解决多系统、多层次的复杂现象提供强有力的科学支撑。

科技进步日新月异，世界科学技术正在酝酿着新的突破，一场新的科技革命和产业革命正在孕育之中，在未来 30～50 年里世界科学技术将会继续出现重大原始性创新突破，很有可能在信息科学、生命科学、物质科学，以及脑与认知科学、地球与环境科学、数学与系统科学乃至社会科学之间的交叉领域形成新的科学前沿，发生新的突破。纵观当今世界科学技术的发展趋势，呈现出以下的特征：

1. 科技创新、转化和产业化的速度不断加快，原始科学创新、关键技术创新和系统集成的作用日益突出

第二次世界大战之后，世界科技日新月异，科研成果转化为现实生产力的周期越来越短，科学与技术的界限趋于模糊，技术更新速度越来越快。到 19 世纪，电从发明到应用相隔近 300 年，电磁波从理论的提出到实现无线通信相隔近 30 年；到了 20 世纪，集成电路仅用了 7 年的时间就得到应用，而激光从发现到应用仅仅用了一年多。今天，人类基因组、超导、纳米材料等本属于基础研究的成果，有的早在研究阶段就申请了专利，很多科学研究的成果迅速转化为产品，进入人们的生活；原始科学创新、关键技术创新和系统集成的作用日益突出，竞争已前移到基础科学的原始创新阶段。原始创新能力、关键技术创新和系统集成能力已经成为国家间科技竞争的核心，成为决定国际产业分工地位和全球经济格局的基础条件。

2. 科技发展呈现出群体突破的态势

第一次技术革命的主导技术是蒸汽机动力技术，第二次是电力技术，第三次是电子科技。而当代的科学发展则表现出群体突破的态势，起核心作用的已不是一两门科学技术，而是由信息科技、生命科学和生物技术、纳米科技、新材料与先进制造科技、航空航天科技、新能源与环保科技等构成的高科技群体，这标志着科学技术进入了一个前所未有的创新群体集聚时代。尽管当代科技的构成不同、功能各异，但是它们相互联系，彼此渗透交叉，整个科技群体构成了协同发展的复杂体系。这

种发展趋势正是因为客观世界本身就是统一的复杂体系，科技在向微观和宏观层面深入的同时，也越来越关注复杂系统的研究。而对社会系统、经济系统、脑和生命系统、生态系统、网络系统的研究，将对经济、社会和人与自然的协调发展和科技的进步产生重大影响。

3. 学科交叉融合加快，新兴学科不断涌现

17 世纪科学革命之后的几个世纪里，科学技术领域不断细分。但最近几十年，一方面科学技术向微观和宏观两极发展，另一方面科学技术揭示出自然组织和社会组织也存在着深层次的相关性。20 世纪以来，特别是第二次世界大战以后，科技发展的跨学科性日益明显，诸如 DNA 结构的破解和计算机的发明与发展等很多重大发现或发明，都来自于不同学科研究者的共同努力。现在的一些举世瞩目的重大科学问题，比如生命的起源、宇宙的起源、智力的起源及其活动规律，都是跨学科问题。科学和技术的融合成为当今科技发展的重要特征，许多学科之间的边界将变得更加模糊，未来重大创新更多地出现在学科交叉领域。学科之间、科学与技术之间的相互融合、相互作用和相互转化更加迅速，逐步形成统一的科学技术体系。学科的交叉融合，促进了新兴学科的发展，量子力学的突破使量子化学、量子生物学、量子信息学等新兴学科应运而生，深化了人类对化学、生物学、信息科学基本原理的认识；数学和统计力学的发展，结合大规模计算和仿真技术的应用，深化了人类对于复杂系统的认识，促进了地球与环境科学、经济学、社会学等学科由定性走向定量，催生了系统生命科学和跨圈层地球科学的诞生。

4. 科技与经济、社会、教育、文化的关系日益紧密

当前经济社会发展中的一些重大科技问题，已不单纯是自然科学与技术问题，比如温室效应，臭氧层破坏，资源环境，艾滋病等流行性疾病的预防、控制与治疗，如何实现人与自然和谐发展，如何实现经济社会全面协调可持续发展等，这些问题不仅涉及自然科学的认知和技术支撑，还涉及经济、政治、法律、社会发展、文化和教育等。这些问题的解决超出了自然科学技术能力的范围，必须综合运用自然科学、技术手段和人文社会科学研究协同解决；在发展经济过程中，我们不仅要考虑人类对自然的开发能力，而且要重视经济社会协调发展，重视人与自然的和谐相处，以知识投入来代替物质投入，以尽可能达到经济、社会与生态环境的和谐统一；科学技术应比以往任何时候都更加关注经济社会的全面协调可持续发展，关注人与自然的和谐发展，科学技术不仅要作为第一生产力推动着经济发展，而且要作为先进文化的重要基石，在精神生活层面上推动人的全面发展和人类文明的进步，科学精

神和人文精神的融合，将不断发展和更新人类的世界观、人生观、价值观和思维与生活方式。

5. 国际科技交流与合作日益广泛

国际科技交流与合作日益广泛是由科学技术的本质特点决定的，科学没有国界，技术的发展也必须着眼于全球竞争与合作，在经济全球化时代，任何一个国家都不能长期独享某项科学技术成果，也不可能独自封闭发展并保持科技先进水平；随着经济全球化的进程加快，人们面临的许多问题也越来越显示出明显的全球特征，如全球环境问题、食品安全、生物多样性保护和传染病的防治，以及反恐、维护世界和平与稳定、保障国家安全等问题，都需要全球的交流与合作；经济全球化的发展促进了科技创新活动的国际化，一些跨国公司，为了获取最大利益，充分利用一些发展中国家的科技资源和人力资源，在转移技术、扩散加工的同时，也在其他国家建立了一些研发机构；现代先进的信息和通信手段的发展与广泛应用，推进了国际间的科技交流合作，一个国家的科技成果往往在全球得到迅速而广泛的传播。国际科技交流与合作有利于科技的发展，有利于发展中国家及时吸收世界上最先进的科技知识和促进本国科技人才的成长。但是，科技创新活动的国际化并不意味可以忽视本土自主创新能力建设，因为一个国家和民族只有具备强大的创新能力，才能在全球科技竞争与合作中居于主动地位，才能通过国际科技交流与合作不断提升自主创新能力。

二、科技对经济社会发展的影响

当代科学技术作为改变世界的主导力量，在经济社会的发展中发挥了巨大的作用。科技成果在经济社会发展中的广泛应用，导致社会生产力飞跃发展，改变了人类的生产方式和生活方式，社会生产关系也发生了重大变化，全球格局重新调整，给世界各国的经济发展和人类社会的文明进步带来了新的机遇和挑战。

1. 科学技术推动社会生产力发生巨变

科学技术极大地拓宽了生产领域与对象，由陆地扩展到海洋和太空，随着科技产业化的发展，诸如细胞、DNA、纳米材料、机器人等也从实验室对象转变为生产应用对象；科学技术开辟了新的产业领域，并使传统产业部门的劳动对象、劳动工具和劳动者得到更新，科技不断用新材料、新能源、新技术变革生产的物质技术基础，以信息化、智能化的生产工具、机器设备和操作系统装备社会生产力，推动着社会生产向着自动化、信息化的方向发展；智能机器的研制和使用，代替人在各种恶劣环境和各种特殊条件下进行工作；科学技术提高了劳动者的素质，使其知识、技能大幅度提高，从而提高了人的创造能力和劳动生产率；科学技术的高速发展，加快了知识的形成和传播速度，加快了科学技术在生产过程中的应用，提高了管理、运营和交易的效率，从而在总体上促进了生产力的高速发展。

2. 科学技术推动生产方式发生变革

科学技术带动社会生产力水平的大幅度提高，进而产生出与之相适应的生产方式。机械化、自动化生产方式使人从笨重的体力生产中解放出来，信息化的生产方式使封闭的生产转变为开放的生产，从而使生产经营者更加了解市场的反应，信息化、网络化推动着全球生产格局的形成，从而实现了生产要素的最佳组合；数字化、柔性化生产创造了多样、快捷和灵活的柔性生产方式，提高了市场响应能力和生产效益；科技创造出清洁、文明、无污染的生产过程，并通过提高脑力劳动的比重，创造了知识化、人性化的生产方式，把人们从繁重的体力劳动和非创造性劳动中解放出来；科技通过创造绿色材料、绿色工艺和绿色产品，创造出绿色的生产方式，推动着循环经济的形成。

3. 科学技术推动产业结构调整加快

20 世纪 50 年代以来，发达国家纷纷通过发展高新技术产业和现代服务业，通过向发展中国家转移传统产业，开始了全球范围的产业结构调整；一些发达国家利用科技优势和经济优势，率先进入知识经济时代，占据了世界经济的“头脑”部位，而一些发展中国家则由于历史和发展水平等原因，只能占据世界经济的“躯干”部位，有的甚至处于边缘化的地位；世界产业结构的调整始终是一个动态的过程，科技创新能力在决定一个国家在全球产业分工中起到了决定性的作用，一些发展中国家和地区，通过提高自主创新能力，由全球产业分工的下游进入了中上游的位置，而一些曾经比较发达的国家，则由于自主创新能力衰退等因素，重新沦落到世界产业分工的中下层。

4. 科学技术推动全球市场经济的发展

科技密集型产业和高技术产业扩大了对知识、信息、技术和人才的需求，增加了市场交换的内涵和规模，促进了知识市场、信息市场、技术市场和人才市场的形成与发展；科学技术为人类创造出更加便捷的交通和通信工具，极大地消除了地域的阻隔，加快了资本、人才、商品和信息的流通速度；信息技术改变了传统的交易和结算方式，使得市场交换走向电子化、信息化、符号化和网络化；科学技术推动市场机制不断完善，信息技术提高了市场的透明度，为市场的监管和调控提供了新的手段，同时也使市场行为主体能够最大限度避免盲目性；现代交通运输和信息手段使各种生产要素在全球范围内进行优化配置，推动了全球市场经济的发展。

5. 科学技术改变了人类的生活方式

科学技术不仅为人类创造了丰富的物质生活，而且作为先进文化的核心和基础，也为人类创造出了丰富的精神财富，改变着人们的生活方式。信息技术的发展使人们可以更便捷地学习知识、欣赏艺术和体育，丰富了人与人之间的交流；现代科学技术可以自动监视家庭安全，自动操作家庭劳作，向家人提供各种资料和情报，使家庭生活的面貌彻底改观；科学技术使人们的生活内容发生变化，职业劳动时间减少，学习和休闲时间增加，精神生活比重不断上升，使人的个性和创造力得到充分发展；便捷的交通和通信工具，使人们可以很快到达世界各个地方，促进了旅游及不同民族之间的交流与相互了解；科学技术使家庭生活与社会生活之间形成新的关系，在现代信息技术的帮助下，人们真正实现“秀才不出门，能知天下事”，可以足不出户，从事各种职业，参与社会活动。

6. 科学技术促进了教育和文化的发展

工业化时代需要的是具有专业特长的专门人才。在当代科学技术影响下，人们所面对的发展课题往往突破了传统的专业界限，这就要求人们的知识结构由单一的专业型转变为基础与综合型；随着生产过程对知识要求的增加和知识更新周期的缩短，以及人们精神生活的丰富，传统的学校教育转变为终身学习与教育；当代科学技术为教育提供了现代化的技术手段，出现了诸如远程教育、网络教育等新的教育方式，为缩小文化教育发达地区与落后地区之间、城市和乡村之间的教育差距创造了条件；科学技术为文化多样性的发展创造了条件，并通过便捷的通信、交通设施，促进了不同区域、不同民族和不同国家之间的文化交流与融合；信息、生物、纳米等科学技术发展引发了一些新的伦理道德问题，使传统的文化和道德理念遇到前所未有的挑战，也为适应科技时代的先进文化发展创造了条件。

7. 科学技术推动社会组织结构和管理模式的变革

科学技术改变着社会劳动力的构成。拥有现代知识、信息、技术专长的劳动者数量不断增加，日益成为先进生产力的创造者和开拓者，在一些工业发达国家中，由科技企业家、经营管理者、工程师和技术工人构成的中产阶级已经占到人口总数的 50% ~60%。科学技术推动着传统的金字塔型等级管理结构转变为网络型组织管理结构，科技进步加快了现代社会生产和生活的节奏，市场变得更加瞬息万变，人们的兴趣、需求和社会生活不断朝着多样化和多元化的方向发展，这就要求管理主体能及时、准确地做出反应，迅速灵活地调整战略和策略。传统的等级管理结构从获得信息到做出决策再到决策的实施需要较长的周期，已经不适应当代社会的发展要求，当代信息技术打破了信息垄断，管理上层和下层获得信息的范围、数量及时间上的差别正在不断缩小，形成了一种分层决策、分层管理的管理结构，成为一种快速灵活的决策系统和高效率、高质量的管理系统。科学技术推进了社会的民主、法制进程，信息技术极大地促进了文化、知识、信息的传播，普遍提高了人们的文化知识水平和组织管理的能力，为人们获取信息和表达意愿提供了条件，不断提高人们的民主、法治意识、观念和参与公共治理的积极性。

8. 科学技术改变国家安全格局

伊拉克战争展示的新军事格局，标志着科学技术已经使现代战争从机械化时代转向数字化、信息化时代，其基础是先进的科学技术，核心是制信息权和制空权。精准打击、光电、隐形、超限武器和新概念武器等，成为军事科技竞争的焦点；军民技术之间的界限已被打破，国防建设成为经济社会发展的重要组成部分；单边主义与多极化格局之间的斗争在曲折中发展，在和平与发展仍是世界主流的今天，单纯的军事竞争已让位于政治、经济、科技与军事等综合国力的竞争，国与国之间的对抗已由军事威胁、经济制裁转向科技遏制；科技进步使得国家安全观有了新的拓展，国家安全已不只是国防安全，还包括了信息安全、经济安全、金融安全、资源安全、生态安全和国民健康安全等新的内涵。科学技术是一柄双刃剑，在为人类带来幸福和发展机遇的同时，也必然会带来新的挑战。

“创新是一个民族的灵魂，是一个国家兴旺发达的不竭动力。”我们要紧密团结在以胡锦涛同志为总书记的党中央周围，以邓小平理论和“三个代表”重要思想为指针，全面落实科学发展观，把握历史机遇，深化科技体制改革，建设国家创新体系，全面提升我国的科技创新能力，为全面建设小康社会、推进社会主义现代化，实现中华民族的伟大复兴，提供强大的科技支撑和发展动力。

前　言

当今世界，高技术发展日新月异，高技术产业国际竞争日趋激烈，高技术及其产业发展水平已经成为新产业革命和新军事变革的重要技术基础，成为经济社会可持续发展的重要支撑和国家安全的根本保障，成为国家综合国力和竞争力的综合体现。在全球化背景下，知识、信息、人才等科技资源流动加快，新兴、交叉学科不断涌现，大大缩短了高技术产业化周期，技术交叉融合趋势增强，专利和技术标准已经成为当今国际科技竞争的制高点。

未来20年甚至更长的时期内，我国将面临经济全球化竞争、经济社会协调发展、国家安全威胁和资源环境危机等战略性挑战。因此，关注技术发展动态、跟踪技术发展前沿、强化自主创新能力、力争重点领域突破、促进高技术产业化、推动传统产业升级，是应对新一轮科技革命和产业革命的挑战、落实全面协调可持续发展观的必然要求。

回顾2004年，世界高技术发展风光无限，气象万千，深刻地影响着世界未来发展方向。在给人们带来新的惊喜与美好憧憬的同时，也引发人们越来越多地思考科学技术与经济、社会、教育、文化之间日益紧密的关系。信息技术继续向深亚微米、大规模集成化、网格化、智能化的方向发展，信息技术的发展深刻而广泛地改变着人类的生产方式和生活方式，极大地推动了新军事变革和安全观念的转变，促进了传统产业升级并催生了许多新兴产业。回顾2004年，信息技术领域热点仍是通信技术、高性能计算机、下一代互联网技术和先进机器人技术的突破与进展；生命科学和生物技术领域热点是解决食品、疾病和健康等问题的重大技术突破，生物技术产业化进程加快和生物经济时代初见端倪；能源技术领域热点是石油价格高涨迫使人们加速核能、氢能及太阳能、风能、地热能、生物能等可持续能源开发利用的相关技术的研究开发，以保障人类文明社会的健康、持续发展。新材料领域热点仍然是纳米材料、超导材料和结构材料。有迹象表明，超级结构材料特征正在由功能化、复合化、智能化和环境友好向结构与功能一体化的方向延伸。空间技术领域热点异彩纷呈，包括火星之旅、深空探测、宇宙飞船与人造卫星。

回顾过去50年发展历程，生命科学研究极大地促进了农业生物技术和工业生物技术的发展，在解决食品、疾病、能源与环境等问题上已经取得并将继续取得重大进展，生物经济时代即将到来。展望未来，生物技术研究重点是理解细胞过程和基因功能，从整体上理解生命活动，进而发现新的生物技术产品，改进现有生物产品与工艺过程，并重视生物技术的应用。健康方面，致力于发现快速准确诊断检测手段、开发低副作用治疗药物、研制新的高安全性疫苗；农业方面，致力于用生物技术方法提高产量、降低水肥投入、开发害虫控制新方法；工业方面，致力于降低或消除废物排放，减少能源与不可再生原材料的消耗；产业发展方面，正面临着生物技术革命带来的新机遇和挑战。

《高技术发展报告》是中国科学院面向决策、面向公众的系列年度报告之一。《2005 高技术发展报告》主题为生物技术，共分“2004 年高技术发展综述”、“生物技术领域发展趋势”、“生物技术新进展”、“高技术产业竞争力评价”、“高技术与社会”和“专家论坛”6 章。报告系统回顾了2004 年我国高技术各领域主要进展，综述了生物技术领域发展趋势，介绍了生物技术领域前沿进展及其产业化前景，多角度探讨了生物技术对社会的深刻影响，评价了中国医药制造业国际竞争力，分析了中国高技术产业国际竞争实力及其演进态势，针对国家技术创新建设、国家技术标准战略、国家生物技术产业发展战略、中药现代化战略和生物产业发展政策等重大问题进行了深刻思考和论述，提出了促进高技术特别是生物技术及其产业化的政策建议。

《2005 高技术发展报告》是在中国科学院路甬祥院长亲自指导和众多两院院士及其他专家的热情支持下完成的。报告由中国科学院副秘书长曹效业研究员总策划，饶子和、汪前进、刘峰松、陶宗宝等同志在报告完成过程中给予了慷慨的支持和帮助，洪德元、汪前进、王春法、金吾伦审阅了本报告有关章节。报告的组织、研究与编撰工作由中国科学院科技政策与管理科学研究所承担。课题组组长是穆荣平，成员有袁志彬、李真真、段异兵、朱效民、吴灼亮、任中保、陈洪元。

中国科学院“高技术发展报告”课题组

2005 年 2 月 1 日

目　　录

Contents

第一章

2004年高技术发展综述

2004年高技术发展综述

朱效民
（中国科学院科技政策与管理科学研究所）

2004年高技术一如既往的迅猛发展继续深刻地影响着世界的各个角落，引领着未来的发展方向，在吸引了无数目光的同时也引发了众多热烈的争论，风光无限，气象万千。信息通信、生物技术、材料技术、能源技术和空间技术是5个重要的高技术领域，本文将对它们在2004年的新进展和前景进行简要的综述。

一、信息通信技术

2004年的信息技术风采依旧，继续向深亚微米、大规模集成、网格化、智能化的方向发展，改变人类的生产、生活方式，推动新军事变革，促进传统产业升级，并催生新的产业。新的通信技术、高性能计算机和下一代互联网仍是2004年度的热点。

1. 光纤通信技术

光纤通信技术的诞生与发展是电信史上的一次重要革命。今天光纤通信技术又一次进入了蓬勃发展的新高潮，涉及的范围更广，技术更新更难，影响力也更大，其演变和发展的结果将在很大程度上决定电信网和信息业的未来大格局，也将对本世纪的社会经济发展产生巨大而深远的影响。

信息技术开发中的一个热点是继续提高通信传输的速率和频宽。用电信号传输，单波长传输的速率极限是每秒100吉比特。相比之下，光通信潜力则大得多，但是传输距离延长后，光信号的波形会发生畸变，从而导致信号变差。日本电信电话公司在不把光信号变为电信号的情况下开发出了一种新装置，该装置能在光信号传输时检测到信号的波形畸变，然后将信号恢复原状，从而开发出世界上最快的光通信技术，单波长传输速率达到每秒160吉比特，相当于每秒可传4部2小时长的电影。这一速率是现有传输速率的16倍。和一般装置相比，新装置检测和矫正的精确度提高了200倍以上，而且可以适应各种温度和气压的变化。日本电信电话公司使用80公里长的色散移位光纤进行了传输试验，获得成功。就通信来说，拥有更高的速率和频宽，就意味着拥有更高的容量和效率，显然这项新技术为建设传输速率更快的新一代光通信网奠定了基础。

在未来，将带给我们数千电视频道、视频会议、远程医疗、远程学习，以及将我们周围的每个情景和声音都做数字记录的是带宽最宽的光纤通信。加拿大的阿尔伯达超网络（Alberta SuperNet）是代表未来光纤通信的典范。SuperNet本身并不是互联网服务提供者，而是通过互联网规程这一基本的运送数据包的全球标准来提供原始的网络连接。它将把1300个学校、医院、图书馆及阿尔伯达地图上的各个小区连接在一起，几乎每一个阿尔伯达人都将能够获得每秒兆比特的宽带通道，其速率和费用让纽约或者东京的居民嫉妒。美国的三大通信供应商之一的Verizon公司，也在着手进行一项历时10～15年、耗资200亿～400亿美元将其光纤入户的网络更新计划。

网络用户对高速数据服务日益高涨的需求与网络基础设施建设资金相对短缺的矛盾，一直是困扰服务运营商的一个现实问题。目前，无论是发达国家还是我国，核心网或骨干网的建设都已经比较完善，但边缘网（即用户与运营商网络相连的部分）的建设还处于初始阶段，而网络的用户都在边缘网。光无线通信也称自由空间光通信（简称FSO），可以取代固定无线接入，可提供的带宽达2.5吉比特以上，在本地网和边缘网等近距离高速网的建设中大有用武之地。据预测，今后3～5年内这一技术的市场将达到10亿～20亿美元。2004年7月我国通过鉴定的“快速以太网光无线通信系统”，实现了155兆比特高速信息的稳定传送，非常适合政府部门、学校、医院、中小企业等内部及其与外界进行信息高速传递。此项技术在应急通信、战术通信、快速业务提供、密集商业区通信、城域网和接入网等领域，具有广阔的应用前景。

2. 高性能计算机

高性能计算水平是一个国家科研实力的重要标志之一，高性能计算机是很多计算机技术的源头，对其研究开发，各国更是你追我赶，互不相让。2004年11月，IBM公司重返全球超级计算机500强榜首，新研发的“蓝色基因L”超级机每秒运算 70.72 万亿次，成为目前世界上运行速度最快的计算机，远远超过前任第一——每秒运算 36 万亿次的日本“地球模拟器”。此前，美国能源部曾提出发展高性能计算机的战略，计划开发将向量计算机和用“市场通行芯片”组装的计算机的优点相互结合的下一代计算机。不过日本也已宣布，将在 2010 年前开发出每秒运算能力达 1000 万亿次的超级计算机，以用来进行制药设计和超微细材料的模拟研究。看样子你追我赶的激烈竞争仍将继续下去。

由中国科学院计算所、曙光公司和上海超级计算中心共同研制的每秒峰值运算速度 10 万亿次的曙光 4000A 系统，在 2004 年 6 月公布的全球高性能计算机排行榜上位列第十。曙光 4000A 系统实现了我国高性能计算机研发与应用的双跨越，使中国成为继美国、日本之后第三个能制造 10 万亿次商品化高性能计算机的国家之一。2004 年 11 月 15 日，曙光 4000A 系统在上海正式启用，标志着中国最大的网格主节点投入运行，一座信息技术领域的“三峡大坝”正在构建。该系统投入应用后，可以极大地减少如气象预报、药物评价筛选研究等方面科学计算的工作量，为科学计算、公益事业、工业工程、商业应用等用户提供更有力的高性能计算服务。

加拿大多伦多大学在 5 月 13 日的《Nature》杂志上撰文表示，他们在几纳秒的时间内在小于 1 米的空间上，成功地使 3 个不同极化态的光子沿同一路径移动。这一发现将有助于人们测量引力曲线及原子的能量结构，并促进量子计算机的研发。

除了芯片的体积更小、速度更快的趋势外，2004 年电脑芯片的研发与生产还出现了重大转折点——双核电脑芯片。世界上最大的芯片生产商英特尔公司 2004 年度宣布研制出双核电脑芯片，这种芯片的特点是在一个处理器上集成两个处理器，将大幅度提高芯片性能，同时降低生产成本与能耗。英特尔公司计划于 2005 年全面推出这种双核电脑芯片。

3. 下一代互联网

2004 年年底，我国新一代互联网中枢设备——基于“第六代网络协议”的核心路由器通过技术鉴定。这是我国第一台全部核心技术拥有自主知识产权的高性能路由器，对国家信息网络安全具有重大意义。新一代路由器所用的核心芯片，全部是由我国自行设计和生产的。这类芯片的研制成功，标志着我国已跻身少数能够设计和生产此类芯片的先进国家行列，将大大提升我国互联网的安全性，提高我国在下一代互联网技术中的国际竞争力。

下一代互联网将比现在的网络传输速度提高 1000 倍以上，基础带宽可能会是 40G 以上，网络安全的可控性、可管理性也将大大增强。2004 年 12 月 25 日，中国下一代互联网示范工程（CNGI）核心网 CERNET2 主干网正式开通，这是目前世界上规模最大的纯 IPv6 互联网。CERNET2 大量采用具有中国自主知识产权的核心网络技术及产品，它的全面开通标志着我国下一代互联网建设全面拉开序幕，在世界下一代互联网发展上抢得先机。

CERNET2 即第二代中国教育和科研计算机网，是 CNGI 中最大的核心网和惟一的学术网，它以每秒 2.5 ~ 10 吉比特速率连接中国 20 个主要城市的 CERNET2 主干网的核心节点，可以为全国 100 多所高校和科研单位提供每秒 1 ~ 10 吉比特的高速 IPv6 接入服务，也就是说理论上一部 DVD 电影可以在 4 秒钟的时间里传输完成。通过中国下一代互联网交换中心 CNGI - 6IX，还可以高速连接全球的下一代互联网。CERNET2 将支持全新的更丰富的下一代互联网的重大应用，如网格计算、高清晰度电视、大规模视频通信、个人移动视频语音通信、智能交通、环境地震监测、远程医疗、远程教育等，提供更大、更快、更可靠、更安全的网络基础。

2004 年韩国海洋大学开发成功一种水下多通道数字信息高速传输系统，能在水下无线遥控机器人或者实时传输数据，传输速度可比现行系统高 4 倍左右。韩国还计划在 2011 年之前投资 72 亿韩元，开发水下无线通信系统。该系统包括与手机相似的水下通信终端、水下中继器和水下通信网络等。

此外，世界第一个量子密码通信网络 2004 年 6 月在美国正式投入运行。这套网络目前拥有 6 个节点，主要通过普通光纤来传输经过量子密码术加密的数据，与现有互联网技术完全兼容，网络传输距离约为 10 公里。从理论上说，用量子密码加密的通信不可能被窃听，因而安全性极高。

4. 集成电路

DNA 分子是自然界最好的信息存储材料，有科学家认为它是信息技术产业研发更简洁的数据处理和存储电路的关键。制造超高集成电路的流程，需要的精确度达纳米级，若应用“DNA 框架”，各微元件的安装精度可以达到 1/3 纳米，线宽大大缩小，元件的处理和存储效率将非常高。2004 年 12 月，美国明尼苏达大学的科研人员利用 DNA 能按照既定模式自我组装的特点，用密集排列的常规接脚合成了“DNA 框架”，作为组装运算或存储用微电路的模板。该“DNA 框架”是由人工 DNA 分子片段组成的，它们自然交织成一张分子纤维网，犹如“灯心绒”一般。这“灯心绒”的条纹就是具有黏结性的 DNA 条。DNA 分子具有碱基配对的特性，而用来处理或存储信息的微单元，就包裹在互相对应的 DNA 片段中，依靠 DNA 的自我组合，微元件之间就像合上的尼龙黏扣一般紧密。

研究人员称，“DNA 框架”指导合成的处理电路，集成度是目前最好的处理电路的 1000 倍；它指导合成的存储电路，集成度是目前 CPU 芯片中管线存储电路的 100

倍。现在科学家们已能够把纳米级的微元件排列在“DNA 框架”表面，类似这样密集而规则排列的纳米元件，可以用来快速识别图形图像，而常规的电脑芯片却很难做到。

碳纳米管的发现预示着科学发现新时代的到来，其中包括超快速计算机存储芯片，但是迄今为止将纳米材料组合到工作纳米电子系统中的努力却屡屡受挫。美国加州大学伯克利分校和斯坦福大学的研究人员首次成功组合了碳纳米管的工作集成硅电路。所得到的芯片在 1 平方厘米的硅片上含有与电路连接的数千个碳纳米管。通过通断相应开关，研究人员能够隔绝通向单个纳米管的路径，不仅能确定哪个纳米管对流经系统的电流做出反应，而且还能知道其导电性是否可以接通或者断开，从而可以极大地加快对数千个合成碳纳米管的分析。这一成就将碳纳米管用于存储芯片和传感器的努力大大推进了一步，也为纳米技术开辟了诸多可能的应用领域。

5. 高智能机器人

美国当今研发高度智能化机器人的重点是可用于灾害救助和行星探测的非遥控机器人，佛罗里达州坦帕“机器人辅助搜寻和营救中心”设计的机器人就是其中的范例。该中心的机器人首次参与的工作是“9·11”恐怖攻击后，在现场瓦砾堆中寻找尸体和生存者，它能探进 5.4 米的深处探寻尸体。而南佛罗里达州大学计算机和工程系研发的机器人本领更高，能进入燃烧着的碎瓦片堆 18 米深处。据悉，该机器人能自行收集数据，在投入工作时，不必培训工人就能将其派上用场，这让操作人员能够集中精力用于紧急事件的处理。

2004 年 6 月，俄罗斯科学院机器人与控制技术研究所在圣彼得堡“高技术、创新与投资”国际展览会上首次展示了专门用于处理局部核事故的机器人。该机器人重 150 千克，长 1.5 米，高不到 1 米，装备有遥控装置，能够发现 500 米远处的危险放射源，将专门用于寻找和转移局部 γ 放射源。当某一核设备发生事故后，工程人员可以使用这样的机器人来消除核事故的危害。另外，在防范使用核材料进行的恐怖活动及局部军事对抗中，使用这样的机器人也将取得良好的效果。

在 2004 年 6 月 18 日举行的中国第五届机器人足球锦标赛上，首次出现了用双“腿”踢球的中国机器人。这个名叫“HIT”的“足球明星”由 17 个关节组成，身高约半米，主要由硬性铝钢制成。与人类十分相似的是，它也有头部、身体和双腿。HIT 身体里有两台数字信号处理器，分别控制行为和驱动关节，使它既能以 0.2 米/秒的速度在高低不平的路上平稳行走，也能在单腿抬起时稳稳地完成瞬间踢球动作。HIT 还可以通过头部的摄像机识别足球、球员和障碍物等，从而在比赛中能够自主避障、准确射门。这是我国科研人员历经 10 余年终于成功研制出的第一个双足机器人。由此也可看出，机器人足球赛绝不仅仅只是一种好玩的游戏，实际上它是人工智能技术的最新研究成果与实践的结合，反映着一个国家智能化和自动化研究的水平。

2004 年 12 月，由日本名古屋商业设计研究所和名古屋工业大学等单位联合研究开发的会“说话”的机器人问世，售价 57.6 万日元（约合 5600 美元）。这是世界上第一个能够理解人的感情并能与人沟通的机器人。名为“Ifbot”的会话机器人，身高 45 厘米、体重 7 千克，面带微笑，身着宇航服，具有 5 岁儿童的会话能力。Ifbot机器人的体内储存了数万种对话情景和人面部的 40 种表情，不仅能识别交谈者的语言，还能判断对方的感情，并通过眨眼睛、转动眼球等方式表达自己的感情。Ifbot 最多可以记忆 10 个人的面孔，因此它能够意识到自己在跟谁说话。如果有人问机器人“今天天气好吗”，Ifbot 会根据内置时钟判断出季节，然后回答说，“今天是一个晴朗的秋日”。

二、现代生物技术

近年来，生命科学与物质科学、信息科学、认知科学及复杂系统科学呈现出不断融合发展的态势。例如，生物信息学已经如此的进步，以至于许多生命科学家在计算机上所花费的时间比他们待在实验室里的时间还要多。生命科学和生物技术正酝酿着一系列重大突破。生物技术在解决食品、疾病和健康等问题上取得重大成就，使工业生物技术异军突起，生物技术产业化进程正在发生质的飞跃。2003 年，国际基因工程药物红细胞生成素销售额突破 40 亿美元，创下基因工程药品单个品种销售额之最。生物农业、生物能源、生物医药、生物环保等生物技术产业化今天几乎遍及人类经济生活的各个领域，一些专家指出，这标志着生物经济时代的来临。

1. 基因组研究

有关基因组的研究一直是国际生命科学领域的热点问题，随着基因组研究向纵深与横向不断发展，人类步入了“后基因组时代”。2004 年，基因组图谱破译成果不断，对从分子水平上研究人类健康医学问题，以及生物功能的研究意义非凡，也成为后基因组未来研究的重点。

2004 年 10 月国际人类基因组计划协作组宣布，经过多国科学家近 3 年的“修纂”，人类基因组精确 DNA 序列图最终完成，其误差率低于十万分之一。该人类基因组草图精确版涵盖了 99% 人类染色体组的图谱，新图同时显示，人类基因实际数比 2001 年公布的要低，只有 2 万 ~2.5 万。接下来的主要工作之一是深入注释基因和非编码区。随着近 20 个脊椎动物基因组序列在未来 2 ~3 年内的完成，科学家将揭示诸多“潜藏在 DNA 里的珠宝”。这里不仅包括还未被发现编码蛋白质的基因，还包括会发现许多 DNA 序列元素与基因表达调节和染色体结构的关系。高等脊椎动物的基因数量和功能非常相似，也许这类物种进化与多样性的分子机制就“藏”在变化多端的 DNA 序列元素里面。不过，要找到这些有用的“珠宝”，需要独具科学的“慧眼”和翔实的实验验证。在人类基因组中，编码蛋白质的基因序列只占不到 2%，而不同基因之间和单个基因不同编码区域之间的那些部分过去被视为无用的垃圾 DNA。科学家们通过研究发现，位于基因组中的“垃圾 DNA”片段的作用比以前认为的更加重要，它对基因在何时、何地正确地启动至关重要。

继人、狗和老鼠基因组被破译以来，2004 年科学家先后绘成大鼠和牛等哺乳动物的基因组草图。3 月，美国、欧洲科学家破译大鼠含有 90% 遗传物质的基因组草图，这样有助于推进人类疾病治疗并深入理解生物进化过程。大鼠的基因组草图显示，大鼠染色体上有 27.5 亿个碱基对，与人类染色体上的 29 亿个碱基对相当接近。10 月，美国科研人员首次绘成牛基因组草图，并已经输入公共免费数据库供全世界科学家参考使用，这将有助于减少动物疾病和改善牛肉及牛奶产品品质。此外，科学家还绘出世界最大病毒基因组图谱，新发现的病毒中的 50 个基因具有修复 DNA 的功能，这将有助于研究复杂生物的起源。

2004 年 12 月，中国科学院北京基因组研究所在国际合作的框架下参与和主持完成的原鸡基因组和家鸡基因组多态性研究取得重大突破性成果，科学家对鸡的基因组序列草图分析后发现，鸡有约 60% 的基因与人类相同，鸡和人类在约 3.1 亿年前拥有共同的祖先。此次对鸡的基因序列测试是人类第一次对农业动物的基因研究。在原鸡的研究中，中国科学家做了近 1/4 的工作，而在家鸡基因组的研究中，中国科学家完成了 100% 的研究工作。目前，中国科学院北京基因组研究所的基因测序能力排世界第五位，表明中国在基因组研究方面已是世界强国。

目前，能够从自然环境中分离培养的微生物只占全部微生物种类的 1% 或者更少。从海洋或地下深处取水，发现里面的 DNA 通过基因测序可以识别出那些极小而且距离我们非常之远的生物。借助这种技术，科学家们在藻海（Sargasso Sea）的 1500 升水中已经发现了 100 多万种新基因。在早期的工作中，科学家只能获取环境样品中的单个基因或仅仅对这些未培养微生物进行分类鉴定。随着技术的进步，科研人员已初步具备分析研究这些未培养微生物基因组的能力。上述工作对研究生命起源、生物进化、生物与环境的相互关系及基因资源的开发利用等具有重要意义。不过，由于克隆技术及分析手段的限制，目前还只能研究单一环境下的简单微生物系统或复杂系统中一类特定微生物基因。

2004 年，加拿大与美国同行共同发明一种新的基因序列技术——全基因组序列比较基因组杂交，通过比较人类 DNA 正常细胞与癌细胞的基因排列，找出癌细胞不同于正常细胞的基因排列变化，可识别癌细胞的基因突变及其他与基因相关的疾病。

2. 生物芯片

生物芯片是20 世纪 90 年代中期迅速发展起来的一项尖端技术，是物理学、微电子学与分子生物学综合交叉形成的高新技术，有可能成为21 世纪最强大的分析工具之一。生物芯片是通过微加工工艺在厘米见方的薄膜、玻璃片和硅胶晶片等载体上集成成千上万个与生命相关的信息分子，从而达到实现对基因、配体和抗原等生物活性物质进行高效快捷的测试和分析，其优点在于大规模、并行化、微制造，在单位面积上可高密度排列大量的生物探针。今天的生物芯片技术已经给遗传信息的监测和研究工作带来了一场革命。目前在发达国家实验室里，1 平方厘米内集成的生物探针可达 100 万枚，已经实现产业化的生物芯片每平方厘米可排列 5 万 ~10 万枚探针。这样一个如指甲大小的生物芯片实际上等同于一个实验室，可同时检测上万种基因的表达，通过它可以一次同时测出多种病原微生物，在极短的时间内确定患者被哪种微生物感染，从而得到迅速医治。

由俄罗斯科学院分子生物研究所研制的“俄罗斯生物芯片”已在俄医学科学院肺结核中央科研所获得了实际应用，该所利用生物芯片在很短的时间内就能够确定肺结核的分枝杆菌，而一般的实验室确定类似的病原需要 2 周 ~2 个月的时间。利用“俄罗斯生物芯片”，科研人员在几小时内就能够确定最危险的传染病——鼠疫、霍乱等病毒的病原，用 1 天时间就能准确诊断白血病患者。为此，俄罗斯药检部门对分子生物研究所研制的用于诊断肺结核药理性质的“俄罗斯生物芯片”及其设备分析装置颁发了许可证。媒体认为，这是世界上首次得到官方承认的将生物芯片用于医学临床诊断的一项高技术，标志着俄罗斯在生物芯片研究领域处于世界领先水平。

加拿大卡尔加里大学 2004 年 2 月宣布，发现生长在芯片上的神经细胞能学习和记忆信息，并能同大脑进行交流。研究人员将蜗牛的神经细胞放在特制的芯片上，用微弱电流刺激一个神经细胞向另一个神经细胞传输信号，结果，第二个神经细胞把信号传输到了神经网络的多个细胞。研究人员认为，这是一项具有划时代意义的突破性成果，它将帮助人们设计把电子器件与脑细胞结合起来的设备，如控制人工假肢或恢复人的视力的设备等。

3. 干细胞技术与克隆技术

《Science》杂志 2004 年 2 月 11 日宣布，韩国和美国科学家成功克隆出了人类早期胚胎，并从中提取出胚胎干细胞。这是科学家首次利用克隆技术获得人类胚胎干细胞，也是克隆技术适用于人类细胞的第一个证据。此前，美国先进细胞技术公司曾宣布克隆出含十几个细胞的人类早期胚胎，但一直未在学术刊物上发表成果。

韩国汉城国立大学和美国密歇根州立大学的科学家从健康妇女捐献的卵丘细胞内提取出细胞核，然后将其植入同一位妇女去除了细胞核的卵细胞内，并采用化学手段刺激卵细胞分裂，共有 30 个克隆细胞经过约 7 天的时间发育到至少由几十个细胞组成的、被称为胚囊的早期胚胎阶段。科学家从这些胚囊中分离出 20 个内层细胞团，并在此基础上获得一个人类胚胎干细胞系。实验显示，获得的胚胎干细胞具有多能性，可分化成骨骼细胞、肌肉细胞和未成熟的脑细胞等多种细胞类型。韩国、美国科学家指出，新成果证明，利用来自活体的体细胞克隆人类早期胚胎并从中获取干细胞是可行的，由此衍生出的胚胎干细胞系将能够帮助研究人员认识复杂疾病，甚至为患者生产出与遗传匹配的置换细胞。但与此同时也不可避免地带来了新的伦理挑战，提醒人们注意防止克隆技术被滥用，损害人类的伦理道德与尊严。

2004 年 3 月，哈佛大学用人胚胎培育出 17 个干细胞系，并免费提供给同行使用；6 月，芝加哥生殖遗传研究所从有缺陷的人类胚胎中新分离出 12 个干细胞系，将有助于加深对遗传疾病的理解和开发新疗法；另外，美国科学家发明人类胚胎干细胞操作新技术，可刺激干细胞高效分化成其他有用的细胞和组织。

日本京都大学的一个研究小组通过动物实验，用精子干细胞制成像胚胎干细胞一样可生成各种器官和组织的细胞，这种新的“万能细胞”引起了广泛关注。科研人员在实验中培养刚诞生幼鼠的精囊细胞，约 1 个月后出现了和胚胎干细胞形状相似的细胞。科研人员还用培养胚胎干细胞的条件对这种细胞继续加以培养，发现这种细胞不但发生了分化，而且还出现了增殖现象，细胞的性质与功能和胚胎干细胞相似。一旦改变培养条件，就会分化成血液、心肌和血管细胞等。研究人员计划今后用成年大鼠的精子干细胞制成与胚胎干细胞相同的细胞。

2004 年 12 月 29 日，我国第一头利用玻璃化冷冻技术培育的体细胞克隆牛“维娃”，在受孕 280 天后顺利产下一头母犊，小母犊初生体重 45.5 千克，身高 90 厘米，体长 80 厘米，发育正常。“维娃”的繁育成功，解决了克隆技术因鲜胚成活时间短而推广使用受限的世界性难题，为采用工厂化生产模式大量繁育优质奶牛奠定了基础，因而受到国内外科技界的普遍关注。这进一步表明我国体细胞克隆技术达到了国际前沿水平，并且逐步进入产业化应用阶段。

2004 年年底，美国国内第一只被商业订购的克隆猫（5 万美元）完成交货手续，这个完全由人类“制造”出来的新生命如今已经在自己的新家随意嬉戏了。不过，它的诞生及出售再次引发了新一轮围绕克隆技术的激烈争论。很多科学家警告说，由于克隆技术还不是十分成熟，克隆动物失败的例子已经出现了不少，即便是那些已成功克隆出来的动物，也可能会存在潜在的健康问题。并且许多人认为，“一只小猫 5 万美元，这些钱足够给很多流浪猫找个新家了”。

4. 战胜病毒

2004 年，人类在战胜 SARS 的征途中迈出了坚实的一步：我国科学家在世界上首次完成 SARS 病毒灭活疫苗 I 期临床研究，证明该疫苗是安全的，并初步证明有效。这次 SARS 疫苗临床研究方案经过严格审核，完全按照国际规范，采用知情同意、伦理审查、随机双盲等规范化操作。科学测试数据表明，36 位受试者均未出现异常反应，其中 24 位接种疫苗的受试者全部产生抗体，表明疫苗是安全的，并且初步证明是有效的，为进一步深入的研究创造了条件。在完成 I 期临床研究的同时，也完成了疫苗中试生产研究，具备了批量生产的技术能力。但原则上，此疫苗只有在完成了 I 期、II 期、III 期临床研究后才能商业化应用。

美国国家免疫与传染病研究所在 2004 年也先后两次宣布有关 SARS 疫苗的进展：一是发现大鼠体内能产生阻止 SARS 病毒复制的抗体，意味着可用大鼠作为动物模型来评估疫苗和抗病毒药物在 SARS 防治上的效果，从而加快 SARS 疫苗的开发；二是以编码 SARS 病毒表面一种外壳蛋白的 DNA 片段为基础开发出一种疫苗，在实验中能有效阻止病毒在大鼠体内的复制。另外，美国科学家还首次人工合成了普里昂蛋白，实验鼠受其感染后大脑受到损害，该成果有助于研究海绵状脑病，包括疯牛病和人类新型克雅症的基因，以及找到早期诊断疯牛病的方法。

艾滋病成为人类健康的重大威胁，至今已有近 20 年时间，到目前为止，人们还没有找到非常有效的预防办法和特效的治疗药物。法国巴斯德研究所的科学家成功地在兔子身上获得可以阻止多种艾滋病病毒入侵的抗体。虽然抗体目前只是在实验室里实现了其功能，但足以为艾滋病疫苗的研究开发展示令人乐观的可能性。艾滋病病毒进入人体后，会有选择地侵犯 T 淋巴细胞，然后在病毒自身的 gp41 透膜蛋白协助下，病毒的膜与细胞膜相融合，从而使病毒进入细胞内。法国科学家发现 gp41 透膜蛋白上一个叫 CBD1 的区域，对协助病毒入侵起关键作用。科学家合成了一种类似 CBD1 成分的复合物，并借助它对兔子实施人工免疫。实验显示，接受免疫实验的兔子血清中产生了识别并破坏 CBD1 的抗体。当发现真正的病毒时，抗体确实抑制了多种艾滋病病毒亚型对淋巴细胞的入侵，同时阻止了病毒的自我复制和传播，并抑制了潜藏的已受感染的细胞。

我国浙江大学的一个研究小组通过多年的研究，在 2004 年首次发现了一组使 HIV（艾滋病毒）避过人体细胞天然防御系统而在人体细胞内大量复制的蛋白质，阐明了 HIV 突破宿主细胞防御系统的分子机制，进而提出了新的 HIV 防治策略。该组蛋白质的发现为预防和治疗艾滋病提供了一种新的途径，具有一定的理论意义和实际应用价值。

三、能源技术

随着社会进步、经济的发展及世界人口的膨胀，人类对能源的需求持续增长。2004 年，在石油、天然气价格不断上涨，且储存有限、能源普遍紧张的情况下，人们把越来越多的目光投向了核能、氢能及太阳能、风能、地热能、生物能等可持续能源资源的开发和利用，逐步改变矿物燃料一统天下的局面，以保障人类文明社会的健康、持续发展。

1. 可再生能源新技术

可再生能源的开发与应用受到前所未有的重视，韩国将 2004 年定为“新能源、可再生能源元年”。风能作为太阳能的一种形式可利用的潜力非常巨大，根据测算，全世界可利用的风能约为 10 亿千瓦，比水利资源多 10 倍。仅 2002 年全球新增风力发电容量已达 7227 兆瓦。美国一些地方的风力发电已可以与天然气发电相竞争，其西部一些州已经提出，“未来 5～10 年包括风能、太阳能在内的可再生能源在总能源中所占的比例将提高到 10%。”同时，可再生能源新技术的研究开发也如火如荼，如利用“热解聚”技术做“物变油”试验，让富含有机物和无机物的垃圾变成重油，同时又可处理生活垃圾。

德国是世界上利用风能最多的国家，全球 1/3 的风能由德国风力发电机发出，目前德国风能发电量占该国电力生产总量的 4%，预计 25 年后，德国风力发电将占其总发电量的 25%。2004 年，德国还在发展生物能源上加大了力度，利用油菜籽、木材、植物茎干等获取生物柴油，这可使德国获得 25% 的电能和 100% 的热能。

2004 年，乌克兰研制新一代 750 千瓦风力发电机的工作已完成过半。这种发电机将为新一代风力发电站奠定基础，为加速发展乌克兰风电事业发挥关键作用。乌克兰国家能源发展计划准备在 2010 年前使风电占全国电力的 3%，即 50 亿千瓦时，该新型风力电机将使这项任务大大简化。

2004 年，巴西大力扶持生物质能开发。具体项目包括：以甘蔗为原料生产乙醇，将汽车燃料改为汽油/乙醇混合燃料；以蓖麻为原料生产生态柴油，并研究从其他植物、木材和农业废料中提取生态柴油。巴西政府于 2004 年 11 月批准在普通柴油中添加 2% 的生态柴油，并将在数年内将这一比例提高到 5%。巴西的汽车经过改装，能够使用乙醇含量达 20% 以上的乙醇汽油，也可使用 100% 乙醇与添加剂混合的燃料。巴西目前有近 400 万辆以乙醇为燃料的汽车，乙醇消费量已占全国汽车燃料消费量的 43%。

2. 核电

核电是一种安全、清洁、经济、高效的能源，自 20 世纪 50 年代世界上第一座核电站建成以来，核电越来越受到人们的重视。2002 年，立陶宛核能发电在该国发电总量中所占比重为 80.1%，居世界首位，其他开发利用核电比重较高的国家有法国（78%）、日本（40%）、德国（33%）、韩国（30%）和美国（22%）。

近年来，我国也在积极发展核电。秦山核电二期工程 1996 年主体工程开工，工程设计装机容量为两台 60 万千瓦级压水堆核电机组，总投资 148 亿元，电站设计寿命为 40 年。2004 年 5 月 3 日秦山核电二期工程 2 号机组正式投入商业运行。在该工程的 55 项大型关键设备中，有 47 项实现了国产化。至此，我国自主设计、自主建造、自主管理和自主运营的第一座大型商用核电站全面建成投产。作为我国核电建设的一座里程碑，这标志着我国实现了由自主建设小型原型堆核电站到自主建设大型商用核电站的重大跨越，在核能技术发展方面无疑上了一个新的台阶。

在核电能源开发领域，自持式的核聚变被普遍认为是一种前景广阔的技术。热核聚变从原理上来说是一种极具吸引力的能源，它以世界上到处都蕴藏丰富的氢做燃料，而且其反应过程不释放温室气体。太阳的能量就是来自其内部的氢原子核聚变反应，为地球提供几乎取之不尽的能源。与核裂变相比，核聚变只产生短寿命的放射性废弃物，这些废弃物比较容易处理，而且不可能用做核武器的原料。但在目前，即使在一些实验性的核聚变反应堆中，引发核聚变反应所需要的能量通常仍然大于核聚变本身释放出来的能量。

3. 燃料电池与氢的制备

燃料电池车辆是汽车工业的未来，这一点已经没有太多的疑问，问题在于如何实现及何时实现。燃料电池在客运车辆中取得成功之前，还有两类问题需要解决。一是与燃料电池本身有关，如寿命短、脆弱并且在不运转时难以忍受 0℃ 以下的温度；二是围绕着与用于燃料电池的氢燃料的生产和销售有关的“基础设施”问题，这个问题的解决办法目前还不明确。显然，氢能的获得，以及燃料电池和燃氢发动机的开发，还有很长的路要走，这是一个系统工程。

2004 年，加拿大阿尔伯特大学利用核磁共振仪首次成功观察到了正在工作的燃料电池内部全部水的运动情况，为改善燃料电池的设计及提高燃料电池的工作效率铺平了道路。

我国同济大学科研人员在 2004 年研制成功的“超越二号”燃料电池轿车在节

能方面有着出色的表现，它的每百公里氢消耗量从“超越一号”的1.39千克下降到1.03千克，最高时速可达118公里，续驶里程为197公里。日本松下公司在本年度推出了自己研发的家用燃料电池。这种燃料电池发电功率约为1000瓦，电力经变频器由直流变为交流供照明和家电使用，同时可利用废热将水加热到60℃，储存在专门的热水容器中备用。燃料使用从煤气中提取的氢，不会产生大气污染物。由于技术上已经成熟，东京天然气公司决定从2005年2月起以租赁方式向200个家庭提供服务，这是燃料电池第一次进入日本家庭。东京天然气公司打算用3年时间为普及家用燃料电池搜集数据。

专家预计，随着氢燃料电池的普及，氢的需求量将急剧增加。2004年2月，美国能源部出台了“氢能技术研究、开发与示范行动计划”，在2004年和2005年，氢能技术研发的重点是：氢能的生产、运输与储存，氢能的转化与应用，利用氢作为能源运输和存储介质的相关技术等。值得关注的是，美国在首都华盛顿已建起第一座汽车加氢站，这可能是汽车燃料从汽油转向氢进入实施阶段的一种标志。

2004年11月29日，美国爱达荷国家工程环境实验室和塞拉曼技术公司联合宣布，它们联合研发出了利用下一代核反应堆制氢的技术，并认为这是氢能源生产领域的一项重大突破，双方将斥资260万美元进行下一步的研发。以往普通条件下电解水生产氢不仅耗费大量电能，而且电解过程中的氢转换率也比较低，不适合大规模生产。而此次模拟第四代核反应堆的高温进行的实验表明，可以在极高温下通过电解水大规模提取氢能源。利用下一代核反应堆进行高温电解水不仅成本大大降低，具备经济可行性，而且生产效率大幅度提升，对环境也不会造成危害。在今天石油、天然气价格持续上涨，且储存有限、世界各国普遍感到能源紧张的情况下，美国科学家此项用核反应堆大规模制氢的研究，标志着美国以摆脱现阶段能源消费结构缺陷为目的的一种战略性调整，其意义十分重大，值得充分关注。

另外，英国利兹大学开发出利用葵花籽油生产氢的新技术，所获得的氢气纯度高达90%，可为汽车及家用燃料电池提供高效、清洁的氢产品，既可减少污染，又可提供丰富、廉价且可再生的替代能源，从而降低对石油进口的依赖。

四、新材料技术

新材料继续成为人类文明社会的基石，新材料技术的发展不仅是信息技术和生物技术革命的基础，而且对制造业、物资供应及个人生活方式都将产生重大的影响。具有功能化、复合化、智能化和环境友好等特征的超级结构材料将向着更强功能和结构与功能一体化的方向发展。

1. 纳米材料

纳米技术的应用研究目前在半导体芯片、光学新材料等领域快速发展。在半导体芯片方面，纳米级半导体材料晶体管的应用研究期望突破传统的极限，让芯片体积更小、速度更快。在光学新材料方面，目前可调控直径 5 纳米到几百纳米的纳米导线，可控制的长度达到几百微米。随着纳米技术在癌症诊断和生物分子追踪中的应用，纳米研究热点也在逐步转向医学领域。在纳米医学方面，纳米传感器可在实验室条件下对多种癌症进行早期诊断；利用纳米微粒追踪病毒也已取得科研成果，未来 5～10 年有望商业化。同时，纳米技术安全性问题日益受到关注，科学家正试图全面评估纳米粒子的毒性或不良反应。美国罗切斯特大学通过动物实验发现，直径为 35 纳米的碳纳米粒子可能会经呼吸系统伤害大脑，南方卫理公会大学发现纳米碳巴基球会对鱼脑产生大范围破坏，并会改变黑鲈鱼幼苗肝脏细胞的基因，这是人类首次找到纳米微粒可能给水生物种造成毒性不良反应的证据，因而挑起新一轮纳米技术的利弊之争。

德国政府十分重视纳米技术的实用化研究，投资额已超出 1.2 亿欧元，以下几个领域是其重点：首先是化学，重点研究如何改变物质的化学特性；其次是光学，赋予光电元器件以更多的功能；再次是生命科学，主要研究用于诊断和治疗肿瘤及糖尿病，如将纳米颗粒注入人体组织来治疗肿瘤；第四是汽车制造，使汽车更加环保，驾驶起来更加舒适。

在具体研究方面，2004 年 7 月，日本信州大学工学系的一个研究小组成功合成双层碳纳米管，为在纳米水平上控制电流，开发超小型感知器等电子装置奠定了基础。这种新的纳米管是双层结构，在纳米管里又套一个纳米管。新型纳米管具有耐高温的特点，在外部把纳米管加热到 2000℃之后，只有外层纳米管变形，内层的纳米管仍可保持原状。日本产业技术综合研究所的科研人员采用化学气相生成法时，在气体中加入了微量水分，致使催化气体中的铅等杂质被更有效地除去，碳原子沉积速度大幅加快，10 分钟之内便生成了 2.5 厘米长的碳纳米管，纯度高达 99.98%，大大提高了碳纳米管的质量，对碳纳米管的未来应用很有意义。

美国科学家 2004 年 9 月发现，借助碳纳米管制成的天线可以接收光波。利用这种新天线有可能开发出通过可见光传输电视信号等新技术，这种技术也为开发新型太阳能电池提供了新思路。哈佛大学采用纳米导线制成一种传感器，能实时探测单个病毒，而高灵敏度探测病毒意味着将为诊断疾病提供更有效的工具。哈佛大学希望采用一系列纳米导线，制造能探测各种病毒的装置。杜克大学和普渡大学通过键合包含 40～50 个电子的“微胶土”，形成晶体管部件，每个电子“胶土”的直径仅为 180 纳米，从而向量子计算机的研发迈进了一大步。美国佐治亚理工学院的一个研究小组则在世界上首次发现了一种新型纳米结构，这种由单晶体纳米带环绕而形成的封闭式环形纳米结构具有半导体和压电效应双重性质，可应用于微米、纳米机电系统，纳米级传感器和生物细胞探测，从而开辟了纳米结构生长的新理论和新应用。

以色列希伯来大学和美国加利福尼亚大学洛杉矶分校的研究人员在制造分子马达方面获得新进展。研究人员通过光或电的驱动，可以使分子按照控制模式围绕一个轴旋转，并且能够停止或暂停。这种运动接近马达运动，从而将使纳米级“分子机械”能够在一些较大机械无法应用的工业和外科手术中大显身手。研究人员使用的分子由 4 种元素组成——硼、碳、镍、氢。其中镍是关键，因为它在分子中具备多种结合方式。通过测量分子对光的吸收、反射和散射及周密的理论计算，研究人员已经能够阐释这一分子运转的复杂机制。

疏水性和亲水性是固体材料表面所具有的两种重要的特性。中国科学院化学研究所一个研究小组成功地通过调节光和温度实现了纳米结构表面材料超疏水与超亲水之间的可逆转变，进而制备出超疏水/超亲水的纳米超级开关材料，在功能纳米界面材料研究领域取得了重要进展。该项研究成果得到《Nature》杂志和《Science》杂志的高度评价，以后可能应用于基因传输、无损失液体输送、微流体、生物芯片、药物缓释等领域，具有极为广阔的应用开发前景。例如，通常人们穿着的服装是亲水的，很容易被水湿透（不疏水）；而塑料布等就是疏水的，不能被水透过（不亲水）。如果用温度调控的超疏水/超亲水纳米“开关”材料制作服装，那么，夏天温度高时衣服由于是亲水的，就能吸汗而不会感到闷热；冬天温度低时衣服就变成疏水的，防寒又保暖。

2. 超导材料

超导现象自 1911 年被发现以来，超导领域的研究一直围绕着 4 个主要方面进行，即新超导材料的探索、超导机制研究、超导体本身的宏观量子相干特性及基于超导现象的其他应用。

通常金刚石给人们的印象是夺目的光彩和极高的硬度，却偏偏不能导电。不过，俄罗斯科学院两个研究所和美国洛斯阿拉莫斯国家实验室的新发现改变了人们的这一传统印象。他们在 2004 年 4 月 1 日出版的《Nature》杂志上指出，金刚石也能具有超导电性。研究人员通过在高压和高温条件下用化学搀杂的方式将硼原子引入金刚石结构中，实验证实这种硼搀杂的金刚石可以成为超导体，尽管其超导转变温度比较低（4K，即 –269℃）。研究人员进一步提出，因为硅和锗具有与金刚石类似的结构，所以这些半导体在适当条件下也有可能出现超导性质。

目前大部分超导材料的临界温度都接近 0K（-273.16℃），难以在实际中应用，因而科学家一直致力于寻找临界温度较高的超导材料。2004 年 5 月，俄罗斯科学院固体物理研究所专家开发出一种超导磁测量装置，能够在磁场中测量物质从接近绝对零度到室温等不同温度条件下的导电性能，这有助于寻找新的超导材料。俄罗斯专家新开发出的超导磁测量装置由两部分组成：一部分为低温恒温器，内部具有超导螺线管；另一部分为移动插件，可以放置被测量物质样品。实验证明，这一装置可以在磁场条件下测量不同材料在 0.3K（约 -272.86℃）到 300K（约 27℃）温度条件下的各种物理性能。利用这种超导磁测量装置，俄罗斯专家已经在寻找高温超导材料方面取得了一定成果。

2004 年 8 月，日本物质材料研究机构和早稻田大学联合研究小组发现，添加硼的金刚石薄膜在极低温状态下可进入超导状态，这一新的超导材料有望用于开发新型超导薄膜和超导元件。该薄膜采用化学气相生成法制成，先用微波照射气体原料使之变为电离气体，电离气体在硅基片上层叠时，再添加 2% 的硼。实验结果证明，样品在绝对温度 8.7K 进入超导状态。此前科学家曾发现，通过高温高压合成的金刚石微粒子在绝对温度 2.3K 时，成为超导材料。但由于是微粒子，很难应用于开发新元件，而添加硼后生成的金刚石薄膜超导材料更适于工业应用。

2004 年 11 月，我国最大的超导产业化基地——西部超导材料科技有限公司在西安正式投产运行，标志着我国低温超导材料实现产业化，使我国成为继美国之后世界上第二个在该领域实现大规模产业化的国家。我国是世界上最早从事实用超导材料研究的国家之一。多年以来，我国在铌钛、铌三锡低温超导材料和钇系与铋系高温超导及二硼化镁新型超导材料方面，取得了多项具有国际领先水平的成果。该公司正在建设中的二期工程项目（低温超导线材），将实现年产 300 吨铌钛超导线和 100 吨铌三锡超导线材的规模。此外，由国产超导线材制造的我国第一组超导电缆 2004 年在云南昆明正式并网运行，昆明西北地区几万户居民和多个工业企业开始用上了通过超导电缆传输的电力。这标志着继美国、丹麦之后，我国成为世界上第三个将超导电缆投入电网运行的国家，对解决我国“西电东送”等长距离，大容量输电问题将起到积极的作用。

3. 材料结构与新材料

2004 年 3 月 18 日出版的《Nature》杂志以封面文章的形式发表了由中国科学院生物物理研究所、植物研究所的两个研究小组合作完成的在光合作用机制研究领域的一项重大成果：菠菜主要捕光复合物的晶体结构。这是中国科学家成功测定的一个重要的光合膜蛋白晶体结构，从而率先破解了这一国际公认的、具有高度挑战性的前沿难题。经过6年时间的艰苦努力，中国科学家在这一领域超越德国和日本，后来居上，不仅纯化出了这一光合膜蛋白，而且在世界上率先测定了这一复合体的三维结构，第一次发现了膜蛋白结晶的第三种方式和二十面体状的膜蛋白空心球体结构，并首次揭示了色素分子在复合物中的排布规律等，从而推动了我国光合作用膜蛋白三维结构研究进入国际领先水平。

俄罗斯莫斯科钢与合金研究所利用机械－化学合成法成功合成一种特殊的准单晶物质，在工业领域将具有广泛的应用前景。在这种物质中，铁、铜、铝三种原子的排列不像普通单晶那样具有相同的晶格，但仍具有严格的顺序，呈现出几何排列。以橡胶和聚合物为底基，辅以这种准单晶物质制成的复合材料具有金属和陶瓷的双重特性，像金刚石一样坚硬，摩擦系数小于金属，化学稳定性和耐磨性很高。

2004年12月，我国台湾大学的研究人员宣布发现一种叫做酯膜结构的新的物质状态，这种物质状态相对于已有的固体、气体、液体和液晶，可称为物质的第5种状态。台大物理系的这个研究团队在研发出“生物环境穿透式电子显微镜”时，首次观察到水分子等物质进入细胞膜的情形，同时发现了细胞膜会形成一种有别于传统物质三态和液晶的物质状态，即酯膜结构。这项成果可用以观察病毒、药物、营养等不同物质与细胞交换的情形，有助于解释细胞与物质交换的动态反应，对于许多疾病的研究都有极大的帮助。据悉这是全世界第一次观察到的新物质状态，该项突破对于生物、医学、物理等领域的研究都有重大意义。

2004年底，日本信州大学、大阪大学和筑波物质材料研究所联合研究小组开发出一种由搀有二氧化钛粒子的环氧树脂制成的、充满空洞的立方体，该立方体能够神奇地把电磁波储存起来。专家认为，这一技术不仅将能够用来储存电磁波，并将其转变成电能，还可用来制造能够储蓄光的“光池”。研究小组下一步将致力研究白天可储存光能、夜间再释放使用的“光池”，以及用空中电磁波作电源的手机等实用技术。

目前的太阳能电池的能源转换效率都比较低，最高只能达到6%。2004年加拿大多伦多大学的一个研究小组成功研制出一种将太阳能转换成电能的新型材料，可以把30%的太阳能转换成电能。他们先用半导体纳米微晶体制成3～4纳米大小的微粒，然后把这种微粒同一种聚合物相结合，研制出这种新的太阳能转换电能材料。它不仅能把一般太阳能电池探测不到的红外光转换成电能，从而大大增加了太阳能的转换效率，而且可以溶于很多普通溶剂，为制造可弯曲能折叠的太阳能电池开辟了道路。此外，加拿大卡尔顿大学利用聚合物和巴基球制成一种新的复合材料。多伦多大学随即在用这种材料制成的薄膜上实现了一束激光控制另一束激光的运动，这是非线性光学材料研究领域的一项重大进展。

2004年，英国研制出世界第一块在室温下显现出较强磁性的塑料磁，改变了塑料磁必须在超低温环境下才能发挥作用的现状。如果将这种室温塑料磁投入实际应用，将会给一些产业带来革命性的转变。例如，若将其应用于计算机硬盘的磁涂层，将可制造出新一代大容量硬盘。

近年来，环境材料的研究开发受到了普遍重视，新型材料的环境协调性设计与开发是未来环境材料的重要方向，也是材料工业可持续发展的根本出路；传统材料环境化改造问题则是当前环境材料研究的重要应用之处。高性能化、多功能化、复合化和智能化是环境材料追求的发展趋势。

五、空间技术

俄罗斯“航天之父”齐奥尔科夫斯基在100多年前曾说过：“地球是人类的摇篮，但是人类不能永远躺在摇篮里面。”宇宙探索始终是人类认识客观世界的重要方面，是科学研究的基本命题。由于受技术发展水平的限制，过去人们只能在地面上仰望浩瀚的宇宙；航天技术发展后，才有可能在空间站或通过空间望远镜对宇宙进行全天候观测或者微细结构的专题研究。今天，人们对宇宙的勘测已从近地空间逐步向深远空间发展，从远距观测阶段逐步发展到对太阳系其他天体的实地探测阶段。2004年人类的空间探索活动可谓是异彩纷呈、美不胜收。

1. 火星之旅

2004年简直就是一个火星年，先后于1月4日和1月25日顺利登陆火星的“勇气”号与“机遇”号火星探测车，在寻找火星上是否有水存在方面，不断有新的发现。3月，“机遇”号传来的数据表明，火星曾经是个有水的湿润的适宜生命存在的环境。4月，“勇气”号在其着陆区又发现火星上曾可能有水的新证据。6月，超期服役的“勇气”号发现了火星上潜在的支撑生命的物质——微盐酸型水的证据，为火星曾有生命的推论提供了更为有力的支持。8月，“勇气”号在火星上发现有水流冲刷痕迹的河床，结合有关探测资料，可推断出火星曾有大量流动的水。除此之外，“勇气”号还于3月11日从火星上拍摄到了地球的照片，这是人类首次获得从其他行星表面拍摄到的地球照片。

截至2004年底，“勇气”号已在火星表面行驶4公里，详细探测了11个火星表面目标，向地球发回了3.1万多张照片；而“机遇”号也走了近2公里，详细探测了22个目标，向地球发回了2.9万张照片。两辆火星车的最大成就，是共同发现了火星上曾经有水的证据。同时，在环火星轨道上运行的欧洲“火星快车”探测器也发现火星南极存在冰冻水，这是人类首次直接在火星表面发现水。该发现也在美国

《Science》杂志评出的2004年度十大科学突破中荣登榜首。

“勇气”号和“机遇”号火星车均早已完成了预定3个月的探测任务，目前的状况依然“好得令人惊奇”，继续承载着人类在外太空寻找生命的光荣与梦想，这不能不说是个意外的惊喜。然而，有科学家提醒，人类寻找火星生命的同时是否也应该考虑火星探测器带回地球标本中的微生物是否会击垮地球的“免疫系统”，对人类造成致命威胁？实际上，火星探测隐含了双重风险：如果地球微生物“乘坐”探测器登陆火星，火星生物将会受到外星生物体的威胁，甚至还会殃及火星探测工作；更为严重的是，火星微生物如果在地球上繁衍生息，将给人类带来不可预知的后果。应当说这些忧虑并非完全是空穴来风、无的放矢，值得引起关注。

另外，俄罗斯科学院宣布将计划于2006年初在地面模拟火星之旅，进行载人模拟火星探测飞行试验。包括医生、工程师和科研人员在内的6名自愿者将在地面封闭的模拟“火星飞船”上度过500个昼夜，进行设备维修、通信联络、控制检测、生命保障等科学实验，为俄罗斯的未来火星探测做准备。

2. 深空探测

2004年的深空探测更是热闹非凡，各式各样的宇宙飞船、太空探测器在浩瀚无垠的天宇中你来我往，忙得不亦乐乎，既有成功的无限喜悦，也有失败的些许遗憾。

1997年10月发射升空的“卡西尼”号飞船于美国东部时间2004年7月1日零时12分按计划几乎分秒不差地顺利进入土星轨道，成为首个绕土星飞行的人造飞船。“卡西尼”号对土星的大气、光环和31颗已知的卫星进行了人类有史以来最详尽的探测。“卡西尼”号计划绕行土星76圈，并于第一圈中到达距土星最近点——距土星最外层大约19 980公里。使用核燃料的“卡西尼”号飞船长6.6米，宽3.9米，重约5670千克，携带有12种科学仪器和一个直径不到2.7米、重317千克的探测器——“惠更斯”，后者携带有6种科学仪器，主要负责研究土星的最大卫星土卫六。

这项耗资33亿美元的“卡西尼－惠更斯”探索计划由美国宇航局、欧洲空间局和意大利航天局联合实施，共计18个国家约260名科学家参加。这艘飞船迄今已遨游太空7年，行程35亿公里。科学家相信，对土星大气、光环及其卫星的研究可以帮助解答行星物理学、化学和进化及生命存在条件等许多基本问题。毫无疑问，这项宏伟的空间探索计划，充分体现了人类坚定不移、勇往直前的信念和孜孜不倦、开拓进取的意志，不仅具有重要的科学技术价值和很高的前沿探索意义，同时也蕴含着人类科学探索的宝贵精神。

9月8日，美国“起源”号探测器在完成了对太阳风粒子进行850天的收集后，将装有太阳风粒子的一个回收舱掷回地面，这些样品粒子对于研究45亿年以前太阳系的起源和形成具有重要的意义。然而不幸的是由于回收舱上的降落伞没有打开，导致回收舱翻转着直接坠入沙漠，舱体裂开，整个历时 2 年多的探测计划几乎功亏一篑，从中不难体会到人类科研探索的艰辛与不易。好在所收集的物质基本未受破坏，目前科学家们正对其进行研究。

有来也有往，2004 年格林尼治时间 3 月 2 日早上 7 点 17 分，历经 3 次推迟发射的欧洲空间局罗塞塔彗星探测器终于由“阿丽亚娜 5G 型”火箭送入太空，正式开始其长达 11 年半的彗星探测之旅。其使命是探测 67P 彗星，即丘留莫瓦 – 格拉西缅科彗星，这一彗星探测活动将能够帮助科学家进一步研究 460 亿年前太阳系形成的过程，探究地球生命生成的奥秘。8 月 3 日凌晨 2 点 16 分，美国宇航局“信使号”水星探测器升空，作为 30 年以来第一个绕水星轨道运行的飞行器，预计 2011 年抵达水星，对其展开科学探测，主要探测水星极地是否存在冰。

2004 年 9 月，日本名古屋大学利用设置在南美智利的“南天”射电望远镜，发现距太阳系 16 万光年的大麦哲伦银河系中存在巨大的无星分子云。这是人类首次发现还没有生成新星球的分子云。分子云被认为是未形成星球时的初期状态，人类所在银河系中的星球都是从分子云中诞生的。宇宙初期即诞生了很多球状星团，但目前为止科学家仍不知道它们是如何诞生的。由于大麦哲伦星云与宇宙诞生初期的状态相似，这一发现将对球状星团以及宇宙成长史的研究具有实际意义。

此外，美国天文学家宣布在距离地球约 130 亿公里的地方新观测到一个绕太阳运转的红色天体，该天体是迄今已知的太阳系中最遥远的大天体，但目前尚不能确定该天体是否为行星。智利、西班牙的天文学家随后也分别证实了这一发现。如果它的行星身份得到确认，那么它将成为太阳系第十大行星。天文学家们提议将这个天体取名为“塞德娜”（Sedna）。据推算，“塞德娜”围绕太阳运行一周需要 1.05 万年，与太阳的最远距离有可能达到 1300 亿公里，这相当于地球与太阳距离的 900 倍。该观测项目负责人对此形容说，在“塞德娜”所处的位置，太阳看上去如此之小，以至于用一个大头针的针头就可以将太阳完全遮住。无疑，科学家的这类深空探测活动与当前人类生存发展的关系并不是十分紧密，但它同样表达了人类的求知欲和对了解、认识宇宙的渴望与追求，从长远来看，它们也会对人类的知识积累、哲学思想乃至生活方式产生重要影响。

3. 宇宙飞船与人造卫星

在 2004 年里，俄罗斯航空航天局通过发射“联盟”号飞船共向国际空间站输送了 2 批常驻宇航员，发射了 2 次货运飞船。俄罗斯“能源”宇航公司目前正在加紧研制能够重复使用的新型载人宇宙飞船，计划在 2010 年前研制成功。该研究项目将列入“俄联邦2015年前宇航计划”。新型载人飞船命名为“快艇”，它的研制基本上以向月球和火星飞行为目的，与以前的飞船有着本质上的差别：属返回式载人飞船，长10米，发射重量达14.5吨，可容纳6名宇航员并承载700千克货物，能在太空自动飞行10个昼夜，在紧急情况下还能完成从空间站撤离宇航员和设备的任务，也可用来完成太空旅游。

美国宇航局的超音速燃烧冲压式喷气发动机研究项目在历时约8年时间、耗资2.3亿美元之后终于在2004年有了一个比较满意的结果。这架长3.65米、翼展1.5米的无人驾驶X-43A超音速实验飞机，成功完成了速度约为10马赫（即每小时11 260公里，10倍于音速）的试验飞行，创下了新的世界记录。超音速燃烧冲压式喷气发动机是一种新型发动机，其燃料的燃烧利用了高速飞行所产生的压缩气流，可以直接从空气中获取氧气。与火箭不同的是，采用这种发动机的飞机可以减速，与普通飞机类似。超音速燃烧冲压式喷气发动机将能够在大气层内和进入绕地轨道的第一阶段提供更安全、更灵活且耗资较少的高速飞行，因而此次飞行是一个重要的里程碑，它向未来以更可靠、安全和耗资较少的方式向太空发射大型助推工具迈出了一大步。

由中国科学院主持的“双星计划”包括两颗以大椭圆轨道绕地球运行的小卫星。2004年7月25日15时，中国在太原卫星发射中心用“长征二号丙”改进型火箭成功地将“探测二号”卫星送入太空。这标志着我国实施的“地球空间双星探测计划”取得圆满成功，与欧洲空间局“星簇计划”已发射的4颗卫星联合布网，珠联璧合，在人类历史上首次实施对地球空间六点立体探测。此次发射的“探测二号”卫星，是我国“地球空间双星探测计划”中的第二颗卫星，卫星重约343千克，工作寿命12个月。此前，2003年12月发射的“探测一号”是赤道卫星，已获得了大量有价值的探测数据。“双星计划”的成功实施，有力促进了我国空间物理学科的发展，大大提高了我国空间探测技术的创新能力。

2004年，我国的一系列微小卫星的发射也颇为引人关注。继近年发射“实践五号”、“海洋一号”、“创新一号”等小卫星之后，本年度我国陆续发射了“纳星一号”、“实验卫星二号”、“创新二号”等微小卫星，标志着我国的小卫星性能已完全达到了世界先进水平。因多人多天飞行带来新难度的“神舟六号”飞船的多项新技术也在2004年里得到攻克。投资14亿元的“嫦娥一号”绕月工程已于2004年初正式启动，分为环绕、降落、返回3个阶段实施，预计到2007年以前发射第一颗重约2吨的绕月卫星，中国的嫦娥奔月已是“指年可待”了。

2004年10月7日，欧洲阿丽亚娜空间公司宣布，为庆祝人类第一颗人造地球卫星升空50周年，该公司将于2007年利用一次火箭发射同时载送50颗小卫星升空。这50颗小卫星分别代表了全球50个国家，每颗卫星重1千克，将在空中漫游2

年，分别承担各大学或其他研究机构从事空间实验的使命。

另外，2004年私人太空游开始兴起，并有望成为现实。4月，美国宇航局首次给私人设计建造的火箭动力载人飞行器——“太空船一号”颁发为期1年的许可证。“太空船一号”先后于9月、10月两次成功升空，为未来私人航天之旅进行试飞、试航。

2004年度高技术在各个领域里的发展进步一直不断地给人们带来新的惊喜和美好的憧憬，同时人们也越来越意识到科学技术与经济、社会、教育、文化的关系日益紧密，一些重大的科技问题已经远远超出了自然科学和高技术领域本身，需要引起全人类社会、各国政府及科技界的高度重视和共同协调。但我们仍然可以相信，人类的智慧和理性一定能够继续使高技术为人类文明社会的未来发展锦上添花。

参考文献

[1] 2005年1月5、6、7日. 2004世界科技发展回顾. 科技日报

[2] 2005年1月14日. 院士评出振邦杯2004年世界（中国）十大科技进展新闻. 科学时报

[3] 包日月，刘之景. 2004. DNA芯片和蛋白质芯片的制备与检测. 科学，(2)

[4] 陈颖建. 世界核电格局及发展状况. 国外科技动态，2004，(8)

[5] 侯翠萍编译. 渐进氢时代——氢燃料内燃机异军突起. 国外科技动态，2004，(9)

[6] 黄矛编译. 2004世界高技术回顾与展望（上）. 科技政策与发展战略，2004，(6)

[7] 黄矛编译. 2004. 世界高技术展望预测（下）. 科技政策与发展战略，2004，(7)

[8] 解思深. 关于我国发展纳米科技的一些思考. 中国科学基金，2004，(6)

[9] 石磊，翁端. 国内外环境材料最新研究进展. 世界科技研究与发展，2004，(3)

[10] 孙凝晖. 曙光4000A超级服务器的研制. 中国科学院院刊，2004，(6)

[11] 孙毅. 生命科学研究的若干重大进展. 科技开发动态，2004，(10)

[12] 王洪涛编译. 纳米管集成电路. 现代科技译丛，2004，(3)

[13] 余翔，余道衡. 下一代互联网的发展与展望. 世界科技研究与发展，2004，(1)

[14] 张起燕. 透视生物芯片技术. 国外科技动态，2004，(12)

[15] Derek J Smith, Alan S Lapedes. Mapping the antigenic and genetic evolution of influenza virus. Science, 2004, 305: 5682

[16] Erika Check, Washington. Biologists seek consensus on guidelines for stem - sell research. Nature, 2004, 431: 7011

[17] International Chicken Genome Sequencing Consortium. Sequence and comparative analysis of the chicken genome provide unique perspectives on vertebrate evolution. Nature, 2004, 432: 7018

[18] Squyres SW , Arvidson RE. The Spirit Rover's Athena science investigation at Gusev Crater, Mars. Science, 2004, 305: 5685

第二章 生物技术领域发展趋势

生物技术领域发展趋势

段异兵

（中国科学院科技政策与管理科学研究所）

在过去的半个多世纪里，生命科学研究的持续进展极大地促进了农业生物技术和工业生物技术的发展，导致了人类健康事业的历史性变革。生物技术在解决食品、疾病、能源与环境等问题上已经取得并将继续取得重大进展，生物经济时代即将到来。展望生物技术发展趋势，把握世界生物科技发展态势，对大力提高我国科技自主创新能力有重要意义。

一、生物技术研究趋势

基于细胞工程和基因工程的现代生命科学研究为分离、提取、制造和加工生物产品提供了技术基础。生物技术研究的发展趋势是重点理解细胞过程和基因功能，从整体上理解生命活动，进而发现新的生物技术产品，并改进现有生物产品与工艺过程。

1. 理解细胞过程

生物技术的实质是利用细胞和生物分子来制造有用产品。发现更多的功能细胞，从分子机制上认识其功能机制，是当前与今后生物技术发展的重要基础。

组织工程与再生医学在治疗中的应用，取决于发现生成组织与器官的细胞，认识专有细胞发育的诱导因子。治疗用蛋白质的大规模生产，依靠对控制细胞生长与复制因子的理解。

农业生物技术方面，转基因植物的后代重复性依靠对植物细胞复制与分化机制的理解。开发更多的控制害虫的生物农药必须培养更多的昆虫细胞。

在这些研究中，细胞培养技术非常关键。干细胞培养和克隆技术也要求细胞培养技术不断取得新进展。

2. 理解基因功能

细胞的生长、增殖、分化与程序性死亡都受到蛋白质的控制与调节。基因包含了蛋白质形成的信息，理解蛋白质就意味着理解基因功能。生命科学家孜孜以求地探索蛋白质在生命过程中的作用，这将为生物技术发展不断带来新机遇。

疾病相关基因的功能定位与作用机制将催生更有效的诊断与治疗方法。转基因动植物的外源基因数目将持续增加。

分子克隆是驱动现代生物技术革命的基本力量。借助于分子克隆技术，可以识别并定位基因，进而理解基因功能。微阵列技术、反义 RNA 与 RNA 干扰、动物克隆与基因剔除等技术手段为理解基因功能开辟了广阔前景。

3. 整体理解生命过程

基因组学、蛋白质组学、代谢物组学、免疫学和转录组学等从整体上给出生命活动的全过程图景。信息技术为把这些分子信息整合为一个系统发挥了重要作用。

基因组学包括结构基因组学与功能基因组学，基因测序是基础，基因功能定位是目的。蛋白质组学研究细胞内和细胞间的蛋白质结构、功能、位置与相互作用。今后将发现细胞产生的所有蛋白质，并确定年龄、环境、疾病等因素影响细胞生成蛋白质的过程；还将发现功能蛋白质，认识蛋白质发育过程及蛋白质与蛋白质的相互作用。

生物信息学既为整体理解生命过程提供支撑，又引领系统整合生物学的发展方向。

4. 生物产品开发

在分子水平上对细胞、基因乃至整个生命活动的充分认识，将发现新的生物技术产品，还可以促进对现有产品的改进与扩展。

合理化药物设计是新药开发的新阶段。依据生命科学研究中所揭示的包括酶、受体、离子通道、核酸等潜在的药物作用靶位，再参考其结构特征来设计药物分子，可以发现选择性作用于靶点的新药。

针对个人的药物基因型而发展出的个体化医疗，可选择最合适的治疗药物、剂量、用药途径及使用频率，提高治疗疾病的成功率。药物基因组学前景良好。

通过转基因动物生产治疗用蛋白质和开发人类疾病模型，将提高药物开发的安全性，缩短周期并降低费用。

二、健康生物技术

生物技术在健康领域得到广泛应用，产业规模持续增长，得到了政府与公众大力支持。今后主要发展趋势是发现快速准确诊断检测手段、开发低不良反应治疗药物、研制新的高安全性疫苗。

1. 诊断

随着生物技术的快速发展，诊断试剂不断拓宽其种类，并朝特异性强、灵敏度高、价格低廉、使用简便的家用诊断试剂和诊断自动化方向发展。免疫诊断试剂发展最快，将逐渐取代临床化学试剂并成为诊断试剂发展的主流。

过去不可能诊断或费时费力的传染病、肿瘤，以及心血管病、糖尿病、精神病等基因异常性疾病，有可能借助生物技术试剂实现快速诊断。在临床症状出现前进行早期诊断，可以提高治愈率并大幅度降低医疗成本。

血糖自我监测、核酸探针和血库用试剂，技术成熟，市场增幅大。

诊断试剂开发也是反生物恐怖研究的重要内容。

2. 治疗

生物技术药物在攻克以癌症为代表的重大疾病、与衰老有关的老年性疾病、与遗传基因异常有关的遗传性疾病方面将发挥重要作用。在天然药物、生物多聚物、替代蛋白、基因治疗、细胞移植、免疫干预、异体移植等方面具有新的发展机遇。

自然界存在众多有治疗效果的有机生物体，借助细胞培养、重组 DNA 和细胞克隆等，可以从中发现和开发出新药物。从人类认识相对不足的海洋生物中开发新的天然生物制品潜力很大。

用自然界存在的生物分子制成的生物多聚物，可以替代人造医学材料，并因其适于人体吸收与接受而体现出性能上的优异性。

由于体内基因异常不能生成足够的蛋白质，导致了多种疾病。通过基因工程和细胞培养补充这些蛋白质在糖尿病和血友病方面已经取得成功，今后将有更多的应用。

与补充蛋白质相比，消除与修饰致病基因，引入或增强有用基因将更为彻底。基因治疗不仅有可能使6000多种与遗传有关的疾病得到有效防治，而且为攻克癌症、艾滋病等疑难病症带来希望。

细胞移植疗法在治疗糖尿病、肝硬化、癫痫和帕金森病等方面显示出低廉、有效和微创的特点。充分揭示细胞移植过程中的体内免疫系统反应，将促进细胞移植疗法在更大范围的应用。

免疫刺激与免疫抑制已有很多研究，目前进展较慢。在器官移植中使用免疫抑制剂对急性排斥的控制成效显著，但在慢性排斥上仍无佳绩。非预防性的肿瘤疫苗预计将受到重视。

异体移植的主要障碍是免疫系统自保护机制。一种策略是去除被移物种引起排斥反应的基因，另一种策略是把人体基因加入到被移植物种。后者在生物伦理上存在较大争议。

3. 再生医学

利用人体蛋白质和干细胞的自修复与增殖特性，可以实现治病、修复受损组织和替代与衰老相关的器官的应用目的。

在组织工程方面，皮肤和血管修复已经取得成功。应用于输血、烧伤、糖尿病、心血管等方面的组织工程产品已进入市场或处于临床实验阶段。其他组织及器官的基础与应用研究，也将取得重要进展。

生长因子是人体产生的一类小蛋白质，可以促进细胞生长、刺激细胞分化，因而在治愈伤口、再生受损器官和组织工程中有潜在应用意义。这些生长因子包括皮肤生长因子、红细胞生长素、纤维细胞生长素因子、转化生长因子β和神经生长因子。今后有可能发现更多的自然再生蛋白质。

干细胞研究是生命科学与生物技术的热点。未分化的成年干细胞和胚胎干细胞有可能培养成替代受损器官的组织。

4. 疫苗

疫苗是有效控制传染病的重要手段，各种基因工程疫苗将逐步替代传统疫苗。包括DNA疫苗和RNA疫苗在内的核酸疫苗因不存在减毒疫苗潜在的转阳危险，而且一种疫苗中可以含有多个病原体的基因，在预防和治疗许多难治性感染性疾病、过敏性疾病方面有显著优势。

疫苗生产需要复杂设备和高额投资，运用植物和动物生产含疫苗功效的牛奶或食品，对提高接种种类和减低接种费用有重要意义。

三、农业生物技术

2030 年全球人口将达到 100 亿，相应的食品、住房、棉花及能源需求将比现在增长一倍。农业中广泛应用生物技术，为满足这一不断增长的需求提供支持。用生物技术方法提高产量、降低水肥投入、开发害虫控制新方法，对人类环境也有积极作用。

1. 作物生物技术

农业科学家致力于用基因修饰技术提高作物产量，增强作物抵御细菌、真菌和病毒能力，改善作物对外界胁迫的应对能力，以及抵抗害虫、杂草和线虫等有害物侵扰。日臻成熟的 Bt 抗虫和抗除草剂耐性将扩展到更多作物，抗环境胁迫和增加产量的转基因作物将逐步进入市场。

转基因农业对发展中国家具有特殊意义，因为建设农业体系需要灌溉、农用机械、化肥和杀虫剂等大量投入，而转基因农业需要增加的投入仅为转基因种子。2003 年全球转基因作物种植面积约 0.676 亿公顷（1.67 亿英亩），90% 以上集中在美国（63%）、阿根廷（21%）、加拿大（6%）、巴西（4%），主要限于大豆、棉花、油菜和玉米。预计转基因作物种植面积将持续增长，新品种将陆续出现。

2. 林业生物技术

林业为人类提供燃料，为建筑业和造纸业提供原材料，全球年产值达 4000 亿美元，预计到 2010 年林木需求达 19 亿立方米。在林业面积持续减少的背景下，供需矛盾逐渐加深，特别是天然林保护问题很突出。生物技术是解决这一矛盾的重要途径。

准确定位靶基因，将相关优良性状基因直接插入林木基因序列中，以实现林木品种优化，创造出具有独特性能的林木品种，具有广阔前景。提高光合作用效率、改善根部营养吸收、使用生物杀虫剂和调节林木内能量分布对增加林业产量有重要作用。

根据林业产品需要，设计改良林木基因，有显著的经济和环境效益。在造纸工业方面，利用生物技术方面培育木质素含量低、木质纤维强度高的速生树种，采用酶漂白制浆和改善再生纸的脱墨效果将得到实际应用。在生物质能源方面，培育种植含有大量能源、快速生长的树和草类，进而加工转换出电力、气体或液体燃料等二次能源，是增强可再生能源经济竞争力的主要途径。在木材工业中，木质素是主要废弃物之一，降解木质素并用来制取醇类产品、洁净生物能源和菌体蛋白质产品，需要进行深入研究。

3. 动物生物技术

动物生物技术通过基因组学、转基因和克隆等手段，在改善动物健康、提高动物产量、促进人类健康应用和保护濒危动物方面日趋重要。

基于生物技术的快速诊断与治疗技术将有效保障家畜、家禽健康，各种生物技术疫苗有望控制动物传染病和人畜共患传染病。对动物发病机制的分子识别可以了解疾病传播途径。对猪应急综合征的 DNA 检验开辟了肿瘤研究新途径。转基因苜蓿草猪饲料增强了猪抵御病毒的能力。

用较少的饲料得到较多的产出（如牛奶、鸡蛋、肉食和羊毛等）是畜牧研究的努力方向，在肉用动物方面还要增加瘦肉含量。胚胎移植、克隆技术和动物基因组已有多年积累，今后在加强整体认识基础上，上述目标有望得到实质性进展。

对各种动物疾病机制的分子认识和开发高蛋白营养等功能饲料，有助于提高动物饲养效率和促进人类健康事业。

宠物的长寿与健康在发达国家有数百亿美元的市场。宠物疫苗和药品将满足宠物饲养的各种需求。

动物生物技术是人类健康研究的模式生物技术，异体移植、药物试验和动物基因组测序与动物生物技术密切相关。

生物技术在保护濒危动物和生物多样性方面有积极意义。通过研究真菌、昆虫对珍稀植物的侵扰机制，还可以有效保护这些濒危植物。

4. 水产

在分子生物学和基因工程基础上，鱼类等水生生物的生理机制得到了进一步认识，提高产量、抗病和抗环境条件的应用目标日趋清晰。耐低氧、耐低温的鱼基因有望得到应用。海洋生物中的天然活性物质是医药生物技术的重要源泉。

四、食品生物技术

农产品的品质、营养和安全性是食品工业的基础。把作为原材料的农产品加工制作成食品的过程中，保持自然风味和颜色、开发生物添加剂、改良发酵工艺、减少废弃物排放、精确检测食品安全，乃至使用生物降解包装材料，都蕴涵着生物技术应用的巨大市场潜力。

第一代转基因作物主要受益者是农民，新的转基因健康食品和营养食品将使消费者直接受益，有望得到更多的社会支持。食品过敏蛋白质的鉴别与基因阻滞或剔除，已有重要进展。

生物技术已广泛应用于食品发酵剂和添加剂的微生物菌种改造与构建。通过生物技术筛选并生产改良微生物，可以提高食品生产率。可以对传统的工业酶如蛋白酶、淀粉酶、脂肪酶、糖化酶及植酸酶进行改造，还可以定向改造并开发出以前自然界所没有的新型酶制剂。

生物技术在食品保鲜领域的应用主要表现在两个方面：一是对食品生物保鲜剂的开发和耐储性农产品的新品种选育；二是开展对通过信号转导控制的程序性细胞死亡研究，开发抗衰老、保鲜期长的新一代基因工程品种。

随着分子生物学和分子遗传学的发展，各种生物技术手段和方法的成熟与完善，生物技术在食品工业中的应用有良好的发展空间。

五、工业与环境生物技术

工业生物技术致力于降低或消除废物排放，减少能源与不可再生原材料的消耗，是实现可持续发展的重要技术保障。

在原材料与能源方面，生物材料和生物能源经济竞争力将逐渐增强。生产工艺中引入生物技术，可使反应条件更为温和，显著降低能源消耗。

生物催化剂具有经济潜力。极端条件微生物中有望筛选出耐酸、盐、温度和压力的新型生物催化剂品种，目前只有不到1%的微生物得到培养和分离。将动物和植物基因在酶中进行表达，已显现新的生物催化功能。蛋白质工程和定向蛋白质进化用于实现酶催化功能和提高效率，进而与工业过程相结合，潜力巨大。

生物乙醇将成为可再生能源的主流。使用基因修饰植物和动物方法，生产可生物降解塑料。对天然蛋白质多聚物进行微生物发酵。开发酶分解植物糖分制备塑料和多聚物。上述研究受到各国空前重视。

纳米材料为生物技术开发拓展了空间。碳或硅基底的生物催化剂和碳纳米管作为生物催化剂反应界面有很大的发展潜力。生物硅化过程和动植物结构形成的分子阐释有助于探索合成新型生物材料途径。蛋白质多聚物结构的基因调控有助于开发生物多聚物。

环境生物技术主要潜力体现在生物修复和环境监测。

就行业而言，化工行业的生物催化剂、塑料行业的可再生谷物替代石化原料、造纸行业的酶解工艺、纺织行业的酶洗涤剂、饲料行业的营养添加剂有较好的发展潜力。

展望全球生物技术产业发展，总体上处于大规模产业化的开始阶段，前景诱人。这种前景既得益于生命科学研究的迅速进展，也与对医疗保健、粮食、能源与环境的迫切需求有关。与此同时，生物技术产业具有高风险和高回报的特点。生命科学研究虽然进展迅速，但各前沿领域进展不一，人类对生命活动的认识尚处于初级阶段，研究成果向生物技术产业化迈进还存在周期长、不确定性多、经济竞争力差的现实。即使是进入临床试验或田间试验，乃至进入市场，都不能确保得到经济效益回报。此外，政府作为医疗保健和农产品的最大“买家”，对产品定价和市场监管有很大的影响力，全球化市场远未形成。

世界各国都面临着生物技术革命带来的新机遇和挑战。加速我国生物技术产业发展，需要科学地界定生物技术产业基本方向，加强生物产业发展战略研究，增强生命科学和生物技术的创新能力。为我国生物产业未来大发展打好基础是当前一段时间的主要任务。

参 考 文 献

[1] 国家发展和改革委员会高技术产业司，中国生物工程学会. 中国生物技术产业发展报告（2003）. 北京：化学工业出版社. 2004

[2] 张自立，彭永康. 现代生命科学进展. 北京：科学出版社. 2004

[3] Biotechnology Industry Organization. Editors’ and Reporters’ Guide to Biotechnology 2004 ~ 2005. Washington. 2004

第三章 生物技术新进展

3.1 生物质能源技术研究进展

匡廷云[*] 白克智 李淑芹

（中国科学院植物研究所）

能源问题不仅关系到我国经济的快速增长和社会的可持续发展，也关系到我国的国家安全和外交战略。

在过去的150年里，世界能源结构发展先后出现过3个波峰，19世纪中叶前，世界各国能源结构以生物质燃料为主，19世纪末到20世纪初煤是主要能源，20世纪中叶以来石油占据主要地位。目前，世界能耗中生物质能传统的低效利用在不发达地区仍占主要地位，在我国生物质能也仍占相当比重，但由于未进入商品市场，故未统计在能源数据中。

由于对化石能源大量使用可能导致的全球变化和资源枯竭的担忧，以及对可持续发展和保护环境的追求，世界开始将目光聚焦到了包括生物质能在内的可再生能源。

20世纪90年代以来，生物质能的现代化利用在许多国家得到高度重视，联合国开发计划署（UNDP）、世界能源委员会（WEC）和美国能源部（DOE）都把生物质能当作发展可再生能源的主要选择之一。目前，生物质能源约占世界一次性能源消费的2%，发达国家平均约占3%，美国、瑞典、奥地利三国生物质能源转化为

---

* 中国科学院院士

高品质能源（电力、燃气、液体燃料等）的利用已有相当规模，分别占该国一次性能源的4%、16%和10%，并仍在大力发展中。可以说，可再生能源利用程度的高低已经成为社会发展文明程度的标志之一。生物质能有可能成为未来可持续发展能源系统中的主要能源之一。

一、生物质能源发展潜力巨大

生物质能是通过植物的光合作用将太阳光的物理能转化为化学能储存在生物体内的能量。光合作用是地球上最大规模的光能转化过程。植物吸收太阳能，将水和二氧化碳合成有机物，放出氧气来，它是人类、动物及大多数生物能量的主要来源，是地球上氧气的主要来源。当今世界文明所需的化石燃料，也都是古代植物光合作用的产物。

太阳对地球表面的辐射能量被大气吸收和被地面反射的占50%，剩下的一半大部分射入海洋。通过光合作用，陆地绿色植物和海洋藻类每年可储存大量的能量，其有效利用率只有入射太阳能的约0.1%，但所合成的有机物（生物质）已相当于人类每年全部能耗的10倍（约2200亿吨）。

与化石能源相比，生物质能固定空气中的CO_2，所以每增加1吨生物质能的消耗，可以减少相应能量的化石能源排放2吨温室气体。欧美等工业发达国家能源的研发都与执行《京都议定书》紧密联系起来。

二、生物质能技术的国际研究热点

工业化国家近年来都很重视生物质能的开发，如《今日美国》（2001.2.1）的一篇文章指出，“石油的能源之王地位也许不久就会遭到废黜，农田作物有可能逐渐取代石油成为获得从燃料到塑料的所有物质的来源，‘黑金’也许会被‘绿金’所取代”，“在今后的25年内，农场主将种植出足够的燃料，我们几乎可以不依赖于外国的石油”。

从20世纪90年代末开始，欧盟国家陆续投入12亿美元用于开发生物质能源的研究，取得了许多重要成果。德国计划在未来20年内逐渐关闭核电站，取而代之的是可再生能源，而可再生能源家族中现实可行的能源是生物质能源。英国计划2010年的可再生能源发电将占总发电量的10%。1999年瑞典一些地区供热和热电联供所消耗的能源中26%是生物质能。

概括起来，国外在生物质能领域研究的热点是：

1. 生物质液化燃料乙醇的开发

在20世纪70年代第一次石油危机期间，美国曾有过庞大的种植甘蔗、甜高粱等能源作物的计划，终因危机过后石油降价与易得而未能实现。而巴西则自1975年以来一直坚持燃料乙醇的研究与开发，甘蔗种植面积不断扩大，加工工艺不断改进、生产规模不断扩大，特别是由于开发出高效发酵菌种，经济与社会效益大幅度提高，已使其具有与石油市场的竞争力。乙醇产量从1975年的55万吨提高到2002年的1200万吨，全国汽车普遍采用乙醇或乙醇－汽油混合燃料，目前已经取代石油25%～40%。巴西官方和民间都声称目前燃料乙醇先进生产工艺已可供出口。

美国计划2010年乙醇燃料生产达到5300万吨。美国国家研究委员会提出，以生物质原料制得液体燃料现在只占总燃料的1%～2%，2020年将达到10%。

2. 菜籽油替代柴油的研发

主要在适合栽培高产油菜的英国及北欧国家进行，通过酯化降低其黏度，使之适合于柴油发动机。此项技术已可规模化应用，2002年欧盟国家已生产替代柴油百余万吨。美国目前年产生物柴油100万吨，计划2020年达1200万吨。

3. 生物质气化

通过化工裂解或生物厌氧发酵都可使生物质转变为H_2、CH_4、CO等可燃气体，进而应用。裂解技术是工业化国家研究的重点，裂解工艺的改进使加工成本不断降低。发展中国家则倾向于发展生物酵解，如利用人畜粪便生产沼气，近年在厌氧容器及菌种改良等方面都有改进。

4. 生物质直燃锅炉热效率的提高

在森林和秸秆丰富的国家，近年来着力改进锅炉设计，明显提高了单一生物质燃料或与煤混合燃烧锅炉的热效率，大大降低了乡村、小镇生物质发电和供热的成本。

5. 生物制氢

近年来，欧美提出“氢经济”的口号，预测21世纪将实现由碳基能源向氢能源的转变，氢燃烧只产生热和水，无任何环境污染。氢的制取方法多种多样，其中以利用小型水电站的电解水制氢和生物质制氢属可再生能源，最具吸引力。美国在生物制氢方面已进入中试阶段。

6. 太阳能利用

欧美各国都在开展模拟光合作用光能转化的机制，开辟太阳能利用新途径的研究。

三、我国在生物质能源技术方面的优势和差距

我国拥有丰富的生物质能源资源，潜力巨大。例如，目前在可开发的生物质能源资源中，农作物秸秆约有40%作为饲料、肥料和工业原料，尚有约60%可用于能源用途，约合2.1亿吨标煤；薪炭林主要作为燃料，还有约40%的森林剩余物未加工利用，约合0.3亿吨标煤；禽畜粪便除少部分作为肥料外，大部分成为农村的主要污染源，约合0.6亿吨标煤的资源量。据专家预测，我国现有可供开发的生物质能资源至少能达到4.5亿吨标煤。

我国土地面积广阔，除现有耕地、林地和草地作为传统农业外，尚有约1.33亿公顷（20亿亩）宜农、宜林荒山荒地，可以用于发展能源农业和能源林业。此外，与大西北开发、沙漠治理、退耕还林、三北防护林建设结合起来，生物质能源的开发潜力很大，同时可以发展有能源工业用途的甘蔗、甜高粱、木薯等高产作物品种。通过细胞工程、基因工程可以获得高光合效率的能源作物优良品种。估计在未来的30年，至少可发展约20亿吨的生物质能源，合10亿吨标煤，包括生物柴油、生物质乙醇和氢能等，可大大缓解我国能源的供需矛盾。

从整体看，我国生物质能源技术起步晚、发展慢，与工业化国家存在较大差距。我国地域辽阔、气候多样，各地经济发展水平差异很大，这为生物质利用的多样化提供了基础。生物质的分散性和能量的低密度性是其利用的难点之一。我国有充足的和廉价的劳动力，有利于因地制宜、小型化生物质能的开发利用。

我国在生物质能研发的领域并非全部落后于人，比如农村以户为单位的沼气池技术居国际领先地位，为许多发展中国家所青睐，我国已受联合国委托举办了多次国际培训班。

我国2000年启动陈粮转化燃料乙醇项目，目前已年产百万吨燃料乙醇，在吉林、河南等省普遍推广乙醇－汽油混合燃油。当前主要的技术问题是改革生产工艺提高产率和效益。同时，依据我国生物质资源中纤维基生物质多的特点，应开发这类资源乙醇发酵技术。例如，乙醇生产中纤维素酶的应用就很迫切。

发展沼气生产的高新技术。沼气生产，需要三类厌氧微生物的协同作用，最终生成甲烷：水解发酵菌（分解大分子物质）、产氢、产乙酸菌和产甲烷菌（将氢和

二氧化碳合成甲烷），其中木质纤维素类物质分解差是甲烷生产过程的“瓶颈”。沼气的应用虽有较大规模，但对三类功能微生物的研究仍很肤浅，主要停留在静止状态下种群组成和数量的调查上，而大规模生产过程中不同种群的生理状态、相互作用与转化效率之间的关系尚无系统的研究，因而对产气效率低等现象无法解释和解决。我国在现有沼气技术的基础上开展这方面的基础性研究，可使未来大型沼气厂的建设具有坚实的科学基础，少走弯路，事半功倍。这一课题的研究进展可以大大扩展沼气原料来源，由目前以禽畜粪便为主扩大到各种秸秆、树叶。秸秆、树叶中的纤维素和半纤维素虽尚不能为气化、液化的微生物分解，但其中的五碳糖约占30%，若能通过生物技术获得能分解五碳糖的菌株，则可大大提高转化效率，这正是依据我国资源特点要着力研究的。

我国城市垃圾资源化处理的限制因子也在于技术不成熟。例如，深圳等地曾引进垃圾焚烧炉制热，但因我国垃圾含土、含水量高等独有的特点而使效果不理想。因此，急需研制适合我国国情的焚烧炉。

扩大生物资源总量，充分利用我国植物资源。我国气候多样、植物种类繁多，适于做能源工业的草本和木本植物资源尚未经详细调查，利用生物技术进行改造更是刚刚开始，因此蕴藏着巨大的增加生物质能总量的潜力。众所周知，我国农作物在过去半个世纪里单位面积产量已有几倍的提高，其中品种的改良起了关键作用。如果在能源植物中也像对农作物一样，综合运用高新技术进行种质的评比筛选、杂交育种、生物技术改造等，必能使我国能源的生物质单位面积产量，也就是单位土地面积上光合效率大大提高，经过长期的努力必能使我国生物质能总量大大增加。

四、对我国未来生物质能源技术领域的展望

展望我国未来生物质能源技术领域的发展，生物质能开发必须采用的新技术、关键技术和创新点包括：

（1）生物质生物发酵转换为乙醇类燃料及其高附加值产品的新工艺和新技术；

（2）沼气高效生产系列的高新技术及规模化，“生态家园计划”（大棚－猪圈－厕所－沼气四位一体）的技术升级等；

（3）生物柴油的制取及相关化工产品的综合开发利用技术；

（4）生物质原料化学转化过程中高能效转换机制和技术；

（5）生物质降解、高温裂解、定向转化、气体合成等转化特性机制和反应动力学；

(6) 能源植物资源的普查;

(7) 高光效的"能源作物"筛选和培育的高新技术;

(8) 生物质制氢的高新技术。

为更好发展我国的生物质能源技术,特提出如下政策建议:

(1) 世界各国生物质能源的开发,尤其是在起始阶段都需要政府的强力支持,包括采取减免税等各种扶持措施,我国的发展也不能例外,生物质能的研究与应用的速度与规模都与政府支持的力度有关;

(2) 巴西开发燃料乙醇持之以恒,坚持30年终于取得巨大成功,除其先进技术与工艺值得我们学习之外,其研究与发展的组织与实施的经验也值得我们借鉴;

(3) 生物质能开发与利用,涉及多项学科多种技术,应加强基础性与综合性的研究;

(4) 生物质能源来源于绿色植物,植物本身生长慢,加之林木品种的生长地域性很强,且一旦入选再行改换,周期较长,所以决策特别需要有充分的科学依据。

3.2 动物细胞核移植研究进展和展望

周 琪

(中国科学院动物研究所)

以细胞核移植为主要手段的动物克隆技术将会对物种保存、优良动物的大量繁殖、人类疾病的动物模型、生物反应器、细胞治疗和组织工程的研究和应用产生积极的影响。

利用核移植技术,已经得到了多种体细胞克隆动物后代。但细胞核移植以后重编程的机制至今仍不清楚:细胞核在受体环境中究竟发生了哪些变化,哪些因素制约了核移植胚胎的发育,核移植技术对生物健康的长期影响究竟是什么等,这些问题都还有待进一步的研究。对这些问题的解决不仅会提高动物克隆的效率,促进核移植技术的应用,更为重要的是能够了解生长发育过程中的分化与去分化的机制,了解生命的本质,为认识人类自身提供有效的工具和平台。

核移植技术至今已有50余年的发展历史。据不完全统计,检索关键词"核移植",相关的文章有6000余篇,其中4000余篇是在1997年"多莉羊"出生后发表的[1]。这些成果推动了核移植领域的研究进展,但也有许多工作,包括发表在

《Nature》、《Science》等刊物的工作已经被证实是不可靠的。其中引起人们广泛关注的研究论文包括：灵长类动物克隆胚胎的分子缺陷导致灵长类克隆不可能成功的论文；细胞休眠处理等动物克隆专利之争；端粒长度与克隆动物寿命的关系；线粒体遗传与克隆胚胎发育；克隆动物基因表达与健康等，几乎涉及核移植研究的各个方面，这些研究结果之间无法统一，甚至相互矛盾。

造成这些问题的原因除个别科研工作不够严谨外，主要是由于技术手段的限制，在研究中无法形成一个系统的观念。生命过程是一个由基因、蛋白质和其他化学分子相互作用构成的复杂系统，生命现象是复杂系统的整体行为，不仅需要认识个别的基因和蛋白质的功能，而且需要了解完整的基因组或蛋白质组的活动。核移植胚胎和克隆动物是一个绝佳的系统整合生物学模型，对个别影响因素、个别蛋白质、个别基因的研究不足以揭示核移植胚胎这样一个复杂的生物系统的运行机制。随着“人类基因组计划”的完成，基因组学、蛋白质组学的发展，大规模、高通量的技术手段可以使我们从整体和系统的角度来研究核移植，理解分化与去分化等生命现象。

一、什么是克隆和核移植

关于克隆、核移植和治疗性克隆等概念，目前存在许多混乱与模糊的认识。这里有必要对有关概念进行说明和澄清。

克隆一词已经几乎和细胞核移植同义，结果引起了很多混乱，但实际上克隆与细胞核移植是不同的概念。

克隆（clone）主要指获得某一生物体的复制品，是指由一个细胞祖先经过分裂、繁殖而形成的纯细胞系，这个细胞系中的每个细胞都是相同的，亦称无性繁殖细胞系。单个细胞的无性繁殖细胞系就是克隆。它的适用面很广，包括基因、微生物或细胞等。

治疗性克隆这个术语的本意为利用核移植手段获得可以用于再生医疗目的干细胞的研究，是为了帮助一些外行更好地区别体细胞核移植技术的不同用途，但它从概念上来说是“不准确和误导的”。2004 年以后在国际权威刊物上发表的文章已经正式使用核移植这个词取代治疗性克隆，用来特指通过体细胞核移植技术获取干细胞的研究。核移植的“核”，从概念上突出了细胞核基因材料从一个细胞转移至另一个细胞的过程；而“移植”，则体现了这项技术在再生医疗上的用途。

动物克隆指由一个动物经无性繁殖或孤雌生殖而不通过受精产生和亲代非常相像的单个动物后代。克隆的所有成员的基因组成应该是相同的。自然界中普遍存在着克隆现象，即使高等哺乳动物也不例外，同卵双胞胎实际上也是一种胚胎水平上的克隆。对于哺乳动物，目前得到无性繁殖后代的技术包括胚胎分割、孤雌生殖、细胞核移植等多种技术。

细胞核移植指将供体细胞核利用显微操作的办法，移植到去核的成熟卵母细胞或是去核的受精卵中，并使重组的胚胎发育到期的技术。细胞核移植技术有很多用途，其中包括创造生物体的复制品，也就是克隆。

胚胎分割技术的原理与人类的同卵双生双胞胎相似。它是在胚胎发育早期人为地把胚胎均匀地分成两个等份，而每一半胚胎都能发育为一个完整的个体。胚胎分割可以把一个胚胎克隆成为 2 ~4 个。胚胎分割技术克隆胚胎的潜力有限，一般只能得到 2 个克隆体，最多得到 4 个。

孤雌生殖也称单性生殖，即卵细胞不经过受精发育成正常的新个体，是一种主要存在于昆虫和一些低等动物中的生殖方式。2004 年通过敲除印迹基因 *H19* 和 *Igf2*，首次得到了哺乳动物小鼠的孤雌生殖后代。

二、核移植技术的研究和应用

核移植技术在研究配子和胚胎发生、细胞和组织分化、核质相互作用等基础研究中提供了一个优秀的系统整合生物学模型和研究手段。此外，核移植技术在生产和应用领域也展示出广阔的前景，按其应用领域有以下几个方面：①培育优良畜种和生产实验动物；②生产制备转基因动物（生物反应器）；③复制濒危的动物物种，保存和传播动物物种资源；④建立动物模型；⑤再生医疗目的干细胞的研究。

1. 大量增加优秀动物个体的数量

核移植技术最直接的受益行业是畜牧业。畜牧业的效率来自动物个体性能和群体的繁殖性能。动物的生产性能和繁殖性能是由它们的遗传特性决定的，具有优良基因的动物具有较好的生产性能，如果个体的生产性能好，用同样的投入可以生产出更多的产品；而如果群体的繁殖性能高，则会加快育种速度和减少种畜的数量，增加工作在第一线的动物比例，这些都会使经济效益大幅度提高。

细胞核移植的方式克隆动物从理论上可以使优良的动物个体无限增加数量。体细胞核移植技术可以大量地复制优秀动物，扩大优秀动物的数量，这种技术与传统的育种技术结合可以很快地改善种群的遗传结构。将来有可能使 85% 的牛群，由 10% ~15% 的优秀种群无性繁殖来提供，这 10% ~15% 的优秀种群仍由传统繁育方式生产，以保证遗传和变异。

2. 转基因动物生产（生物反应器）

转基因动物研究是动物生物技术领域中最诱人和最有发展前景的课题之一，转基因动物可作为医用器官移植的供体、生物反应器，以及用于家畜遗传改良、创建疾病实验模型等。

动物生物反应器是指通过不同方法获得转基因动物，从奶、血、尿、蛋清或蚕丝等得到其他方法很难大量生产的、具有高附加值的治疗性重组蛋白或药物及具有其他突出用途的产品。动物反应器主要包括：哺乳动物生物反应器（乳腺反应器）、脊椎动物反应器（如禽类）、低等动物反应器（如家蚕）。其中动物的乳腺或其他组织作为生物反应器生产贵重的蛋白质是动物反应器的一种主要形式，以其生产成本低、产品纯度高、经济效益好等优势，具有极高的商业应用前景。利用基因修饰过的体细胞作为核移植的细胞核来源，能够生产出与第一代完全相同的转基因动物，这一技术结合动物的繁殖技术将大大推动转基因动物生产和研究的进程。

但转基因动物制作效率低、定点整合困难所导致的成本过高和调控异常，以及转基因动物有性繁殖后代遗传性状分离、难以保持始祖的优良性状，制约了转基因动物实用化进程。

3. 遗传资源保护

2004 年进行的多项大规模研究发现，植物和动物物种的多样性正在下降，这一发现已经入选《Science》2004 年度的十大科技发现。据联合国粮农组织（FAO）估计，世界上的物种正在以每天十几种的速度灭绝，其中 30% 的家畜品种面临灭绝的危险。在保护濒危动物方面，人们采取了许多手段，但收效甚微。体细胞核移植技术为动物品种的保存提供了新的手段。保留一小块皮肤，通过细胞培养和冻存，可以大量保存不同个体的细胞和基因。随着技术的发展，采用异种动物间核移植、相近动物胚胎的寄养等方法，核移植技术将在濒危动物保护方面发挥作用。迄今为止，已经采用体细胞克隆的技术复制出多头已经灭绝的野牛、野生的珍稀动物欧洲盘羊（*Ovis musimon*）。

尽管利用克隆方式挽救濒临灭绝的动物，只能是从数量上增加，而无法从种群的水平提高动物的数量。但对那些仅存一个个体或仅有单一性别的濒危动物来说，克隆是目前它们延续种族的惟一希望。

4. 建立动物模型

动物模型是进行药理学、毒理学、营养学、发育生物学等研究的必备模型。如果能够得到相同遗传背景的一群同基因型的动物，将会在药理学、营养行为学、发育进化的研究方面取得事半功倍的效果。随着人类基因组图谱的完成，各种基因功能的鉴定使得模式动物和疾病模型动物的需求量大增。基因敲除技术是研究基因功能的最有效手段，而核移植技术是目前最有潜力的生产转基因、基因敲除动物模型的技术手段。

小鼠基因敲除技术已经在基因功能和小鼠模型建立方面取得了大量的成果。但对于其他模式动物来说，由于胚胎干细胞技术尚未成功，无法利用干细胞技术有目的地获得基因敲除动物模型，这大大限制了其他优秀的哺乳动物模型在生物基础科学、人类健康和医药领域的应用，在这种情况下核移植技术成为生产基因敲除动物的惟一手段。利用核移植技术，基因敲除猪也已经诞生，其他优秀的动物模型如家兔、大鼠、雪貂等也已克隆成功，体细胞克隆猕猴等灵长类动物的工作也正在进行中。

5. 再生医疗目的干细胞的研究

利用核移植技术可以生产用于组织和细胞替代治疗的人类胚胎细胞，干细胞定向分化为特定的组织类型，来替代那些受损的体内组织。把患者体细胞移植到去核卵母细胞中形成重组胚，把重组胚体外培养到囊胚，然后从囊胚内分离出 ES 细胞，获得的 ES 细胞使之定向分化为所需的特定细胞类型（如神经细胞、肌肉细胞和血细胞），用于替代疗法。这种核移植法得到的干细胞和分化细胞由于与供体细胞同源，因此在组织和细胞替代治疗中不会发生免疫排斥。目前，科学家已成功分离到来源于人体细胞核移植胚胎的 ES 细胞。

三、核移植技术的产业化与基础研究

核移植技术的产业化包括在农业和生物制药领域的应用，在过去的 20 年中已经有过几次不成功的尝试。与传统技术相比，利用细胞核移植技术克隆动物具有很多优点：可以控制性别；加快品种更新换代的速度，在理论上可以获得显著的经济效益。但实际上，核移植技术由于它的实际成功率、稳定性和投入产出比不够理想，目前在产业化方面的应用还很有限。

核移植的成功率很大程度上依赖于供体细胞，胚胎细胞核移植的成功率可以达到 4% ~15% ，成年体细胞核移植的成功率却很低；而采用核移植技术生产克隆牛的投入又显著高于传统的胚胎生产技术。目前体细胞克隆动物生产成本的估算，首只克隆动物平均需要 20 000 美元，其后的克隆动物平均需要 11 000 美元。

要大幅度降低核移植的费用涉及各种复杂因素的相互作用，而这些因素大多至今都是未知的，所以目前在畜牧业中大规模应用核移植技术生产克隆动物从经济角度上并不是一项有利可图的产业。国际上在20世纪80年代初和1997年以后曾经兴起过动物克隆产业化的浪潮，但在维持1～3年后绝大部分公司都已倒闭或者转变了方向[2]。

在生物反应器的研制方面，体细胞核移植结合转基因技术是生物反应器研发的未来。美国红十字会和遗传学会曾经预计生物反应器制药产业在2005年产值将达到350亿美元；至2010年，在所有基因工程药物中，由转基因动物反应器生产的产品份额将达到95%。但目前的现状是：迄今为止，尚无一种生物反应器的药品上市；从乳腺生物反应器获得的大量重要的目标蛋白没能表现出生物活性，国际乳腺生物反应器产物的市场价值为零。正是由于在生物反应器研究方面遇到了较大的困难，曾经创造了克隆羊“多莉”、转基因克隆羊“波莉”和基因敲除“克隆猪”的PPL公司已被挂牌出售，荷兰著名的GenPharm公司已经倒闭，美国GTC公司已经被迫放弃了即将结束Ⅲ期临床试验的抗凝血因子3的研制。核移植和相关技术的产业化显然与我们的期待还有一定的距离[3,4]。

尽管目前核移植技术还没有产生重大的经济效益，但是其产业化前景是不容置疑的，为达到这一目的需要科学家在相关的基础研究方面进行长期不懈的努力，在基础研究方面，实验动物的核移植研究能够提供很好的模型和研究平台。

小鼠是较早得到的体细胞核移植动物，目前已经有6年的成功历史，但是令人惊异的是目前世界上只有不超过4家实验室获得成功并能够从事小鼠的体细胞核移植研究，而且即使是在这些成功的实验室中，稳定地重复试验也面临着一些不明原因的干扰，这与小鼠的胚胎干细胞核移植研究或者家畜的体细胞核移植研究形成了鲜明的对照[5]，干细胞核移植小鼠或者体细胞核移植家畜的工作相对容易得多。

小鼠体细胞核移植的研究充分表明了在这一领域还没有突破“知其然，不知其所以然”的误区，尽管我们已经得到了多种体细胞核移植动物，但实际上我们并不了解为什么核移植动物能够顺利出生。

鉴于核移植产业化受到基础研究水平的制约，应该重视核移植的机制研究，尤其应该重视实验动物核移植的机制研究。

四、核移植技术研究的发展展望

细胞核移植研究的核心是生物发育过程中分化与去分化的问题，在去分化和动物克隆的研究中，要转变几个观念：

(1) 以系统整合生物学取代单一学科，由以胚胎和发育生物学为主转向多学科的交叉；

(2) 以公用技术平台和科学研究网络取代实验室重复建设，建立高通量的技术研究手段和平台；

(3) 由动物克隆研究入手，但要跳出克隆动物的圈子，要在细胞分化和去分化机制等基础研究方面回答科学问题；

(4) 开发新的技术手段，获得关键技术的专利，促进研究的深入和产业化的实施。

在该领域的研究中，未来的研究重点主要包括：

(1) 克隆动物发育的本质是分化细胞的去分化，首先要研究分化是如何发生的，要系统研究发育过程中基因的动态表达过程，找出决定分化的基因网络。

在此研究中，克隆胚基因的动态表达谱、基因文库的建立、甲基化的规律、基因的修饰、表达和调控过程、异常表达基因的检测等工作是研究的重点。

(2) 研究细胞核在细胞质环境中的三维结构变化，找到细胞核重编程的结构基础。有关研究内容包括：细胞核形态、纺锤体的重塑、乙酰化的规律、细胞核相关蛋白的运转和交换、细胞骨架系统对三维结构的支撑等。

(3) 探索和发现与细胞分化和去分化过程相关的关键蛋白、化学物质和信号通路。

对启动重编程相关的关键信号通路、相关的蛋白和化学物质进行深入研究，设计调控基因表达的主要成分表，控制发育进程。

(4) 建立新的无性繁殖技术手段。

以改进核移植流程、提高克隆效率为主，建立非细胞体系的无性繁殖技术，以细胞活性物质和化学物质诱导细胞的去分化，开发相关的仪器设备。

展望未来，细胞核移植研究的潜在突破点包括以下几个方面：

(1) 回答或初步回答细胞分化和去分化的本质，找到发育过程中对分化和去分化起决定作用的基因网络。

(2) 发现、发明新的无性繁殖技术手段，能够自如地在未分化的干细胞和分化细胞之间转换，获取相关的科学成果和专利，包括对自动化仪器的研制。

(3) 将现有的动物克隆效率提高 10 倍，费用降低到目前的 1/10，使克隆技术达到产业化的要求。

(4) 推动物种保存、优良动物的大量繁殖、人类疾病的动物模型、生物反应器、细胞治疗和组织工程的研究和应用。

总之，克隆动物技术最终是要为人类发展和健康服务的，在科学和技术取得长足进步的同时，克隆动物及其相关的市场展现出十分诱人的前景。这其中一个现实的问题就是：谁能获得克隆核心技术的专利权。垄断一项技术，就能垄断一个产业。目前，国际核移植研究领域从供体细胞处理到核质同步的控制，从细胞核移植的程序到胚胎活化的处理都已受到专利的保护，核移植相关的设备更是100%的国外生产。在未来对核移植的研究和应用过程中，如果我们不能有所创新、有所发明，在相关的生物技术产业方面将会面临与今天一些中国电子产品相似的命运，这是一场我们输不起的竞争。

能否对核移植和动物克隆研究发展方向进行准确预测、正确定位，能否对科研力量进行优势整合，能否进一步加强国际合作，能否甘于寂寞、重视基础研究，将会决定我们国家核移植研究领域的未来。

附录：2004 年度的细胞核移植研究重大进展

2004 年 2 月，韩国科学家报道首次通过“核移植”技术得到了可以用于细胞治疗的人类干细胞，这一工作同时也被《Science》评为年度十大科技进展[6]。

2004 年 3 月，终末分化小鼠鼻神经元细胞克隆小鼠出生，这是首次用停止分裂的细胞完成的活体动物克隆[7]。

2004 年 4 月，日本科学家通过敲除印迹基因 *H19* 和 *Igf2*，首次得到了哺乳动物小鼠的孤雌生殖后代[8]。

2004 年 8 月 11 日，英国政府向 Newcastle 中心颁发了世界上第一份克隆人类胚胎的合法执照，批准进行以医疗为目的的克隆人类胚胎研究，有效期为一年。在英国之后，韩国、日本等国家也相继立法允许治疗性克隆研究。

2004 年 11 月 19 日，第 59 届联合国大会法律委员会宣布，鉴于各国在是否允许治疗性克隆问题上的分歧难以调和，该委员会决定放弃制定禁止人的生殖性克隆国际公约的努力。

参考文献

[1] http：//www. ncbi. nlm. nih. gov/entrez/query. fcgi？ CMD = search&DB = pubmed

[2] Bousquet D，Blondin P. Potential uses of cloning in breeding schemes：dairy cattle. Cloning and Stem Cells，2004，6（2）：190 ~ 197

[3] http：//www. bio. org/er/statistics. asp

[4] Yang X. An embryonic nation. Nature, 2004, 428: 11, 211 ~ 212
[5] Anthony C F. Perry nuclear transfer cloning and the United Nations. Nature Biotechnology, 2004, 22: 1506 ~ 1508
[6] Hwang W S, et al. Evidence of a pluripotent human embryonic stem cell line derived from a cloned blastocyst. Science, 2004, 12: 303, (5664): 1669 ~ 1674
[7] Eggan K, et al. Mice cloned from olfactory sensory neurons. Nature, 2004, 4: 428, (6978): 44 ~ 49
[8] Kono T, et al. Birth of parthenogenetic mice that can develop to adulthood. Nature, 2004, 22: 428, (6985): 860 ~ 864

3.3 结构基因组研究进展

孙 蕾 饶子和*
（中国科学院生物物理研究所，清华大学生命科学与医学研究院）

基因组研究是20世纪末21世纪初生命科学研究领域的一大亮点。截至2004年12月底，全世界已公开发表243个生物体的基因组全序列（含染色体），此外有500多个原核生物和400多个真核生物或其染色体的基因组正在测序中。随着大量生物体全基因组序列的获得，特别是人类基因组序列草图的完成，生命科学进入后基因组时代。后基因组时代中，生物学的中心任务是揭示基因组及其所包含的全部基因的功能。由于基因的功能最终总要通过其表达产物——蛋白质来实现，因此，要了解基因的全部功能活动，最终必须回到蛋白质上来，即生命科学的研究重心将从基因组学转移到蛋白质组学上来。现在知道，蛋白质的功能主要取决于它们的三维结构，因此认识蛋白质的空间结构将成为生命科学中最关键、最具有挑战性的前沿领域之一。结构基因组学的兴起和蓬勃发展已成为生命科学的发展趋势和不可回避的主题。

一、结构生物学的发展及“结构基因组学”的提出

20世纪50年代，Anfinsen率先提出了蛋白质的特定三维结构是由氨基酸排列顺

* 中国科学院院士

序决定的观点，并因此获得诺贝尔奖。1960 年，Max Perutz 经过 22 年的努力，成功破解出了第一个蛋白质结构——血红蛋白的三维结构[1]。在这之后，蛋白质结构解析工作逐渐开展起来。20 世纪 90 年代以来，已解蛋白结构的数量呈指数增长趋势。1993 年，英国《Nature》首次召开以结构生物学为主题的国际学术会议，宣称结构生物学时代已经来临，并逐步成为生命科学中重要的前沿学科。此后，结构生物学便成为了生命信息学中发展最迅猛的学科分支之一。截至 2004 年 12 月，蛋白质数据库（Protein Data Bank，http：//www. rcsb. org/pdb）中已有大约 26 200 种蛋白质结构（图 1）。

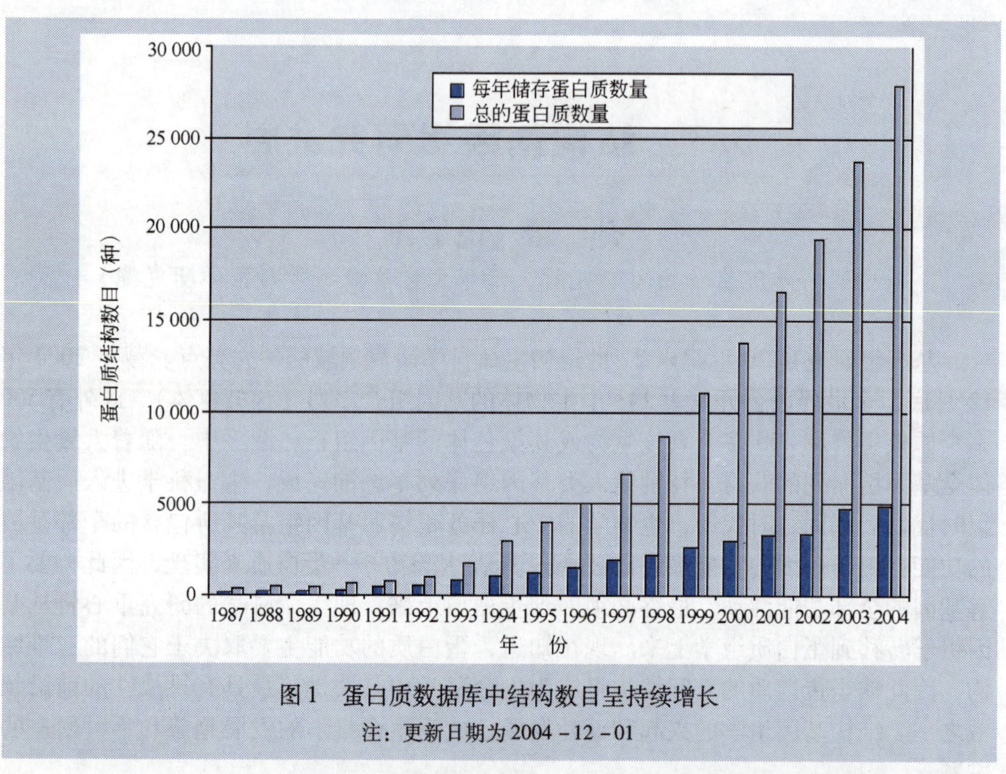

图 1　蛋白质数据库中结构数目呈持续增长

注：更新日期为 2004－12－01

虽然蛋白质数据库中的结构数目呈指数增长，但这还是远远不能满足科学家们探索和研究的需要。人类基因组测序研究证实人体大约有 10 万个编码蛋白质的基因，这就是说，人类生命过程中至少需要 10 万种不同的基础蛋白质，它们在生命活动中发挥着重要功能，而这些功能的发挥则取决于这些蛋白质的三维结构[2]。因此获得这些蛋白质，并阐明它们的精细三维结构及与其生物功能的关系，成为了揭示生物体活动本质的关键一步。近年来，基因组工程的迅猛发展及生物信息学的新进展为结构生物学开辟了新道路，使此目标的实现成为可能。1998 年，在美国 Argonne 召开的第一届结构基因组学研讨会上，与会者提出结构基因组学[3]（structural genomics，SG）新概念。2000 年 4 月，第一届国际结构基因组会议在英国 Hinxton 召开[4]，正式定义结构基因组学为：在原子水平上阐明生物体的所有生物大分子的结构特性。即用基因组信息作为起始材料来大规模研究蛋白质结构，主要目标是利用基因获得所有编码蛋白质的结构与功能，从而获得对有机体生命活动的全景式认识。

结构基因组学的提出从根本上改变了结构生物学家的工作方法，结构生物学也开始了新的飞跃。结构基因组的研究使结构实验室转向结构工厂，巨大的结构工厂以一种前所未有的规模，将线性的基因组数据转化为最终的蛋白质结构。

二、结构基因组的研究方法——生产线

我们可以把结构基因组研究机构称之为蛋白质结构工厂，而把它的研究流程称为生产线[2~5]（图 2）。这一过程是以现在普遍采用的结构解析方法为基础设计的。但与传统的结构解析方法相比，结构基因组研究中的生产线增加了自动化操作，使整个过程得以快速完成，这也使得大规模解析蛋白质结构得以实现。首先，基因组计划的圆满完成、cDNA 文库的日趋完善等为结构基因组研究提

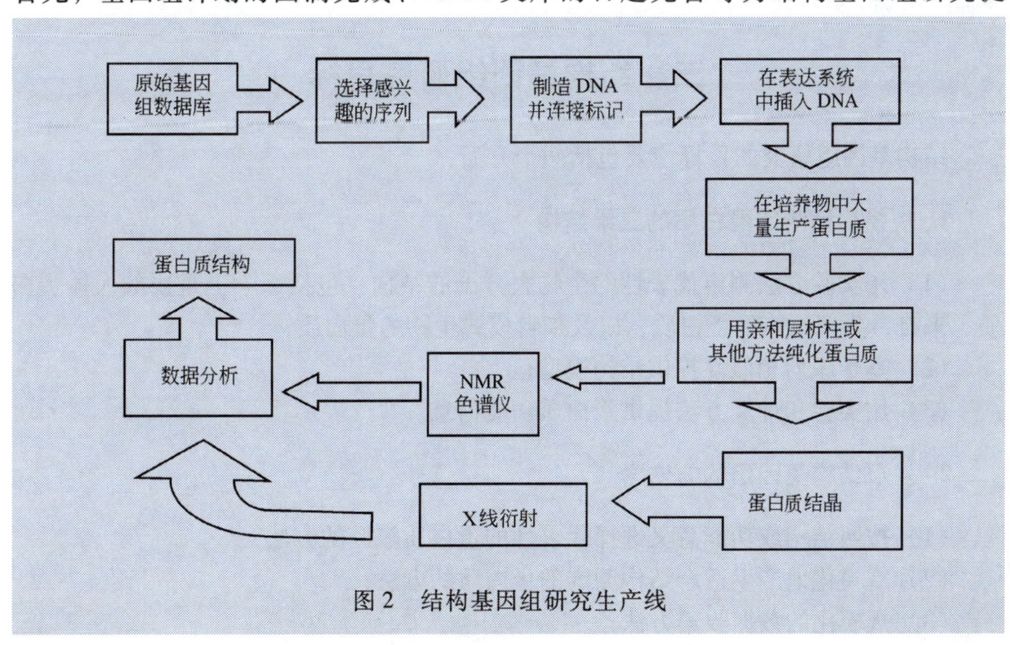

图 2　结构基因组研究生产线

供了较好的基础；其次，与表达、纯化、结晶及结构测定相关技术的发展和设备的改进也为过程自动化提供了良好的条件[6~13]。蛋白质结构测定中的重要技术——X线衍射和核磁共振（NMR）色谱法[14~16]，近年来也取得了许多新的突破和改进，很多新的功能完善的仪器应运而生，这为生产线的顺利完成提供了重要保障。

利用自动化蛋白质结构生产线解析蛋白质结构是很简单快捷的，比如结晶过程的复杂步骤可通过计算机控制，利用机械手很方便地完成，不但节约了样品和时间，还可以尝试更多的结晶条件。然而此生产线中仍存在许多问题[2]，比如：许多蛋白质在培养物中不能表达，或不能正确折叠，或聚集成块从溶液中析出。膜结合蛋白尤其麻烦，因为它们在水溶液中不能正确折叠，但是近年来膜蛋白的结构基因组研究也取得了较大进展，在膜蛋白表达、纯化、结晶技术方面都有了很大改进[17~19]。

总体来说，结构基因组学的优点是很明显的。由结构基因组研究得到的蛋白质结构的质量与传统实验方法类似，而速度却至少提高了一倍。世界上的结构基因组学中心正在全世界范围内推进整个生产线朝自动化方向发展。从原始的基因组数据到蛋白质结构测定，这一流程的大部分工作将在蛋白质结构工厂实现自动化。从DNA的批量克隆、蛋白质表达与纯化到晶体生长和数据收集已经可以做到自动化大规模操作，甚至结构计算和修正也可以完全由计算机去解决。

三、结构基因组研究目标

结构基因组研究的目标主要包括两个方面：

1. 规模化地测定蛋白质的三维结构

（1）用实验方法测定代表性的生物大分子的结构，包括医学上重要的人体蛋白质、来自重要病原体的蛋白质，以及来自模式生物的蛋白质；

（2）基于序列相似性提供结构模型；

（3）用实验和计算方法提供蛋白质功能信息。

2. 发展结构基因组的方法学

（1）按照结构或功能意义选择代表性的蛋白质家族的方法；

（2）规模化地产生适合结构测定的蛋白质的方法；

（3）规模化的数据收集方法；

（4）自动测定、确证和分析三维结构的方法；

（5）基于同源结构模建或其他方法，确证模建结构的方法；

（6）优化支持结构测定的信息系统；

（7）基于结构及其他生物学功能的生物信息学方法；

（8）解决结构测定中更具挑战性的问题，如膜蛋白和多分子复合物的产生及结构测定方法。

大多数结构基因组研究机构都同时把这两大目标结合起来，在测定和分析大量的蛋白质结构的同时，发展和完善结构基因组学的方法和技术。

四、结构基因组研究的影响

结构基因组的提出促进了生命科学，特别是蛋白质科学的全面发展。一方面，更多的结构信息为蛋白质科学研究带来更新、更直接和更有用途的资源；另一方面，为进一步完善结构基因组研究生产线，从基因筛选与表达到蛋白质纯化与结晶，再到结构检测过程都需要不断改良，以使整个流程更加高效、快捷，这不仅可以推动当今结构生物学的进步，也可以带动生物信息学、分子及细胞生物学等许多其他领域的发展。其中生物信息学在蛋白靶的选择、同源结构建模、折叠识别等方面起着重要作用，随着更多蛋白质结构的确定和更多结构模型的建立，生物信息学也会在新的需求下有更广、更深的用途及新进展；分子及细胞生物学则会在基因克隆表达和蛋白质纯化的进一步优化上有更好的发展，尤其是快速与自动化方面。

结构基因组的研究也将促进许多其他方面[20]，特别是药理学方面的发展。在制药行业，以药物靶分子的精确结构为基础进行合理药物设计是发现新药的最有效途径[21]，结构基因组研究提供的大量蛋白质结构将为制药行业提供更充足的资源。此外，结构基因组的研究还可以为酶工程提供大量热稳定蛋白，通过植物基因组学的研究来带动农业发展，也可以在人类及动物疾病诊断治疗中发挥重要作用。

五、结构基因组研究进展

1. 国际结构基因组研究进展

在过去的几年中，很多结构基因组研究中心纷纷在世界各地成立[22~25]。德国是最早开始结构基因组研究的国家。1998 年，柏林的 Max Delbruck 分子医学研究中心建立了世界上第一个蛋白质结构工厂，迅速投入到结构基因组研究工作中。美国紧随其后，在 1999 年 9 月成立了 7 个结构基因组研究中心。在日本，1998 年以前就开始策划建立 RIKEN 结构基因组研究机构，2000 年 10 月筹建工作正式启动。另外，加拿大、英国、法国、瑞士、意大利、韩国、澳大利亚等国在最近几年也陆续建起了结构基因组研究中心。

纵观国外的结构基因组研究机构，美国国家通用医药科学研究所（NIGMS）（http：//www. nigms. nih. gov）资助的结构基因组研究最受世人瞩目。截至 2004 年 12 月，美国国家通用医药科学研究所已经资助了 9 个研究中心，结构基因组学研究基地初步建立，主要是想应用机器人和高级计算机来计算出大量蛋白质的结构。此项目旨在加速蛋白质的原子水平的三维结构的确定，使有关制药公司对其想要的有药物开发价值的蛋白质获得详细的了解，从而促进新药的发现。

虽然结构基因组研究仍处于起步阶段，但研究成果卓著，许多技术取得了突破。比如说，在保持结构质量水平不变的前提下，结构基因组的研究使结构解析成本降低约 5 倍，而结构解析速度则提高一倍。截至 2004 年 12 月，PDB 数据库中标注结构基因组的结构已经有 1300 多种，考虑到数据投送的延迟，实际数目还会超过上述数字。

如同人类基因组计划，结构基因组计划不仅有政府的积极参与，而且在潜在的商业前景的驱动下，大批制药公司或生物技术公司都已参与其中。

在研究对象的选择方面，由于不同研究者考虑重点的不同，不同研究机构的研究侧重点也有所不同[26,27]。例如，意大利研究机构将重点研究放在从很容易表达的克隆细菌中提取的蛋白质上，它们希望能鉴定一些可促进痘苗发展的新蛋白质，尤其是抗脑膜炎病毒 B（一种能引起脑膜炎的病毒）的蛋白质。一些机构在选择蛋白质时，主要以其研究价值作为标准。如德国柏林将把重点放在人类蛋白质上，他们选择目标蛋白质时是以它们的新颖性及其与疾病的关系为基础。而瑞士研究机构大胆地将研究重点放在最让人头疼的膜蛋白上，因为膜蛋白至少占了细胞蛋白质的一半，而且具有重要功能。在我国，结构基因组计划从一开始就将研究目标主要集中于研究人和高等真核生物的蛋白质上，将重点放到与人类重大疾病及重要生理功能相关的蛋白质上，重视研究结构与功能的关系。

为避免不同结构基因组研究者的研究对象重复，2001 年，美国国家通用医药科学研究（NIGMS）设立公共数据库，并要求它的 9 个研究中心随时提交研究对象及进展信息。目前，约有 30 家 SG 研究组随时发布它们的研究信息，所有研究组的数据在 PDB 中每周更新（http：//www. rcsb. org/pdb/strucgen. html），也可以在每个研究组的网站上查到。分析各研究组的研究对象，可以发现研究目标几乎包含了所有已知的非膜蛋白[28]，实际上不同机构对象选择的多样性丰富了结构基因组的研究领域。

2. 我国结构基因组研究进展

我国结构基因组研究最初是由我国结构生物学的奠基人、中国科学院生物物理所梁栋材院士倡导的。科技部、国家自然科学基金委、中国科学院和教育部等有关部门也高度重视结构基因组与结构生物学领域的研究，并且已经启动了该领域的国家重大科技专项、“863”项目、“973”项目和基金委的重点项目等。2001 年，中国科学院和高校系统先后建立了结构基因组研究中心。

2002 年，中国科学院启动了“造血干细胞及血液系统疾病相关蛋白质的结构基因组学研究”项目，并取得重要进展。该项目由中国科技大学的施蕴渝院士牵头，中国科学院生物物理研究所、中国科学院上海生命科学研究院参加，并与上海第二医科大学展开合作。截至 2004 年 11 月，该项目纯化了 134 个毫克量级的蛋白质，测定了 57 个蛋白质及其复合物的三维结构。

教育部的结构基因组研究计划主要由清华大学和北京大学承担，同时与国内从事基因组研究的北方中心、南方中心、华大基因研究中心及中国医学科学院、军事医学科学院等研究机构展开合作，从人肝组织及其他相关组织细胞中系统地克隆表达一批正常的和与常见肿瘤相关的蛋白质。截至 2004 年 12 月，已经纯化了 217 个蛋白质，测定了 65 个蛋白质及其复合物的三维结构。

总体来说，在过去的 3 年中，我国结构基因组研究已经取得了显著成绩，总共测定了 122 个蛋白质结构，其中还包括一批与重大疾病和重要生理功能相关的蛋白质的结构，这些结构的测定为阐明分子作用机制和创新药物设计与筛选提供了基础。中国科学家目前完成的蛋白质结构的数量与欧洲相当，引起国际同行的关注，由于中国的结构基因组学的启动初期是“土法上马”，也就是说，当西方国家采用的是自动化的机器人时，我们用的是投入较多人力的“人机器”。目前，中国的结构基因组学研究采用的是：“人机器” + 机器人。

通过该项目的组织实施，在中国科学技术大学、中国科学院生物物理所、中国科学院上海生命科学研究院、清华大学、北京大学分别建立了规模化的基因克隆表达、蛋白质纯化的技术平台，生物大分子结构测定的实验技术平台及计算生物学与生物信息学平台，这些科技平台的建立为进一步的蛋白质组研究奠定了基础，特别是刚刚起步的“人类肝脏蛋白质组计划”。

“人类肝脏蛋白质组计划”是在2003年12月由中国科学院贺福初院士发起的，旨在揭示并确认肝脏蛋白质的基因规律，为人类肝病的防治、新药研发提供科学依据，目前该项计划已有许多国家和地区参加。作为该计划的组成部分，2004年9月，由中国科学院生物物理所所长饶子和院士牵头，联合国内全体从事结构基因组学研究的同行，承担了“人类肝脏结构蛋白质组学”课题。该课题旨在表达纯化一批人类肝脏特异性蛋白质及与人类肝脏生理功能相关的蛋白质，并分离纯化一批高丰度的天然人肝脏膜蛋白、蛋白质复合体，以及含有多种蛋白质与其他生物分子的复杂体系，然后测定其三维精细结构，阐述蛋白质结构和功能的关系及作用机制，为创新药物的发现提供基础。预计在第一年里表达并纯化一批有重要功能的肝脏蛋白质，最终解析若干具有重要生物学意义的蛋白质及蛋白质复合的三维结构。在此基础上，选择一两个与疾病相关的靶蛋白，解析一系列蛋白质与小分子复合物的三维结构，力争获得一个防治肝病和肝癌的药物候选化合物。

目前，我国结构基因组和结构生物学领域相关项目的实施及取得的研究成果已经在国际上产生了重要影响。在2004年11月美国召开的第四届国际结构基因组大会上，组委会邀请了饶子和院士和施蕴渝院士发言。同时，大会决定第五届国际结构基因组大会将于2006年在中国北京召开。

六、结构基因组研究展望

最近几年，结构基因组研究蓬勃发展，有很大的收获。有很多机构的生产线已经相当完善，随着研究的纵深发展，人们的研究对象也将从现在的蛋白质单体转向蛋白质多聚体或是蛋白－DNA、蛋白－RNA等的复合物，结构检测也可能从现在的单结构域转向整个蛋白质的结构或是研究其反应过程的动态变化。

随着结构基因组工作的进展，绝大多数工作将交由新的蛋白质工厂研究，结构生物学可能从此走向工厂化、机械化操作。但这并不是意味着结构生物学家将无事可做，接下来还有更加困难、更加重要的工作，即破译蛋白质结构与生物功能的关系。那时，有远见、有创造力的结构生物学家将成为抢手人才。正如德国结构基因组研究机构的领导人Heinemann所说，“工厂化科学并不是结构生物学的结束，一切都将会更好的”[2]。

作为国际人类肝脏蛋白质组学研究的一个部分，中国的人类结构蛋白质组学项目的顺利实施，将成为国际结构基因组学研究计划中的一支奇葩。

参 考 文 献

[1] Perutz M F, et al. Structure of hemoglobin. Nature, 1960, 183: 416 ~ 422

[2] Structures by numbers. Nature, 2000, 408: 130 ~ 132

[3] Gaasterland T. Structural genomics taking shape. Trends in Genetics, 1998, 14: 135

[4] Stephen K, Burley. An overview of structural genomics. Nature Struct Biol, 2000, 7 (Suppl): 932 ~ 934

[5] 孙蕾，饶子和. 结构基因组研究现状及展望. 世界科技研究与进展，2001，23 (3): 7 ~ 10

[6] Miroux B, Walker J E. Over-production of proteins in Escherichia coli: mutant hosts that allow synthesis of some membrane proteins and globular proteins at high levels. J Mol Biol, 1996, 260: 289 ~ 298

[7] Goulding C W, Perry L J. Protein production in Escherichia coli for structural studies by X-ray crystallography. J Struct Biol, 2003, 142: 133 ~ 143

[8] Dieckman, Gu M, Stols L, et al. High throughput methods for gene cloning and expression. Protein Expr Purif, 2002, 25: 1 ~ 7

[9] Pedelacq J D, Piltch E, Liong E C, et al. Engineering soluble proteins for structural genomics. Nat Biotechnol, 2002, 20: 927 ~ 932

[10] Hansen C L, Skordalakes E, Berger J M. Quake SR: A robust and scalable microfluidic metering method that allows protein crystal growth by free interface diffusion. Proc Natl Acad Sci USA, 2002, 99: 16531 ~ 16536

[11] van der Woerd M, Ferree D, Pusey M. The promise of macromolecular crystallization in microfluidic chips. J Struct Biol, 2003, 142: 180 ~ 187

[12] Hui R, Edwards A. High-throughput protein crystallization. J Struct Biol, 2003, 142: 154 ~ 161

[13] Sawasaki T, Ogasawara T, Morishita R, et al. A cell-free protein synthesis system for high-throughput proteomics. Proc Natl Acad Sci USA, 2002, 99: 14652 ~ 14657

[14] Enrique Abola, Peter Kuhn. Automation of X-ray crystallography. Nature Struct Biol, November 2000, 7 (Suppl): 973 ~ 977

[15] Montelione G T, Zheng D, Huang Y J, et al. Protein NMR spectroscopy in structural genomics. Nat Struct Biol, 2000, 7 (Suppl): 982 ~ 985

[16] Yee A, Chang X, Pineda-Lucena A, et al. An NMR approach to structural proteomics. Proc Natl Acad Sci USA, 2002, 99: 1825 ~ 1830

[17] Faham S F, Bowie J U. Bicelle crystallization: a new method for crystallizing membrane proteins yields a monomeric bacteriorhodopsin structure. J Mol Biol, 2002, 316: 1 ~ 6

[18] Loll P J. Membrane protein structural biology: the high throughput challenge. J Struct Biol, 2003, 142: 144 ~ 153

[19] Peter Walian1, Timothy A. Structural genomics of membrane proteins. Genome Biology, 2004, 5: 215

[20] Wim G, Hol J. Structural genomics for science and society. Nature Struct Biol, 2000, 7 (Suppl): 964 ~ 966

[21] Diane Gershon. Structural genomics—from cottage industry to industrial revolution. Nature, 2000, 408: 273 ~ 274

[22] Hirota S, Kigawa H, Yabuki T, et al. Structural genomics projects in Japan. Nat Struct Biol, 2000, 7 (Suppl): 943 ~ 945

[23] Terwilliger T. Structural genomics in North America. Nat Struct Biol, 2000, 7 (Suppl): 935 ~ 939

[24] Heinemann U. Structural genomics in Europe: slow start, strong finish? Nat Struct Biol, 2000, 7 (Suppl): 940 ~ 942

[25] Stevens R C, Yokoyama S, Wilson I A. Global efforts in structural genomics. Science, 2001, 294: 89 ~ 92

[26] Brenner S E. Target selection for structural genomics. Nat Struct Biol, 2000, 7: 967 ~ 969

[27] Frishman D. Knowledge-based selection of targets for structural genomics. Protein Eng, 2002, 15: 169 ~ 183

[28] Nicholas O' Toole, Marek Grabowski, Zbyszek Otwinowski. The structural genomics experimental pipeline: Insights from global target lists. Proteins, 2004, 56: 201 ~ 210

3.4 微生物技术研究进展

高　福　马延和　黄　力

(中国科学院微生物研究所)

继2003年来势凶猛的SARS疫情之后，我们又经历了一个不平凡的2004年。2004年初，禽流感在亚洲包括中国在内的多个国家暴发，不仅给这些地区的养禽业造成了巨大损失，而且部分国家开始出现人类感染的病例。历史上流感病毒的大流行及新近出现的跨种间传递的禽流感也引起了全世界巨大的恐慌；“9·11”之后人们对生物武器及生物安全的关注等，都显示出小小微生物在人类刚刚进入21世纪之后，如果应用控制不当，将给人类带来不可估量的损失。所以有人说，“小小微生物帮助叩响了21世纪的大门”。

另一方面，以青霉素为代表的抗生素的应用、发酵工业的广泛推广和20世纪后期发现的深海海底极端微生物，无论是从历史的视角来审视，还是展望21世纪，小小微生物同样也可以为人类营造福祉。自然资源（尤其是能源和材料）日渐枯竭，人类赖以生存的地球环境的可持续发展已经成为大家最为关心的问题。进入21世纪后，人们把注意力集中到了微生物资源的开发与利用上。为此，如何开发利用微生物及其产物，并研究出相应的技术措施，已经成为当前全世界的热门科学选题。我国已经提出要走“科技含量高、经济效益好、资源消耗低、环境污染少”的可持续发展道路，微生物工程的发展将会起到举足轻重的作用。

在我们居住的地球上，微生物的数量之大（占全部生物量的50%）、分布范围之广（界定了生物圈的范围）、生物多样性之丰富是任何其他生物都无法比拟的。地球上的生命始于微生物，其延续也依赖于微生物的活动。在过去十几年里，迅速发展的新技术和新方法（例如，新成像技术、基因组学、蛋白质组学、代谢组学、快速测序、高通量筛选、生物信息学、结构基因组学等）极大地推动了微生物学的发展，而在这些新技术、新方法的发展过程中，小小微生物本身亦起到了非常重要的作用，微生物学已经进入了激动人心的崭新时代。本文将从3个方面来阐述微生物技术的研发进展和在可持续发展中的作用，即微生物资源、工业与应用微生物和病原微生物。

一、微生物资源——生物技术发展的基础

人口爆炸、能源危机和环境污染问题已经成为当今世界发展所必须面对的难题，发展生物技术对于经济和社会的可持续发展及综合国力的提高具有极为重要的战略意义。作为生物技术产业发展的基础，微生物资源的研究正日益受到各国的重视。虽然人类对微生物的利用已有几千年的历史，现代微生物学也已经历了一个多世纪的发展，但是，至今人们所认识的微生物种类还不到自然界中微生物总数的1%[1]。从这个意义上来说，微生物是地球上最大的、尚未有效开发的自然资源。在21世纪里，微生物学家肩负着富有挑战性的使命，即全面盘点地球上的微生物资源，深入认识微生物的生物多样性及进化关系，阐明微生物代谢活动对于整个生物圈及环境的影响，在此基础上，更好地利用微生物资源为人类服务。

1. 国外微生物资源研究的前沿热点

（1）未培养微生物资源的研究和利用。20世纪90年代以来，微生物学家利用分子生物学的方法来研究自然界中的未培养微生物，为人们所认识的微生物种类出

现了爆炸性增长。在短短的十几年里，大的微生物类群的数目增加了三四倍。但是，一些新的微生物类群至今只有极少，甚至还没有可以在实验室里培养的代表。在传统的微生物学中，从自然界分离培养微生物是认识并利用微生物的前提。采用分子生物学的操作方法，人们可以绕过微生物分离培养这一步，直接分析微生物的遗传组成并利用微生物的基因资源。在较早的研究中，人们只能从环境样品中分离到微生物 DNA 的一些较短的片段，从这些片段得到的信息十分有限。随着技术的进步，人们现在已经能够获得较长的 DNA 片段，并开始建立所谓的元基因组（特定环境样品中的全部基因组）DNA 文库。对元基因组的分析大大增加了对特定环境中微生物，特别是未培养微生物的代谢特点及相互作用的认识。与此同时，微生物学家也在探索新的培养方法，培养先前不能培养的微生物[7]。采用传统微生物培养方法和不依赖于培养的分子生物学技术，近来发现一些微生物具有先前未知的代谢能力。例如，在厌氧条件下进行氨、甲烷的氧化等[5,6]。

可以相信，在未来的一段时间里，关于微生物代谢多样性的认识将发生飞跃。未培养微生物也引起了广泛的商业兴趣。一些生物技术公司（如 Diversa）从全球各种自然环境，特别是极端自然环境（如深海热液口、热泉、盐湖等）采集样品，直接从中提取微生物 DNA，采用高通量方法筛选微生物的新基因和代谢产物，获得了大量具有开发前景的酶（如具有特殊稳定性的纤维素酶、植酸酶、DNA 聚合酶等）和生物活性物质。

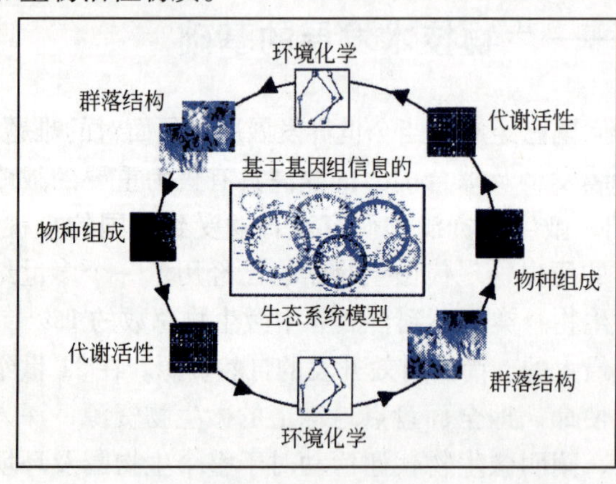

图 1　基于基因组信息的生态系统模型构建

（2）微生物系统科学。与未培养微生物资源的研究和利用进展密切相关的是微生物系统科学的诞生[9]。在传统微生物学研究中，微生物学家将微生物从其生长的环境中分离出来，在人为条件下培养并分析其特征，然后推论其在环境中的作用。进入后基因组时代以后，微生物学正在发生革命性的变化并显示出了激动人心的前景。与以“简化”为特点的传统微生物学相比，新兴的微生物系统科学集成了基因组学、生物化学、分子生物学、化学、地球化学、生态学、系统发育学和生物信息学等学科，研究微生物包括未培养微生物在其生长环境中及群落内的行为，进而在物种和基因水平上阐明特定环境中微生物群体的功能及其环境后果（图 1 为基于基因组信息生态系统的研究模型）。因此，微生物系统科学的研究对于微生物群落功能的利用、环境保护、污染环境的修复、土壤肥力的保持等具有重要意义。

2. 我国微生物资源研究现状及建议

我国地域辽阔，拥有多种多样的地质化学环境（包括热泉、盐湖、高山雪线地区等），微生物资源极为丰富。我国在微生物资源的收集、保藏及相关分类学研究方面有长期的积累和实力较强的科研队伍。近年来，我国科学家对极端微生物和未培养微生物的关注明显增加，获得了大量生活于高温热泉、盐碱湖、大洋底部、南极地区的微生物菌株或基因。但与国外相比，我国在研究思路与方法、研究规模和投入、多学科协调等方面依然存在较大的差距，微生物资源研究和开发的整体水平较低。在我国不断扩大对外开放、增加国际科技交流的背景下，我国丰富的微生物资源已经开始流向国外。为了保护、研究和利用我国的微生物资源、促进我国生物技术产业的自主发展，在国家层面上对我国微生物资源的研究和利用做出战略安排已经刻不容缓。

建议加强微生物资源研究和开发基地的建设，建立并完善具有保藏和筛选功能的微生物资源中心；制定并实施国土微生物资源系统普查与收集计划，在群落、细胞、遗传物质等水平收集微生物资源；出台关于微生物资源收集保藏、研究利用和转移转让的管理方法。在国家的统一安排和大力支持下，我国一定能够在对微生物资源日益加剧的国际竞争中占据有利地位，使国家的战略利益得到保障。

二、工业与应用微生物——微生物服务于人类

1. 国外研究的前沿热点

人类目前面临着资源匮乏、能源短缺、环境恶化的空前挑战，应用微生物技术来生产化学物质和生物能源等工业产品，治理环境污染和遏制生态恶化，已经成为保障社会经济可持续发展的重要趋势。微生物技术正在促进基础工业、能源、材料、环境等重要领域发生着深刻的变革，已经成为保障人类健康、保持经济社会与环境的协调可持续发展、解决工业文明与生态环境严重失调矛盾的可靠手段。

工业生物技术（白色生物技术）是继医药生物技术（红色生物技术）、农业生物技术（绿色生物技术）之后生物技术领域发展的第三次浪潮，在支撑 21 世纪社会进步与经济发展的技术体系中的地位已经被提到空前的战略高度，而工业生物技术发展的重要环节是微生物工业应用技术的发展[11]。欧洲、美国、日本已不同程度地制定出

在今后数十年内用生物过程取代化学过程的战略计划，一个全球性的产业革命正在朝着以碳水化合物为基础的经济架构方向发展。以微生物细胞及其酶蛋白为基础的工业生物催化剂构成了工业生物技术的核心内容。目前国际工业生物催化剂发展很快，极端微生物、未培养微生物是最受关注的工业生物催化剂来源[2]；定向进化技术快速发展，已成为快速而廉价地发现各种新酶强有力的方法[10]；而基因组学技术的应用，会促进工业生物技术领域的飞速发展；利用数学模型、基因组学、蛋白质组学、代谢组学、基因敲除与基因敲入等多项技术手段，将带来工业生物技术的全新面貌。

应用微生物技术已经开始进入包括农业化学、有机物、药物、高分子材料和燃料能源在内的诸多工业领域。微生物技术已经把诸如糖或植物油这样的可再生资源转化为一系列化学产品，包括精细化学品和化工原料、药物、生物着色剂、溶剂、生物塑料、维生素、食品添加剂、生物杀虫剂和生物燃料（生物乙醇和生物柴油）等[12]。2003 年全球以生物制造法生产的燃料乙醇就已超过 2600 万吨。美国国家研究委员会预测，到 2020 年，将有 50% 的有机化学品和材料产自生物质原料[12]。壳牌公司认为，世界植物生物质的应用规模在 2060 年将超过石油，而在植物生物质的转化过程中，小小微生物起着不可取代的作用。

世界各国为解决工业发展与生态环境严重失调的矛盾，正不断发展环境生物技术，以保持经济、社会与环境的协调与可持续发展。目前环境生物技术的核心是微生物技术，主要是采用现代分子生物学和分子生态学的原理和方法，充分利用环境微生物的生物净化（如有效微生物菌群 EM 的引入）、生物转化和生物催化等特性，从污染治理、清洁生产到可再生资源利用，多层面、全方位地解决工业和生活废水污染、石油和煤炭脱硫、农药残留、能源和材料短缺等问题。随着基因组技术和基因芯片技术等现代分子生物学技术的发展与渗透，环境生物技术在解决复杂的环境污染问题上显示出独特的能力。环境生物技术从过去单纯的环境治理，已发展成为一种以环境资源可持续发展为目标，上、中、下游技术集成的系统工程技术。

2. 我国研究与产业发展现状及建议

我国应用微生物技术是国际上发展较早、产业规模最大的领域（中国与日本的发酵酿造技术为代表）。近年来，在微生物资源、基因组学、蛋白质组学、代谢工程、酶蛋白分子进化等研究领域呈现出快速成长的势头。产业技术水平与产品产量也快速增长，如丙烯酰胺、谷氨酸、柠檬酸、维生素 C、青霉素等产品的产量已达到世界的前列；我国乙醇年产量为 300 多万吨，仅次于巴西、美国，名列世界第三。但就总体水平而言，我国与世界先进水平仍有较大差距，如源头创新的产品和候选产品少、对相关基础研究重视不够、新兴产业规模较小和产业化工艺水平低等问题就是差距的具体表现，为此我国急需加强应用微生物技术相关的基础研究和技术开发。建议如下：

（1）加强微生物技术的基础研究，全面了解微生物体在工业加工、环境整治、药物合成等应用上的潜能，建立我国应用微生物技术的原始创新体系；

（2）发展应用微生物技术的核心技术，建立并完善关键技术平台，形成有我国自主知识产权的一系列基础方法与技术，为推动大规模的生物制造奠定基础；

（3）大力推动应用微生物技术的产业化应用，调整我国加工产业结构，改造传统化学加工方式，发展高效、低耗、低污染的生物加工模式，并逐步以可再生资源代替石油和化石原料。

应用微生物技术的发展将会极大地影响一个国家的医药、农业和工业等产业的经济地位，影响国家的生态与环境安全。发展应用微生物技术有利于我国化工等行业摆脱能耗高、物耗高、污染严重之困境，加快我国工业产业结构的调整；有利于医药、食品、环保、材料、能源、化工等产业国际竞争力的提升，对于中国经济社会的可持续发展具有重大战略意义。

三、病原微生物——微生物给人类带来的灾难

1. 国外病原微生物研究的前沿热点

由于对人类生命的重视，对病原微生物的研究直接导致了许多微生物技术的成功开发，进而扩展到整个生物技术领域，如单克隆抗体技术、ELISA 技术等。对病原微生物的研究，当前主要集中在认识病原微生物发生、发展及变异的规律，寻求甄别（诊断）这种变异的方法与技术，从而有的放矢地去开发相关的防治药物，对于病原微生物抗药性的研究已成为一个热点，相应的技术平台在一些发达国家已经正式建立[4,13]。

人类禽流感病例和 SARS 的出现，使得欧洲、美国、日本等发达国家和地区对于突发与新生疾病的研究相当重视，尤其是诊断试剂与应急药物的研究，这些国家对于 SARS 传入的成功预防，充分体现了他们在预防突发传染病的技术与体制上的先进[3,4,8]。美国投入了大量的资金，新建了一批研发实验室，专门用于研究突发与新生传染病，在病原、流行病学、诊断与防治等方面，尤其重视一些新的方法与技术的应用，如基因组学、蛋白质组学、结构基因组学、生物芯片等技术都在病原微生物领域得到广泛应用。禽流感等跨种间传递（图 2）的分子机制已经成为国际研究的前沿热点[3]。

图 2　流感病毒的宿主范围与跨种间传递

防重于治，一直以来都是对待病原微生物的最佳方法。因此，国外对各种病原微生物的疫苗研究都给予了足够的重视[3]。除了国家及政府部门投入大量人力、物力开展研究外，受利润驱使的医药企业的积极参与也是一个特点。

2. 我国病原微生物研究现状及建议

中华人民共和国自成立以来，建立了一套完善的自上而下的传染病预防体系，一些重要的传染病与寄生虫病得到了很好的控制。在诊断试剂、疫苗生产等一系列的病原微生物技术研制方面有了突飞猛进的发展，而且在对全球病原微生物的控制方面也做出了重要贡献，如我国研制的日本乙型脑炎病毒疫苗（灭活苗与弱毒苗）、马传染性贫血病毒弱毒苗、甲型肝炎病毒弱毒苗等。但是，近 20 年来，由于旧的体制被打破，而新的机制还没有很好地建立起来，一些老的病原微生物与寄生虫又死灰复燃。再加上由于人类生态环境与全球气候的变化，新近出现了一些病原，2003 年始发于我国广东地区的 SARS 就是一个很好的例证。因此，我们在病原微生物基础与应用技术的研究上，仍然任重道远，必须在一些重要的领域上有所布局，建立关键研发平台，建立健全已知及突发病原的预警机制。建议如下：

（1）建立外来病原的预研平台。尽管有些人与动物的病原目前还没有在我国发现，如西尼罗病毒、埃博拉病毒等，但它们已经在其他国家和地区开始流行，而且还造成很大的生命与经济损失，我们应当对它们有所预研，在没有对病原本身进行操作的基础上，尽快建立对这些病原的基础研究，并在诊断与预防技术上有所突破。

（2）建立常发、常见病原的诊断预警体系。目前，传染性疾病监测系统主要是依据被动的蔓延情况报告，而非积极的疾病监测和预警。由于实验室的监测与预警手段研究很薄弱，使我们不能对传染性疾病的暴发进行准确的预测。这些传染性疾病的出现经常与气候或生态环境变化及人为的运输有关，因此，病毒学家、流行病学家、统计学家及新型仪器设计者的合作，必将对建立预警诊断系统起到积极的作用。

（3）建立禽流感等重要人畜共患病原的日常检测系统。H5N1 禽流感病毒对鸡以外的哺乳动物的感染与 SARS 的出现对我们是一个警示，对重要病原跨种间传递机制的研究及相应技术的建立需要我们长期对这些病原跟踪监测，从而为防治技术提供有力的理论依据。

（4）开展疫苗免疫人群及免疫动物群之病原分离物的分子生态学研究。目前我国预防用疫苗多以完整病原体或致弱病毒株形式制造，在生产和使用中甚至需要使用高致病性病原作为疫苗的原料，存在着散布和维持病原在自然界循环的后患。目前有些疫病已被有效地控制或消灭，而面对久防不止、久扑不灭的疫病则需寻求病毒分子生态学理论指导。因此，开展分子病原学和病原生态学研究，搞清病原的结构、地域分布，分析其遗传变异、致病性及诱发免疫的功能，从而为新的防检技术提供新的观念和科学基础。

（5）在重要病原疫苗与防治药物研发技术上，加大生物技术公司的参与，逐步与国际惯例接轨，国家研发队伍与私有企业的参与同样重要。

四、结　　语

由人类基因组引发的生物学革命为我们的社会和环境展示了无限美好的前景。如今，大量的微生物基因组 DNA 全序列已经获得，有人估计，到 2004 年 6 月至少有 160 种微生物的基因组测序已完成，另外还有大约 500 种微生物基因组测序正在进行。测序工作的努力已经揭示了数万个新基因，此后发展的系统整合生物学将可能实现现代生物学的最终目标：对生命有一个基本、全面和系统的了解。由于微生物基因组之简单而功能之复杂，必定在这一过程中发挥很大的作用。在对微生物各种自然力量进行深入了解后，将使科学家能利用这些力量来帮助解决可持续发展、能源安全、环境治理和气候变迁等方面的问题，同时改变从农业到人类健康的整个生命科学蓝图，人们不仅可以对自己的微生物资源如数家珍，而且可以很好地利用它，对一些不利的病原微生物可以有效地加以控制。

参 考 文 献

[1] Amann R I, Ludwig W, Schleifer K H. Phylogenetic identification and in situ detection of individual microbial cells without cultivation. Microbiology Review, 1995, 59: 143

[2] Burton S G, Cowan D A, Woodley J M. The search for the ideal biocatalyst. Nature Biotechnoogy, 2002, 20: 37 ~ 45

[3] Ferguson N M, Galvani A P, Bush R M. Ecological and immunological determinants of influenza evolution. Nature, 2003, 422: 428 ~ 433

[4] Geisbert T W, Jahrling P B. Exotic emerging viral diseases: progress and challenges. Nature Medcine, 2004, 10 (12 Suppl): 110 ~ 121

[5] Hallam S J, Putnam N, Preston C M, et al. Reverse methanogenesis: testing the hypothesis with environmental genomics. Science, 2004, 305: 1457 ~ 1462

[6] Jetten M S, Wagner M, Fuerst J, et al. Microbiology and application of the anaerobic ammonium oxidation ('anammox') process. Current Opinion in Biotechnology, 2001, 12: 283 ~ 288

[7] Kaeberlein T, Lewis K, Epstein S S. Isolating "uncultivable" microorganisms in pure culture in a simulated natural environment. Science, 2002, 296: 1127 ~ 1129

[8] Kaiser J. Facing down pandemic flu, the world's defenses are weak. Science, 2004, 306: 394 ~ 397.

[9] Newman D K, Banfield J F. Geomicrobiology: how molecular-scale interactions underpin biogeochemical systems. Science, 2002, 296: 1071 ~ 1077

[10] Schmid A, Dordick J S, Hauer B. Industrial biocatalysts today and tomorrow. Nature, 2001, 409: 258 ~ 268

[11] Schoemaker H E, Mink D, Wubbolts M G. Dispelling the myths-biocatalysis in industrial synthesis. Science, 2003, 299: 1694 ~ 1697

[12] Straathof A J, Panke S, Schmid A. The production of fine chemicals by biotransformation. Current Opinion in Biotechnology, 2002, 13: 548 ~ 556

[13] Weiss R, McMichael A J. Social and environmental risk factors in the emergence of infectious diseases. Nature Medicine, 2004, 10 (12 Suppl): 70 ~ 76

3.5 纳米生物技术研究进展

靳 刚 应佩青
（中国科学院力学研究所）

纳米技术是21世纪的前沿技术之一。诺贝尔奖获得者、物理学家Richard Feynman于1959年首次提出纳米技术的概念，“人类可以用小的机器制作更小的机器，并根据人类意愿逐个排列原子”。纳米生物技术是纳米技术和生物技术相结合的产物，既包括用于生物体系研究的纳米装置的制作和应用，又包括了解和模拟生物体系的本身，以更好地制作纳米装置，并应用于生物医学、电子学、材料科学及其他社会需求。美国、日本、德国等国家均已投入巨资成立纳米技术研究机构，将纳米生物技术作为21世纪的科研优先项目予以重点发展。新加坡、澳大利亚、韩国、俄罗斯亦先后启动了国家纳米发展计划。我国也于“九五”、“十五”期间启动了国家纳米振兴计划，资助纳米科技的发展。本文将综述国内外纳米生物技术研究进展及发展前景。

一、国外纳米生物技术研究现状

1. 纳米生物分析与诊断技术

纳米技术的发展给生物分析领域带来了新的活力。基于纳米技术的量子点、纳米探针、纳米传感器等纳米检测和分析方法比传统方法更灵敏、选择性更高。

量子点是胶状的纳米晶态半导体，与传统的荧光染料相比，具有宽带激发、发射带宽窄、灵敏度高的特性，已作为一种新的多元分析探针发光材料而备受关注。通过发光量子点与细胞表面或内部蛋白质特异性结合，可以观察细胞工作状态，并可应用于药物设计与治疗[1]。新一代的量子点具有水溶性，如由5～31个金原子构成的，有望用于生物学标记和纳米尺度光学。目前美国已出现了Quantumn Dot等专门生产和销售量子点标记产品的公司。

纳米探针是新发展起来的纳米传感器。探针尖部贴有可识别和结合特定物质的单克隆抗体。当它插入活细胞时，可探知会导致肿瘤的早期DNA损伤，监控活细胞的蛋白质和其他感兴趣的生物化学物质。哈佛大学的科学家发现修饰有病毒抗体的超细硅纳米导线可以实时并准确地探测到病毒，将特定病毒的不同区域的抗体组装成阵列，将使探测单个病毒成为可能[2]。

美国和北爱尔兰的研究者偶然发现了一种存活于氧化锗等半导体晶体中的细菌。这种外面包上硬壳的细菌可以用于制造生物晶体管或传感器，并能够探测到生物战所用的毒气[3]。

Saskatchewan 大学的研究者把锌、镍、钴等离子并入 DNA 双螺旋的中心，获得了新的 DNA 导电体，金属化的 DNA 仍然保持选择性结合其他生物分子的能力，可以发展成新一代生物传感器和半导体导线。这种生物传感器可以用于识别 DNA 的异常或鉴别混合物，如环境毒素、毒品或蛋白质等，还可以用于筛选结合于 DNA 的抗肿瘤药物，用作微细半导体线路的导线等[4]。

澳大利亚的研究者们开发了超灵敏的离子通道开关生物传感器，可以检测到相当于百亿亿分之一化学物质浓度的微小变化。加州大学的研究者开发了每秒能读 1000 个碱基的纳米孔装置。由于纳米孔可以快速区分少量的 DNA 分子，该方法有望成为快速、低成本、高通量的基因测序方法[1]。

一项由美国军方资助的研究，试图开发出一种涂料，在遭受生化袭击时能够发生变色，并消除生物试剂。研究人员已经开发出一种纳米管组成的纳米地毯，可以探测到各种化学试剂，同时产生变色，并能穿透细胞膜来杀死细菌[2]。

2. 纳米药物与疾病治疗

纳米药物指尺寸介于几个至几百个纳米范围内的人工药物，包括纯粹纳米尺寸的药物和由纳米载体输送的药物，是目前纳米医学研究和纳米生物技术公司产品开发的热点。

随着纳米加工技术的发展，可以利用机械粉碎、物理分散或化学合成制备纳米级药物，提高溶解性和药效率。但是，纯粹的纳米药物进入机体后溶解快，缓释特性和靶向性不明显，药效短，不能平稳释放，不能防止胃肠道内消化酶或消化液对药物的破坏失效和对胃肠道的刺激性。采用纳米微粒药物输运技术，以脂质体、纳米胶囊、聚合物等纳米载体将药物包埋起来，可以克服单纯纳米药物的上述缺点。通过表面修饰技术或外场引导，可以使纳米药物获得靶向性。

利用多孔硅纳米粒子输送药物治疗的初步实验表明，该技术可以安全有效地输送大剂量的药物，并可电控输运速率。将来该纳米粒子有望结合生物传感器以实现实时监控并适时释放药物[2]。

密歇根大学的 Baker 等人采用树形聚合物分子作为安全有效的基因治疗试剂的

载体。他们将树形聚合物修饰上特定的DNA片段，再注入到生物体组织中。当遇到活细胞时，可以进入细胞内并释放DNA，达到基因治疗的目的。Donald Tomalia等人用树形聚合物发展了能够捕获病毒的纳米陷阱。体外实验表明，纳米陷阱能够在流感病毒感染细胞之前就捕获它们，同样的方法期望用于捕获类似艾滋病病毒等更复杂的病毒[5]。

智能药物是一类在特定条件下发挥作用的药物分子。东京大学的Suzuki设计了一种新型的药物分子，可以在出现感染时释放抗生素。采用这种方法，可以避免滥用抗生素引起的微生物抗药性，以及抗生素对人体成纤维细胞的毒性[6]。

免疫毒素是仅在肿瘤细胞存在下才发挥作用的另一类智能药物[7]。它是由两种不同类型的蛋白质组成的功能分子模块：毒素和抗体。该分子通过抗体模块与肿瘤细胞结合，再借助毒素模块穿透并杀死肿瘤细胞。动物和临床实验表明，该工程化蛋白质可以成功消灭或缓解特定的肿瘤。

美国俄亥俄州大学的研究者设计了具有免疫隔离功能的纳米医疗装置[8]。利用显微机械加工方法在单晶硅片上制作了含活细胞的小室。小室与周围生物学环境之间由多晶硅滤膜分隔，该滤膜上密布小孔，可以透过氧、葡萄糖和胰岛素分子，但可以阻止免疫球蛋白等更大免疫系统分子的通过。这种含替代细胞的微囊可以植入糖尿病患者的皮下，能够暂时恢复人体对葡萄糖的调节。在这种微囊中填充其他细胞，可以治疗其他酶或激素缺乏症。

为保证宇航员的安全，美国NASA计划提出了研制具有多功能纳米粒子的项目。该粒子可以实现在体检测细胞是否受到宇宙射线的损坏，诊断细胞损坏的程度，针对受损细胞进行修复和治疗，并将结果报告给地面等综合功能[9]。

3. 纳米生物器件

纳米生物器件就是模仿生物体内生物分子功能，组装生物分子或直接利用生物分子，构建具有特定功能的纳米生物器件，可以应用于体内治疗疾病、发放药物，也可以在体外用于构建或操纵更复杂的分子。

分子马达是由生物大分子构成，利用化学能进行机械做功的纳米生物器件。天然的分子马达，如驱动蛋白、RNA聚合酶、肌球蛋白等，可以在生物体内参与胞质运输、DNA复制、细胞分裂、肌肉收缩等一系列重要生命活动。美国康奈尔大学的科学家利用ATP酶作为分子马达，研制出了一种可能进入人体细胞的纳米机电设备——纳米直升机[10]。这种装置有望在将来完成在人体细胞内发放药物等医疗任务。

美国科学家们研制出一种细胞芯片[11]，将人体与电子集成电路芯片结合，能够控制细胞的活动，电脑向细胞芯片发送电脉冲，激发细胞膜孔张开，并激活细胞。

科学家希望能够大批量地生产这种细胞芯片，并能够把它们植入人体，取代或修正病变组织。

哈佛大学的研究者由碳纳米管构建了纳米镊子[12]。操作时，在电极上加压，通过改变电压可增加或降低两臂间的吸附力。利用该纳米镊子，可成功夹起500 纳米（相当于细胞亚结构的尺度）的聚苯乙烯球，并且能从缠绕的线中移动20 纳米宽的半导体电线。将单壁纳米管直接生长于电极上，可以进一步减小纳米镊子的尺寸，并能抓取单个大分子。

DNA 分子可用于复杂分子的合成。如在单 DNA 链上连接有机分子，当两个 DNA 链互补而结合时，所连接的两个有机分子发生反应生成产物。DNA 分子充当化学合成的微型、程序化控制的装配线。同样，将 RNA 分子自组装成三维阵列，可作为纳米构造的支架[2]。

4. 纳米产品的生物安全性

由于纳米粒子等纳米产品有着广泛的应用前景，其生物学效应和安全性就难免引起人们的关注。英国、加拿大等国已纷纷开展了纳米粒子的安全性研究。由于尺寸小，纳米粒子会在无意中与活细胞发生相互作用，产生危害，因而有必要研究其对环境和生物的影响。研究表明，分散于水中的碳纳米管对鱼具有一定的毒性，可以损坏脑细胞膜[13]。

二、我国纳米生物技术研究进展

我国“十五”期间在“国家重点基础研究发展计划”（973 计划）、“国家高技术研究发展计划”（863 计划）和“国家科技攻关计划”三大科技计划和其他相关研究计划中部署和安排了一些纳米生物医药科技的研究工作。“863 计划”设立了纳米生物技术专题和纳米材料与微机电系统重大专项。在科技部、国家自然科学基金委员会及中国科学院的支持下，我国的纳米生物技术研究有了一定的进展。

1. 纳米生物材料

清华大学研究开发的纳米级羟基磷灰石/胶原复合物，在组成上模仿了天然骨基质中无机和有机成分，其纳米级的微结构类似于天然骨基质。多孔的纳米羟基磷灰石/胶原复合物形成的三维支架为成骨细胞提供了与体内相似的微环境。细胞在该支架上能很好地生长并能分泌骨基质。体外及动物实验表明，此种羟基磷灰石/胶原复合物是良好的骨修复纳米生物材料。国家卫生部纳米生物技术重点实验室承担的

“863 计划”重大专项课题“可降解、生物相容性的纳米骨材料”，在与美国伯克利先进生物材料公司的共同研发下，攻克了生产工艺、质量标准、稳定性和检测规范等关键技术，在获得美国 FDA 批准用于临床治疗后，又获得中国国家食品药品监督管理局批准并进入临床试用。

采用纳米技术将银制备成纳米银胶体或粉体，并附着在织物或其他物体表面，可以起到抗菌作用，用于医用和抗菌材料等领域，目前国内已有相关产品面市。

紫膜是生长在极端嗜盐菌原生质膜上的一种物质，具有独特的光化学循环、质子泵功能和光电响应特性，而且在失水状态下、-30 ~ 140℃及宽 pH 范围内也保持活性，是优良的纳米生物材料，可用于构建生物芯片、生物计算机、光电开关、仿视觉功能人工视网膜等纳米生物器件。目前，国内外有大量研究人员致力于紫膜的定向组装及生物器件的开发利用研究中，中国科学院知识创新工程重大项目已经支持了该研究内容。一旦开发成功，将会产生巨大的经济效益。

2. 蛋白质生物芯片

蛋白质芯片的发展已经历了约 10 年的时间，现已出现了相对成熟的技术，如中国科学院力学所的多元蛋白质光学芯片。与瑞典的 BIACORE 的单元芯片和美国的 SELDI 质谱芯片相比，它们的共同特点都是将生物分子作为配基，固定在固体芯片表面或表面微单元上（单一或面阵或序列式）。利用生物分子间的特异结合的自然属性，待测分子与配基分了在芯片表面会形成生物分子复合物。然后，检测此复合物的存在与否，以达到对蛋白质的探测、识别和纯化的目的。以上不同技术的差异仅在探测方法的不同。BIACORE 技术利用表面等离子体共振技术检测芯片，进行单一蛋白质检测；SELDI 技术则采用质谱法，以时间顺序检测序列蛋白质；而多元蛋白质光学芯片是物理光学成像法，可以同时检测多种混合的蛋白质。

3. 生物分子马达

中国科学院生物物理所等单位合作研究的 ATP 酶马达的 F1 分子马达及相关问题，取得了新的进展。他们利用电化学沉积法制备纳米金属镍丝——分子马达螺旋桨（推进器），将纳米金属镍丝（或者镍和金相连的纳米细丝）与分子马达连接在一起实现转动。通过改变纳米细丝的成分，使得镍丝和其他金属交叉出现，可以实现分子马达对螺旋桨的定位。根据磁镊的工作原理，设计了用于分子马达的调控磁场，并对在 ATP 驱动下旋转的分子马达实现调控。磁场既可以加速分子马达的旋转，也可以减速、停止转动，实现了分子马达反方向的旋转运动。这种运动调控的实现，对于分子马达的实用化具有重要意义。分子马达是微型机器人的核心元件，将来有可能实现多种功能，如在分子上嫁接特异性分子制造出可探测有害化学物质的纳米传感器、将药物分子直接输送至癌细胞的细胞膜、靶向和定位释药、血管内运动的分子机器人、安装在生物芯片中实现液体制动或者混合等。

4. 纳米药物

利用中国中药资源的优势，采用纳米技术将药物粉碎，制成纳米药物，可有效促进并提高中药的利用率和疗效。纳米粒是近年来研究十分活跃且极有发展潜力的靶向、缓释给药系统的载体。以脂质体纳米粒、聚合物纳米粒作为药物载体，与雷公藤等中药结合制成纳米药物的技术平台正在研究中，是一种极有发展前景的新型给药系统。

磁性纳米粒是另一种纳米药物载体，如顺磁性或超顺磁性的铁氧体纳米颗粒在外加磁场的作用下，可以升高温度并杀死肿瘤细胞。利用磁性纳米粒治疗恶性肿瘤在我国取得了重要进展。中南大学自 1994 年起开展了磁性纳米颗粒治疗肝癌的研究，通过对磁性阿霉素白蛋白纳米粒在正常肝的磁靶向性、在大鼠体内的分布及对大鼠移植性肝癌的治疗效果的研究，表明磁性阿霉素白蛋白纳米粒具有高效磁靶向性，在大鼠移植肝肿瘤中的聚集明显增加，对移植性肿瘤有很好的疗效。武汉理工大学在体外实验中发现尺度在 20～80 纳米的羟基磷灰石纳米材料具有杀死癌细胞的功能。

除了磁性纳米粒外，采用生物可降解材料 PLA-PEG-PLA 作为药物载体也取得了进展，研究表明 PLA-PEG-PLA 组织相容性良好，无炎症和排异反应。

5. 生物分子显微及操纵技术

纳米技术包括对于原子的逐个排列并制造产品，其中对于分子尤其是生物分子的操纵显得极其重要。自 2001 年中德科研小组成功操纵 DNA 分子链写出“DNA”字样后，对于 DNA 等单个生物大分子的操纵和研究取得较大的进展。将宏观的流体力的“分子梳”方法，与基于扫描探针显微术的分子切割方法相结合，从 DNA 分子的二维网格上构建所需的人工纳米结构或图案。单个 DNA 分子纳米操纵可以应用于分子器件的构建和基因研究，包括直接探测 DNA 突变、DNA 有序化测序和蛋白质纳米阵列构建。

作为生物大分子操纵的另一有效手段是光镊（即单光束梯度力光阱），这是由一束高度会聚的激光形成的三维势阱，可以捕获并操控亚微米到数十微米的微小粒子。由于其具有纳米精度的位置控制和纳米精度的位移测量，而且是用无形光束来实现对微粒非机械接触的捕获，不会产生机械损伤，已成为研究生物大分子行为的有效工具。中国科技大学和中国科学院物理所均研制成功光镊技术平台，并开展了生物大分子相互作用等多项研究。

三、我国纳米生物技术发展对策

纳米生物技术是国际生物技术领域的前沿和热点，有希望在今后几年至十几年内在生物技术、医学诊断和医药开发中发挥重要作用，具有极大的产业化和市场前景。我国开展该领域的研究较早，随着政府投资的增加和科研人员的参与，已形成一支在国际上有一定影响、有自己特色的研究队伍。在某些方面如纳米生物材料、生物分子操纵等的研究与国际水平基本接近，但在有些研究方向工作较为薄弱，如纳米生物器件及其应用等方面与世界先进水平相距较远。

在今后一段时间内，纳米生物技术的发展应注重于以下几个方面的工作。

1. 加强投入

2004 年，全世界政府和企业在纳米科技方面的投入达到了 86 亿美元[13]。我国在科技部专项、国家自然科学基金支持下，在纳米领域已拨经费超过 3 亿元，但与国际上的巨大投资相比，仍显得不足，而在纳米生物医药方面投入的比例就更小。

2. 实现优势组合

纳米生物技术是一学科高度交叉的领域，需要化学、物理学、生物学、医学、计算机科学、半导体和电子学等多学科的参与和融合。因此，纳米生物技术的研究并不能局限于少数的学科和领域及少数研究者。加强不同学科之间、不同研究单位之间的合作，优势组合，更容易取得成果。同时要注重我国已有的科研积累、资源和市场条件，重点发展有特色的纳米生物技术。例如，可以充分利用我国具有丰富的中草药资源优势，加强中药相关纳米医药研究，开发特色产品。

3. 促进产业化

在政府科研投入相对不足的中国，应该拿出行之有效的政策，调动科研人员和企业的积极性，鼓励企业的参与，促进纳米生物技术成果的转化。同时，要克服急躁情绪和急功近利的浮躁，应该充分认识到，纳米产品开发及广泛应用于人们的衣食住行是需要一定时间的。据估计，纳米医学真正发挥作用应在 10 年之后。因此，应防止一些企业滥用纳米的概念进行炒作。

总之，随着纳米生物技术的发展，这一技术必将在疾病诊断和治疗、卫生保健、环保、生物工业，甚至国防等方面发挥重要作用，其产品的市场化将成为极有发展前景的新兴产业。

参 考 文 献

[1] Robert A, Freitas J. The future of nanofabrication and molecular scale devices in nanomedicine. Studies in Health Technology and Informatics, 2002, 8045 ~ 8059

[2] Archive of top stories on nanotechnology and molecular technology. http://www.iqnewsnet.com/displaysub.asp? cat = N

[3] Silicon Bugs. http://www.geocities.com/Area51/Shadowlands/6583/project360.html

[4] Shawn D Wettig, Chen-Zhong Li, Yi-Tao Long, et al. M-DNA: a self-assembling molecular wire for nanoelectronics and biosensing. Analytical Sciences, 2003, 19: 23 ~ 26

[5] Reuter J D, Myc A, Hayes M M, et al. Inhibition of viral adhesion and infection by sialic-acid-conjugated dendritic polymers. Bioconjug Chem, 1999, 10: 271 ~ 278

[6] Suzuki Y, Tanihara M, Nishimura Y, et al. A new drug delivery system with controlled release of antibiotic only in the presence of infection. J Biomed Mater Res 1998, 42: 112 ~ 116

[7] Robbins D H, Margulies I, Stetler-Stevenson M, et al. Hairy cell leukemia, a B-cell neoplasm that is particularly sensitive to the cytotoxic effect of anti-Tac (Fv) -PE38 (LMB-2). Clin Cancer Res, 2000, 6: 693 ~ 700

[8] Desai T A, Chu W H, Tu J K, et al. Microfabricated immunoisolating biocapsules. Biotechnol. Bioeng, 1998, 57: 118 ~ 120

[9] Tumbleweeds in the Bloodstream. http://science.nasa.gov/headlines/y2004/28oct_nanosensors.htm

[10] Soong R K, Neves H P, Schmidt J J, et al. Engineering issues in the fabrication of a hybrid nano-propeller system powered by F1-ATPase. Montemagno Biomedical Microdevices, 2001, 3 (1): 71 ~ 73

[11] Huang Y, Rubinsky B. Flow-through micro-electroporation chip for high efficiency single-cell genetic manipulation. Sensors and Actuators. A: Physical, 2003, 104 (3): 295

[12] Kim P, Lieber C M. Nanotube nanotweezers. Science, 1999, 286: 2148 ~ 2150

[13] The Scientist: The Ups and Downs of Nanobiotech. Aug 30, 2004, http://www.the-scientist.com/yr2004/aug/feature_040830.html

3.6 生物材料研究进展

陈国强
（清华大学生物系，汕头大学多学科研究中心）

广义的生物材料可以理解为一切与生物体相关的应用性材料或由生物体合成的材料。按其应用可分为生物医用材料和与生物合成有关的应用材料。而按生物材料来源可分为天然生物材料和人工生物材料；与此同时，材料学的发展使有些材料兼具天然和人工合成的特性。狭义的生物材料指的是能够用来制作各种人工器官和制造与人工生理环境相接触的医疗用具和制品的材料，即生物医用材料。近年来，环境友好的材料，特别是来源于可再生资源的材料也逐渐向生物材料领域靠近，这个领域在近年得到快速的发展。无论是医用生物材料还是环境友好材料，最近的发展都集中在高分子材料。所以，本文重点介绍高分子生物材料方面的研究进展。

一、生物材料领域国际前沿热点及进展

1. 生物医用材料

生物医用材料早已实现产业化，其制品已占到全球医疗器械市场份额的一半。生物医用材料的国际前沿热点目前主要集中在组织工程方面的应用，主要是由于大量的患者需要器官移植，而能够提供的器官数目却远不能满足大量患者的要求。例如，2000 年在美国就有 72 000 人由于器官功能的丧失在等待进行器官移植，而可移植器官只能允许进行 23 000 个移植手术（Port 2002）。由此催生了迅速发展的组织工程，其概念是让细胞在合适的条件下在三维生物材料上生长成为生物组织，作为器官替代之用。组织工程最关键的是用生物材料制造有特定表面化学，特定结构，一定降解速度，能促进细胞附着、移动、生长和分化的三维支架（Nguyen 和 West 2002）。在组织工程领域，多年来的研究一直集中在下面几种高分子材料（表 1）。其中研究得最多、最为成熟的组织工程材料是生物可降解和生物可相容的聚乳酸（PLA）、聚羟基乙酸（PGA）、乳酸和羟基乙酸共聚物（PLGA）；这些材料已获得了美国食品和药品管理局（FDA）的批准，可以用于临床。这方面国际上已经出现

了大量的专利技术。

表 1　用于组织工程的高分子材料及其典型应用

用于组织工程的高分子材料	典型的应用
聚二甲基硅氧烷、弹性硅树脂	脓胸、心脏瓣膜、导尿管、药物输送载体、脑积水排出和膜产氧器等
聚亚胺酯	人工心脏、心室辅助装置导管、起搏器
聚四氟乙烯（PTFE）	心脏瓣膜、血管移植、面部整容、脑积水排出、膜产氧器、导尿管、手术缝线
聚乙烯（PE）	臀部整形、导尿管
聚砜（PSu）	心脏瓣膜、男性生殖器整形
聚甲基丙烯酸酯（PMMA）	裂缝修补、隐形眼镜膜、假牙
聚-2-羟基乙基甲基丙烯酸酯（PHEMA）	隐形眼镜膜、导尿管
聚丙烯腈（PAN），聚酰胺	渗透膜、手术缝线
聚丙烯（PP）	血浆除去膜、手术缝线
聚氯乙烯（PVC）	血浆除去膜、血袋
乙烯和氯乙烯共聚物	药物输送载体
聚苯乙烯（PS）	组织培养瓶
聚乙烯吡咯烷酮（PVP）	血液替代
聚己内酯	药物输送载体、手术缝线
1，8-辛二醇和柠檬酸共聚物（POC）	药物输送载体、手术缝线、心脏瓣膜、组织培养
聚甘油癸二酸酯（PGC）	药物输送载体、手术缝线、心脏瓣膜、组织培养
聚乳酸（PLA）、聚羟基乙酸（PGA）、乳酸和羟基乙酸共聚物（PLGA）	药物输送载体、手术缝线
聚羟基脂肪酸酯（PHA）	药物输送载体、手术缝线、心脏瓣膜、组织培养、血管移植、整形等

注：Peppas 和 Langer　1994，Marchant 和 Wang　1984，Webb 等　2004

2. 聚羟基脂肪酸酯

近 20 多年迅速发展起来的生物高分子材料——聚羟基脂肪酸酯（PHA），是很多微生物合成的一种细胞内聚酯，是一种天然的高分子生物材料。与 PLA、PGA 和 PLGA 等生物材料相比，PHA 结构多元化，组成结构多样性带来的性能多样化又使其在应用中具有明显的优势。因为 PHA 兼具良好的生物相容性能、生物可降解性和塑料的热加工性能，同时可作为生物医用材料和生物可降解包装材料，因此成为近年来生物材料领域最为活跃的研究热点（Chen 等　2000，Doi 和 Steinbüchel

2002）。更重要的是，PHA 研究所带来的信息证明，生物合成新材料的能力几乎是无限的，随着研究的不断深入，还会有更多的 PHA 会被合成出来，从而带动相应的生物材料特别是生物医学材料的研究（陈国强　2002）。图 1 描述了从菌种筛选到大规模生产 PHA 的流程。

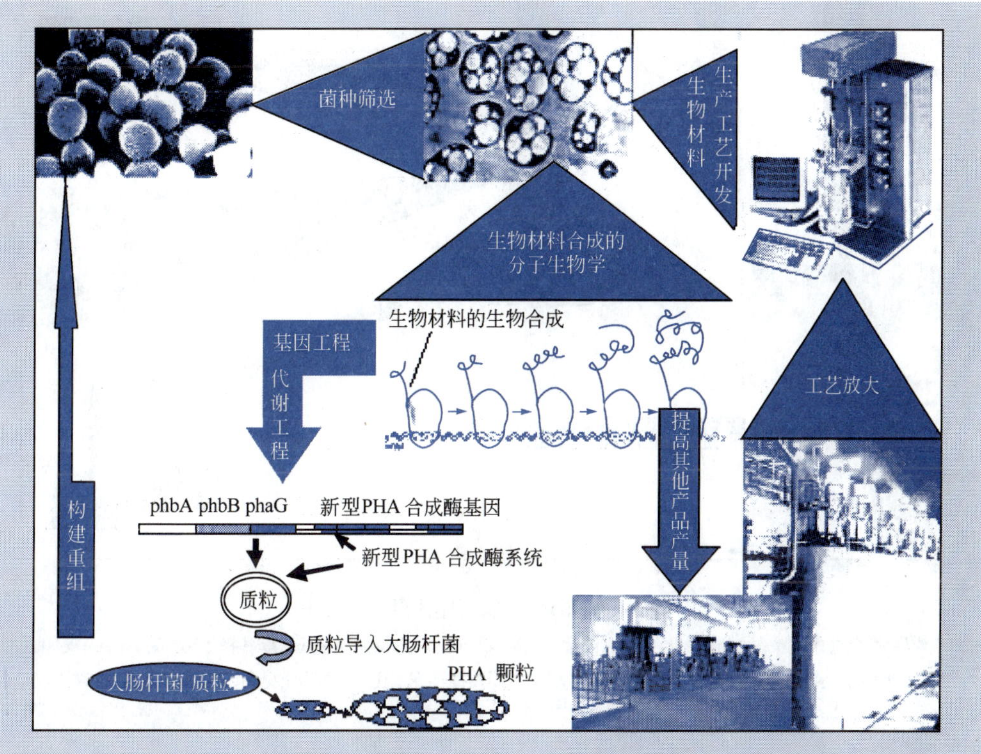

图 1　多学科合作研究生物新材料 PHA 的过程

过程说明：首先，在自然界中进行菌种的筛选，得到能合成所需 PHA 的菌株（见细胞内白色的颗粒）。如果该微生物合成 PHA 的能力强而且合成的 PHA 具有所需的性能，则对菌株进行工艺开发和放大的工作。如果菌株合成 PHA 不能满足要求，则可通过对其分子生物学进行研究，确定其合成基因和代谢路径，通过基因工程得到合成能力强、所需 PHA 结构合理的重组微生物。进一步筛选后得到生产菌，再进行工艺开发和放大，为大规模生产做准备。

PHA 还具有非线性光学活性、压电性、气体相隔性等许多高附加值性能。正因为 PHA 汇集了这些优良的性能，除了在医用生物材料领域应用之外，它可以在包装材料、黏合材料、喷涂材料和衣料、器具类材料、电子产品、耐用消费品、农业产品、自动化产品、化学介质和溶剂等领域得到广泛应用。图 2 描述了从 PHA 提取到应用开发的流程。

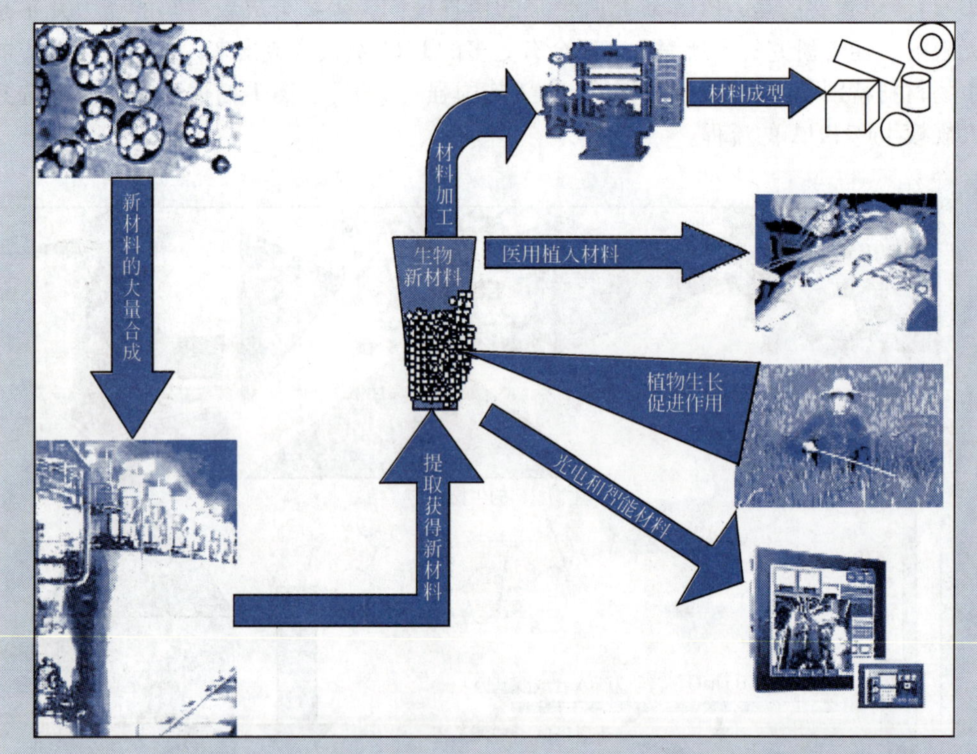

图 2　从 PHA 提取到应用开发的流程

说明：通过大规模发酵和后续的提取纯化工作，就可以对所得到的 PHA 新材料进行应用开发。包括一次性使用的包装材料、医用植入材料、农用药物或生长促进剂的缓释材料及电子工业用材料等。

3. 可持续发展的环境友好高分子材料

当代生物材料尤以用可再生资源为原料生产生物材料领域发展最为快速。近年来，世界范围的石油供应短缺，加上不可降解的、以石油为原料化学合成的塑料造成的白色污染，促使来源于可再生资源和可持续发展的生物合成材料走向市场的步伐大大加快。国外由美国 Cargill Dow 公司首先建立了一套生产能力为 14 万吨 PLA 的工厂，日本的 Toyota、三井化学集团和 Toshiba 等大型跨国公司已经开始把 PLA 应用于新产品的开发。图 3 描述了聚乳酸的生产流程与应用开发产品。其他跨国公司如美国宝洁（P&G）、美国罗门哈斯（Rohm and Haas）、美国杜邦（Du Pont）、美国 ADM（联手 Metabolix 公司）、德国 BASF、日本 Kaneka 和 Mitsuibishi 化学公司、加拿大 EPI 和韩国 LG 都投入大量的资金，研究如 PHA、PLA 和大豆蛋白、淀粉等可持续发展的环境友好材料的产业化，并已经有不少产品上市（详见 http：//microbes. biosci. tsinghua. edu. cn/ISBP）。

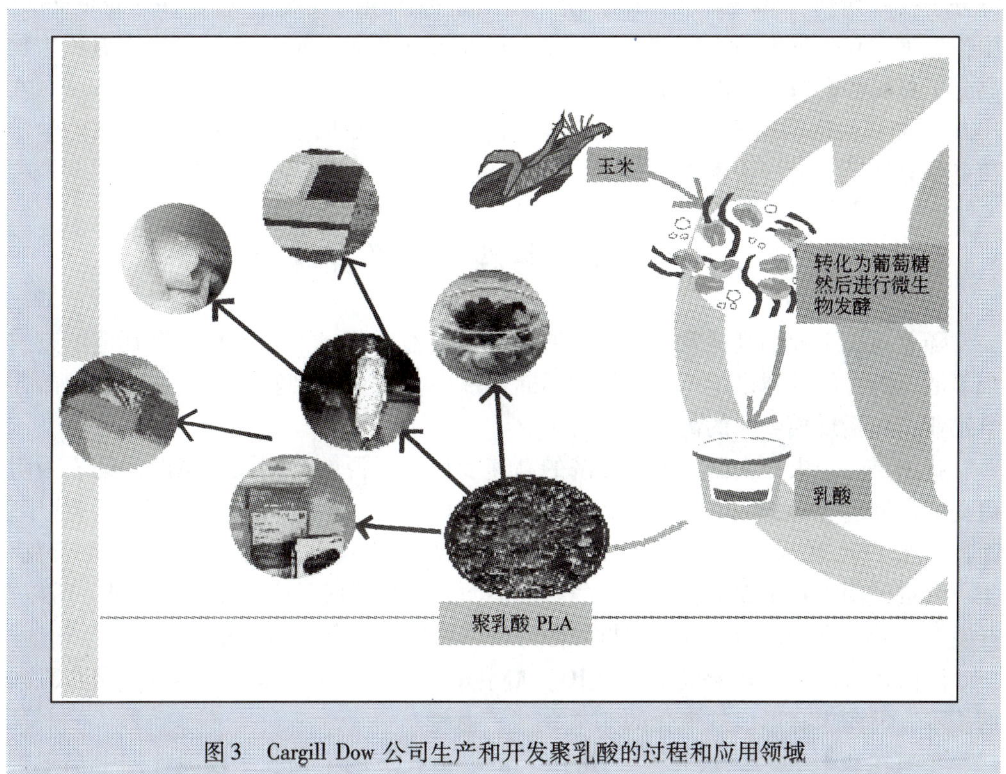

图 3 Cargill Dow 公司生产和开发聚乳酸的过程和应用领域

PLA 作为最先实现产业化可持续发展的环保材料，值得特别介绍。PLA 是由生物发酵生产的乳酸经化学合成而得到的聚合物，但仍保持着良好的生物相容性和生物可降解性，具有与聚酯相似的防渗透性，同时具有与聚苯乙烯相似的光泽度、清晰度和加工性。因此 PLA 可以被加工成各种包装用材料，农业、建筑业用的塑料型材、薄膜，以及化工、纺织业用的无纺布、聚酯纤维等。除作为包装材料外，PLA 还成为近年来药物包裹材料、组织工程材料中的研究热点之一。PLA 可制成无毒并可进行细胞附着生长的组织工程支架材料，其支架内部可形成供细胞生长和运输营养的多孔结构，还可为支持和指导细胞生长提供合适的机械强度和几何形状。其缺点是缺乏与细胞选择性作用的能力。PLA 在生物医用材料中的应用是广泛的，可用于医用缝合线（无须拆线）、药物控释载体（减少给药次数和给药量）、骨科固定材料（避免了二次手术）、组织工程支架等。

近年来，越来越多的新型高分子材料是用生物的方法合成出来的（绿色合成），同时，用化学与生物结合的方法也合成出越来越多的绿色高分子材料。因此，国际高分子权威期刊《Macromolecules》为了适应这种快速的发展，从《Macromolecules》中衍生了《Biomacromolecules》和《Macromolecular Biosciences》，分别发表有关生物高分子材料和高分子材料的生物（绿色）合成方面的文章。《Biomacromolecules》在2001 年创刊时影响因子只有 0.9，2004 年已经达到 2.9 以上。这表明该领域的学术研究十分活跃，发展速度很快。

二、我国生物材料研究开发现状

随着我国工业的高速发展，对原油的需求日益增加，而我国和世界其他地方发现新油田的可能性越来越小。油价的不断上涨，日益威胁到整个以石油为基础的化学工业，包括规模巨大的高分子材料工业。

我国是一个人口大国，由于经济的高速发展，资源的消耗及环境的污染成为阻碍我国发展的“瓶颈”。比如在发达国家，人均塑料的消耗量保持在 120 千克/年，而我国在 1996 年为 12 千克/年，2003 年为 17 千克/年。预计在 2005 年为 23 千克/年。大量使用塑料不仅消耗了大量的石油能源，而且造成了所谓的白色污染。所以，开发可持续发展的新材料成为保持我国可持续发展的一条必经之路。

国内也有多家企业形成了至少 10 万吨乳酸的生产能力，虽然已经有了聚合乳酸的技术，但尚未有形成规模化的 PLA 的生产基地。

我国在“七五”、“八五”、“九五”和“十五”的生物技术攻关计划中都把生物可降解材料列入了国家重大攻关项目。国家自然科学基金也在 1998 年和 2003 年把“细菌合成可生物降解高分子及其材料”作为重点项目支持，同时有关学科方向还支持了不少生物合成高分子材料的理论研究和应用研究。2001 年和 2002 年我国“863”项目也充分认识到用生物法合成生物可降解材料的重要性，相继在植物体系和微生物体系中立题研究生物生产可降解聚酯——PHA。2003 年起，李嘉诚基金会投资 5000 万元，在汕头大学成立了多学科研究中心，集中各学科力量建立研究生物合成新材料的平台。

经过上述 4 个 5 年计划的攻关及自然科学基金的支持，我国在微生物合成可降解聚酯 PHA 领域取得了重要的进展。1999 年在世界上首次成功地进行了新型聚酯、3-羟基丁酸和 3-羟基己酸的共聚物 PHBHH*x* 的工业化生产，通过国际合作，PHBHH*x*产品已经被开发成可降解的包装薄膜、高档包装材料和复合材料、高级化妆品容器，以及作为药物或农药的缓释载体。PHBHH*x* 已经被成功地纺成纤维丝，用于制备高保温的衣服。其他应用包括利用 PHBHHx 作为静电印刷的上色剂，解决纸张回收中遇到的塑性油墨难以与纸脱离的问题，还可用做纸和膜上的涂层材料，PHBHHx 的气体阻隔性使其适于食品包装，或代替 PET 做饮料瓶。PHBHHx 还可用做塑料增塑剂。然而，由于投入经费的短缺，我国无法形成系列的应用开发，致使许多专利技术不能为我所有。令人感到欣慰的是在医用材料领域，我国研究人员首次发现 PHBHHx 具有比传统医用材料聚乳酸 PLA 更好的生物相容性，同时机械性能和加工性能也优于 PLA。我国已经拥有了一系列 PHBHHx 作为新一代的生物医用材料的知识产权，包括 16 项专利申请，其中 3 项授权专利（Yang 等 2002，Deng 等 2002，Zhao 等 2003，Zheng 等 2003，Wang 等 2004）。

PHA 是生物聚酯里的一大家族，目前已经发现有 150 多种不同的单体结构，新的结构还在不断地被合成出来。虽然 PHA 结构变化多端，物理性能各异，但都具有生物可降解性。目前真正实现大规模生产的还只有 3 种，但其发展前途广阔。除了在产业化方面取得成功之外，在国家自然科学基金的支持下，我国还克隆了 20 个以上与 PHA 合成有关的基因，合成了 15 种非传统的 PHA 材料，开发了 PHA 加工成型的工艺技术。同时，在植物体系也成功地表达生产了一种聚酯。

在“九五”期间，我国在天津、浙江、江苏和广东分别进行了 PHA 材料的中试和工业化生产，取得了宝贵的产业化经验。目前在广东、江苏、浙江和天津正在进行产业化生产基地的建设。

虽然 PHA 研究和产业化取得了一些进展，但必须看到，目前的 PHA 生产成本还高于以石油原料为基础的塑料。大量的研究工作必须集中在提高原料转化为 PHA 的效率及发现新的 PHA 材料上。我国科技工作者最近的研究成果向 PHA 大规模应用的目标接近了许多，已经能够工业化生产一系列的 PHA 材料，包括江苏南天集团与清华大学合作的聚羟基丁酸 PHB、宁波天安生物材料公司与中国科学院合作的羟基丁酸与羟基戊酸共聚物 PHBV，以及清华大学与广东联亿生物工程公司合作的羟基丁酸与羟基已酸共聚物 PHBHHx。在 PHA 作为生物医用材料方面，我国微生物、分子生物学、发酵工程、化学工程和高分子、材料科学领域的科学工作者通过 3 个五年计划的奋斗，在总体水平上已经不在发达国家之下。相对于技术和应用已经得到充分开发的 PLA，PHA 的发展特别是作为医用的生物材料的前景更好。

在 PLA 和 PHA 最近十几年的研究热潮中，虽然在生产和应用方面的主要技术专利仍掌握在美国、欧洲、日本等发达国家和地区中，但我国这几年在这方面的研究取得了长足的进展，在生产方面掌握了一些具有自主知识产权的菌种和后期工艺，特别是近两年在组织工程、生物材料研究方面有较好的研究成果，已有多项相关专利处于申请公开期。这些进展为PHA作为我国有自主知识产权的生物材料今后的产业化打下了良好的基础。相对于PLA，PHA发展的历史很短，发展的潜力更大，其应用空间更大。随着石油价格的不断上涨，PLA和PHA在制造成本上将与以石油为原料制造的塑料相比更有竞争性。

材料科学在生物材料方面已经得到了很大的发展，但其与生物学科的结合还远远的不够，尚需生物学和材料学的研究者共同地进行深入研究和开发。如果说20世纪推动材料学发展的是化学和物理学，那么生物学将是材料科学在21世纪发展的一股重要力量，生物材料学应用必将成为最具有产业前景的材料科学应用领域。

三、中国未来发展相关技术及产业的基本途径与前景

我国快速发展的工业使石油和煤炭等化工基本原料越来越成为其前进的限制性因素；同时，《京都议定书》对各国二氧化碳排放量的限制也对我国大量使用石油等资源产生了制约；以石油为原料生产的材料特别是塑料会对环境产生白色污染等，这些因素促使我国必须考虑用可持续发展的手段获得环境友好的新材料。

我国在研究、开发和应用可持续发展的环境友好生物材料方面已经积累了相当多的经验，包括中国科学院长春应用化学所、天津大学和同济大学等单位在聚乳酸领域的研发工作，以及国内业已形成的10万吨乳酸的生产能力，都为生产聚乳酸PLA做好了技术和物质储备。但是，在PLA知识产权领域、在医用和环境友好材料应用等领域我国都没有优势，必须加快自主研发。同时，为了尽快实现产业化，也要考虑与拥有知识产权的国外企业合作，共同开发国内外市场。

在聚羟基脂肪酸酯PHA材料领域，清华大学、中国科学院微生物所、中国科学院长春应用化学所、汕头大学和山东大学等单位进行过相当长时间的研究与开发，产业化单位包括广东联亿生物工程公司、广东江门生物技术开发中心、天津北方食品公司、江苏南天集团、宁波天安生物材料公司等。同时，由于PHA的结构多样性，越来越多的材料被开发出来，在此领域的知识产权发展空间很大，我国也有了相当的技术产权储备，发展空间比PLA更大。

然而，现阶段PLA和PHA等环境友好材料属于新兴的材料产业，还不能与大量以石油工业为基础的塑料材料生产进行直接的竞争。为了扶植这个新兴工业的发展，政府应当大力鼓励使用以可再生资源为原料的材料，增加开发自主知识产权的科研投入。在产业化方面，可以通过整合国内研发和产业化力量，努力加快一两种有自主知识产权的新材料的产业化。

惟有实现可再生资源的利用，我国经济才能实现可持续性的发展。在石油供应

成为“瓶颈”和制约因素之前，我国必须建立用可持续发展的方式获得材料的技术储备。

参 考 文 献

[1] 陈国强．生物工程与材料科学．中国生物工程杂志，2002，22：1～8

[2] Chen G Q, Wu Q, Xi J Z, et al. Microbial production of biopolyesters-polyhydroxyalkanoates. Progress of Natural Sciences, 2000, 10: 843～850

[3] Deng Y, Zhao K, Zhang X F, et al. Study on the three-dimensional proliferation of rabbit articular cartilage derived chondrocytes on polyhydroxyalkanoate scaffolds. Biomaterial. 2002, 23: 4049～4056

[4] Doi Y, Steinbüchel A. Biopolymers (Polyesters I and III). Wiley-VCH, 2002

[5] Marchant R E, Wang I. Physical and chemical aspects of biomaterials used in humans. In: Greco RS Implantation Biology. Boca raton, FL: CRC Press, 1984, 13～53

[6] Nguyen K T, West J L. Photopolymerizable hydrogels for tissue engineering applications. Biomaterials, 2002, 23: 4307～4314

[7] Peppas N A, Langer R. New challenges in biomaterials. Science, 1994, 263: 1715～1720

[8] Port F. Scientific registry of transplant recipients and organ procurement transplantation. OPTN/SRTS Annual Report. Network, Washington, D C, 2002

[9] Wang Y W, Wu Q, Chen G Q. Poly (3-hydroxybutyrate-co-3-hydroxyhexanoate) scaffolds with good biocompatibility for osteoblast proliferation and differentiation. Biomaterials, 2004, 25: 669～675

[10] Webb A R, Yang J, Ameer G A. Biodegradable polyester elastomers in tissue engineering. Expert Opin Biol Ther, 2004, 4: 801～812

[11] Yang X S, Zhao K, Chen G Q. Effect of surface treatment on the biocompatibility of microbial polyhydroxyalkanoates. Biomaterials, 2002, 23: 1391～1397

[12] Zhao K, Deng Y, Chen C J, et al. Polyhydroxyalkanoate (PHA) scaffolds with good mechanical properties and biocompatibility. Biomaterials. 2003, 24: 1041～1054

[13] Zheng Z, Deng Y, Lin X S, et al. Induced Production of rabbit articular cartilage-derived chondrocytes collagen Ⅱ on polyhydroxyalkanoates blend. J Biomater Sci Polymer Edn, 2003, 14: 615～624

3.7 人类疾病基因识别的研究进展

沈 岩[1,2*] 许 琪[1]

([1]中国医学科学院基础医学研究所;[2]国家人类基因组北方研究中心)

人类疾病是遗传（基因组信息）与环境因素相互作用形成的复杂动态系统脱离正常运行状态的结果。除获得性疾病（外伤、感染等）外，人类疾病按遗传学分类主要可分为：染色体病、单基因病和多基因病三大类。这3类疾病的发生均与基因密切相关。即使是以环境因素为主要致病原因的获得性疾病，每个个体对微生物或创伤的抵抗及修复能力也与基因有关。

人类基因组计划（human genome project，HGP）就是通过全面揭示人类基因组信息来识别严重危害人类健康的肿瘤、心血管等疾病的基因，阐明疾病机制，获得有效的预防、诊断和治疗措施。2003年4月14日，温家宝总理与美、英、日、法、德等国政府首脑联名发表《六国政府首脑关于完成人类基因组序列图的联合声明》，对人类基因组计划的完成表示祝贺，并指出生物医学和人类健康将在人类基因组计划的基础上取得革命性进步，希望科学和医学界继续致力于应用这些新发现以减少人类的痛苦，为世界各国人民创造一个更加健康的未来。

疾病基因和重要功能基因的识别是新药创制、疾病诊断与防治新方法发展的基础，是生物医药产业发展的源头，在健康保健市场的开发中有着广阔的前景和巨大的潜在经济和社会效益。20年来，疾病基因的识别一直是基础医学研究竞争的焦点。在基因组计划完成后的今天及今后的20年中，这一竞争势必更加紧迫和激烈。

一、单基因病致病基因的识别

人类遗传性疾病（单基因病）致病基因的识别主要有3条策略：功能克隆、定位克隆和定位候选。功能克隆是通过疾病引起的生化改变确定相关的蛋白质，分离纯化并测定出蛋白质的氨基酸序列，推导出编码这些氨基酸残基的核酸序列，或直

* 中国科学院院士

接分离出编码该蛋白质的核糖核酸，利用推测或分离的核酸序列将致病基因从基因组中“钓”出来。第一个被识别的人类遗传病基因——地中海贫血基因就是采用这一策略克隆成功的。但因大多数人类遗传疾病的生化、生理改变不清楚，故无法用这一方法确定致病基因。

定位克隆就是通过遗传连锁分析将疾病基因定位到某一染色体区域，在此基础上进一步缩小定位区域、识别疾病基因。1986 年，随着杜氏肌营养不良、慢性肉芽肿和视网膜母细胞瘤致病基因的相继克隆，人类疾病基因研究进入了定位克隆时代。囊性纤维变、亨廷顿舞蹈症等 70 余种经典单基因遗传病的致病基因被识别。其中很多致病基因被用于基因诊断，部分基因被用于基因治疗。

1993 年，在定位克隆策略的基础上又进一步提出了定位候选策略。其基本内容是在致病基因被定位到染色体的一定区域后，从相关数据库中搜寻该区域内的所有已知信息，通过将疾病的生化缺陷与其结构功能域、受累组织与基因表达的时空特异性、疾病的发育缺陷与基因表达的发育阶段特异性、基因的印迹表达与疾病的印迹遗传、基因序列的不稳定性与疾病的“早现”现象等遗传特征进行分析比较，从该染色体区域内选择疾病候选基因，在患病个体中进行基因突变筛查，最终识别出致病基因。肌萎缩性侧索硬化症、多发性内分泌促瘤 2A 型基因等都是通过定位候选策略识别的。2001 年人类基因组框架图公布后，人类疾病，尤其是单基因遗传病基因识别的研究全面进入定位候选和功能候选克隆的时代。家族性前列腺癌基因、儿童白血病基因等一大批疾病基因被先后识别。

中国遗传病致病基因识别的突破以 1998 年中南大学夏家辉教授课题组克隆出神经性耳聋致病基因为标志。2001 年中国医学科学院、天津医科大学和国家人类基因组北方研究中心合作鉴定出遗传性乳光牙本质是由于牙齿涎磷蛋白基因 *DSPP* 突变所致。与此同时，中国科学院上海生命科学研究院等单位在另 3 个遗传性乳光牙本质家系中发现 *DSPP* 基因 3 个不同类型突变，其中 2 个家系伴发进行性高频耳聋。同年，上海交通大学等单位克隆了 A-1 型短指基因。2003 年中国科学院上海生命科学研究院鉴定出了儿童白内障基因；国家人类基因组南方研究中心鉴定出家族性房颤基因；北大医院与国家人类基因组北方中心合作，采用“功能候选”策略，在国际上首次发现 T 型钙离子通道 *H* 基因变异与儿童失神癫痫有关；2004 年北大医院与北方中心合作发现钠离子通道 α 亚单位 *SCN9A* 基因突变导致红斑肢痛症。

如上所述，目前已经有了比较完善的分析单基因遗传病和克隆鉴定其致病基因的方法，许多单基因遗传病的基因被识别、发病机制被阐明，并进入基因诊断和基因治疗研究。自 1989 年以来，全球每年都有几十种单基因病的致病基因被克隆。但值得注意的是，自 1997 年以来每年克隆的疾病基因数目在逐渐减少。这说明一些相对容易克隆的疾病基因已被克隆，新的疾病基因克隆的竞争将会更加激烈。

二、多基因病易感基因的识别及其艰巨性

多基因病是指由两个或两个以上基因与环境因素共同作用所引发的疾病。多基因病的发病依赖于多个基因的同时作用。它的遗传方式不遵循简单的孟德尔遗传模式。在孟德尔遗传病中，常染色体显性遗传病由一个等位基因突变导致，常染色体隐性遗传病则涉及同一基因的两个等位基因同时突变。在多基因病中，是不同基因的等位基因变异的累加效应引发疾病。因此，从遗传学角度可以将多基因病的发病看成是一种特殊的发病模式，是对以往孟德尔遗传模式的补充。

多基因病在人群中的总发病率约为 20% ~25%，远高于染色体病的发病率 0.5% 和单基因病的发病率 2.5%。因此多基因病也被称为常见疾病。在人类死亡原因中排在前 3 位的心脏病、恶性肿瘤和脑血管疾病均为多基因病。这 3 种疾病对人类死亡原因的贡献率超过 60%。另外，从各类疾病所占用的社会资源来看，癌症、心血管疾病和精神疾病三大类多基因病就占据了近一半的社会经济负担。因此，无论是从个体角度、医学角度，还是从社会角度来看，多基因病都是对人类健康威胁最大、给家庭和社会造成主要负担、需要重点防治的疾病。多基因病易感基因的识别是一个需要迫切解决的问题。

与单基因病相比，多基因病更具复杂性，因此又常被称为多基因复杂性状疾病，或简称复杂疾病。其复杂性主要表现在 5 个主要方面：首先，多基因复杂疾病的遗传模式通常是未知的、复杂的，很难像单基因病那样，用一种固定的遗传模式来描述；第二，多基因复杂疾病常具有遗传异质性，即患病的个体之间即使表型相似，其遗传基础也可能不同；第三，多基因复杂疾病通常还表现出表型异质性，也就是，同一疾病在不同患病个体可能表现出不同的临床表型组合；第四，多数多基因疾病具有不完全外显或不规则外显现象，前者是指易感基因型携带者的表现型比预期的要轻，不规则外显是指带有易感基因的某些个体并不表现出临床表型；第五，几乎所有的多基因复杂性状疾病都有环境因素的影响，这使得某些复杂性状所表现出来的家族聚集性的部分原因可能是由于家庭成员暴露于相同的环境因素而引起的。这种环境因素和遗传因素的交互作用大大增加了对复杂疾病进行遗传研究时的干扰，使得我们难以完全提取出遗传因素在疾病发生过程中的影响。

定位克隆在复杂疾病的极少数特殊类型中有过成功的例子。首先是复杂疾病中罕见的单基因致病类型，如青少年型糖尿病的一个重要致病基因——葡萄糖激酶基因、单基因遗传性高血压基因——肾远曲小管上皮钠通道基因等。另一类是具有

“主效基因”的复杂疾病，如先天性巨结肠，它是由一个主效基因和几个微效基因共同作用所引发的疾病。一般当复杂疾病中具有主效基因且该基因对疾病发生的贡献超过60%时，使用定位克隆策略筛检到主效基因的成功率将大大增加。定位克隆策略在由多个微效基因起主要作用的多基因病易感基因定位研究中目前还没有很成功的例子。最近有一些研究小组采用定位克隆结合功能研究的策略，对一些复杂疾病的易感基因进行了定位，如《Nature Genetics》在2003年连续发表了两篇有关类风湿关节炎易感基因定位的报告。

除了定位克隆外，复杂疾病易感基因识别的另一重要策略是功能基因关联分析，即直接研究与疾病假说有关的候选基因与疾病的关系。候选基因通常是指已经获得某些证据说明其与某种疾病有关的基因，一般包括以下三类：①已有报道与疾病病理、药理或疾病生理过程有关的基因；②观察到与某种疾病存在连锁关系的染色体上某个区域内的基因；③导致动物疾病模型的基因。功能基因关联分析的基本步骤是：首先确定待研究的候选基因，在候选基因内部或附近选择与该基因连锁的遗传标记，分析这些候选基因在正常群体和患病群体之间的等位基因及基因型频率差异，通过对这些遗传标记与疾病的关联研究与连锁不平衡分析来筛检这些基因与疾病发生的关系。

功能基因关联分析与定位克隆的连锁分析相比，在多基因病易感基因研究中具有一定优势，主要体现在以下4个方面：相对于连锁分析所需要的大家系，用于关联分析的无亲缘关系的散发病例或只需3个人组成的核心家系比较好收集，这样可以采集临床表型同质性较高的大样本。关联分析是非参数分析，不需事先知道疾病的遗传方式，因此尤其适合多基因病的易感基因定位。关联分析的检出率高于家系连锁分析，在复杂疾病的研究中，不但可以检出主效基因，而且可以检出“相对风险率”小于5.0的微效基因。关联分析检出的阳性遗传标记距致病突变距离比较短，一般小于1Mb，约等于1cM，而家系连锁分析检出的距离一般在2～10cM。因此，使用关联分析发现阳性遗传标记后，再进行易感基因的定位范围较连锁分析小，更易克隆出易感基因。当然，使用关联分析也有缺点，最主要的问题就是假阳性率高，这使得很多通过关联分析报道的易感基因很难被其他研究小组重复出来。

复杂疾病易感基因研究还可采用数量性状定位（quantitative trait localization, QTL）。最初的QTL研究基于如下假设：即多基因病由一系列临床表型组成，这些表型可以被看做一系列数量性状，即某一多基因病可被分解为多个数量性状，每个性状由某一基因决定，这些基因又都遵循孟德尔遗传规律。随着人们对多基因病了解的逐步深入，现在QTL的定义已发展为：在基因组中占据一定染色体区域，控制某一数量性状的一组微效基因的集合，并建立了一些改进型的数学分析模型。最近几年也定位了一些性状，如2002年在16号和19号染色体上定位了特殊语言障碍这一性状的区域。2003年中国医学科学院阜外医院顾东风教授课题组将收缩压和舒张压作为拟表型，在脂蛋白酯酶基因及其旁侧发现了与它们连锁的证据。

Collins在1997年提出“常见疾病，常见变异”假说，认为常见疾病的易感性是由人群中某些位点的常见变异引起的。据此假说提出多基因病易感基因研究的全基因组关联分析。在不同人种中构建由连锁不平衡区组成的单倍型图，通过分析比较，在每个连锁不平衡区中找到比较通用的、能反映这一连锁不平衡区的单核苷酸多态性位点（SNP）作为标签SNP（tagSNP）。通过对比患者和正常对照的全基因组tagSNP（至少需要20万个）进行复杂疾病易感基因的定位。这种方法适用于筛选某一复杂疾病在大多数患者中存在的常见变异，或者是叫“通用变异”，而不是目前报道的仅在某一特殊隔离人群中找到的易感基因。

多年来，尽管有关多基因疾病的研究积累了大量有价值的科研成果和数据，但有关易感基因研究的多数阳性结果在不同研究小组中很难重复，难以阐明疾病的发病机制。究其原因，研究策略和方法学的相对滞后是制约进展的“瓶颈”。

三、复杂疾病易感基因的识别孕育着新的重大突破

当前，人类疾病基因研究正从遗传病致病基因识别向鉴定严重危害人类健康的多基因复杂性状疾病易感基因过渡，预计到2030年，绝大多数多基因病的易感基因将被识别。由于疾病基因的识别可能带来巨大的经济效益，不仅各国政府意识到分割这块“蛋糕”的紧迫感，各医药公司也大举进入这一领域。人类基因组中基因总数约2万多个，其中导致疾病的基因很有限。随着疾病基因不断被识别和获得专利保护，届时若没有自己的基因专利而欲获得它们的相关产品，所要付出的代价将是难以估量的。因此，该领域研究的竞争势必日趋激烈。

当前多基因病的研究策略和方法学相对滞后，使得全球在这一领域的研究都面临很大阻力。这为我国科学家在多基因病基因识别方面赶超国际水平提供了很好的机遇。因此，今后5~10年将是我国人类疾病基因研究的重要战略时期。这期间最迫切需要回答的问题是：我们在多基因病易感基因的研究中，能否建立一种类似单基因病基因识别中“定位候选克隆策略”那样有力的工具，从而使多数多基因病的基因识别问题迎刃而解。

由于多基因疾病通常是由多个微效基因的累加作用，并在特定环境因素诱发下产生的，其中多数疾病还具有高度的异质性，所以在其易感基因的研究方法和策略上，不能完全沿袭传统的以“还原论”为基础的研究方法。最近，由中国医学科学

院、清华大学、北京大学、吉林大学和国家人类基因组北方研究中心组成的“中国精神分裂症协作组”，以偏执型精神分裂症为模型提出不同于以往的新的研究策略。指出在研究中应在以下 5 个方面给予特别关注：

（1）研究对象遗传背景的同质性非常重要。在多基因病最常用的关联分析中，任何存在于“患者”和“正常对照”两个研究群体间由于种族、地域等方面不匹配所造成的系统误差，将有可能导致出现假阳性的结果。最后筛检到的所谓“易感基因”可能仅仅反映了两组人群间不同的演化历史、人口迁移情况等。因此在多基因病的关联分析中，正常对照的选择至关重要。

（2）按疾病的发病假说对候选基因进行系统研究。虽然在多基因病的每个患病个体体内，参与发病的基因只有 2 ~5 个，但由于多基因病的遗传异质性，在该病的整个患病人群中所涉及的易感基因可能达到十几甚至二十几个。若只选择少数候选基因进行研究，易导致假阴性的结果。对可能的候选基因进行系统、全面的分析，将使整个研究工作的思路更加完整、富有条理，对结果的生物学意义进行分析时也更加趋于合理。

（3）应对被研究的基因进行多基因的联合作用分析。由于多基因病是由多个基因的累加效应引发的，因此进行多基因联合作用分析比单基因分析方法更加灵敏和特异，也更接近多基因病发病的机制。

（4）应在不同种类型的研究人群中对所得结果进行交叉验证。因为不同类型的人群对于研究设计来说各有利弊。“散发病例 - 正常对照”易在两群体间出现“人群层化”，而“核心家系”则易在各家系患者之间出现分层。因此，若阳性结果能在不同类型人群中互为检验，将极大提高该结果的可信度。

（5）寻找“阳性基因（组合）”与疾病相关的其他证据。在通过遗传学分析找到与疾病相关的阳性基因（组合）后，若能在 mRNA、蛋白质等水平上进行功能验证，不但能使原结论更加可靠，还有助于阐明疾病的发病机制。

另外，绝大多数多基因疾病是以往根据临床经验对一系列综合征进行命名分类的，比较笼统，不能完全反映出疾病的真实机制。每个疾病都由多个表型组成，而其中某些表型又存在于多种疾病中。这样对包含多个表型的某个疾病进行总体分析时，又无形中加大了疾病易感基因研究的复杂性。因此，若能从疾病特异的表型入手，对表型易感基因进行识别，将使问题变得相对单纯，易于解决。

多基因病易感基因的识别呼唤临床医学、分子生物学、遗传学、信息学、统计学、数学等众多学科的紧密结合，呼唤新思维、新策略、新方法的产生。这也为中国生物医学研究提供了新的机遇和挑战。

3.8 家养动物基因组与分子育种研究进展

李 宁[1] 吴常信[2*]

([1]中国农业大学农业生物技术国家重点实验室;
[2]中国农业大学动物科学技术学院)

美国和欧洲一些西方发达国家在20世纪30年代开始系统科学地应用遗传学原理改良家养动物品种，经过半个世纪的努力，动物品种的生产效率获得了巨大的提高，如蛋鸡年产蛋量由100枚提高到240枚、猪的日增重由300克提高到800克、奶牛的年产奶量由2500千克提高到7000千克。然而，这种遗传改良速度在20世纪80年代逐渐进入了“平台期”。因此，动物遗传育种学家几乎一致认为要进一步提高动物品种的生产效率，必须寻求新理论和新技术的突破，特别是依靠动物全基因组的遗传信息和高通量的分子育种技术。

随着DNA双螺旋结构发现50周年、人类基因组计划提前完成和众多生物基因组计划取得重大进展，大量的生物学信息资源、海量数据的产出、系统整合生物学观念的建立从根本上改变了传统生物学研究的思维方式，也为动物遗传改良提供了新的方法和思想武器。

在人类基因组计划取得巨大成就的鼓舞下，美国和欧盟一些发达国家纷纷制定出动物基因组计划，投入大量人力、物力开展相关研究。美国的“国家动物基因组研究计划”(NAGAP) 1991年启动，目前已资助经费7.8亿美元，主要是针对猪、马、牛、羊、鸡等的功能基因和分子育种技术进行开发研究；欧盟于1990年启动动物基因定位计划（PigMaP，BovMaP，ChickMaP)，1995年后还增加了PigBioDiv，QualityGene，EndGene等计划，资助的总经费超过了8亿欧元。2003年动物基因组及相关生物技术成为欧盟第六个框架计划的7个优先研究领域之一，而预计经费22亿欧元。日本的国家动物基因组分析计划（NAGRP）也于1992年启动，十多年来的资助经费达到5.6亿美元。在欧洲，一些国家在欧盟框架计划之外，针对本国的畜牧业发展特点还纷纷启动了自己独立的动物基因组计划，如法国于2002年9月开展的饲养动物基因组分析计划（Agenae)，其目的是识别绝大部分控制动物机体功

---

* 中国科学院院士

能的基因，了解这些基因的特性。我国国家自然科学基金委在1993年开始资助有关家养动物重要生产性状的分子遗传学基础研究，2000年科技部在国家重大基础研究计划中部分资助了有关家养动物基因组的研究内容，2002年中国科学院知识创新工程计划开始部分支持了猪、鸡、蚕基因组的测序工作，但与发达国家相比，我国的资助力度和范围都是极其有限的。

一、国际、国内家养动物基因组的研究进展

随着国际动物基因组计划的深入开展，一批家养动物的基因组序列已经或即将测定完成。美国马里兰州基因组学研究所的科学家在2003年9月26日正式出版的美国《Science》杂志上发表了狗的全基因组框架图，发现人类与狗基因组之间约有6.5亿个碱基对部分相同，在已识别出的2.4万多个人类基因中，约有75%在狗基因组中存在对应物。中国科学院北京基因组研究所、中国农业大学、美国华盛顿大学等国家的科学家共同努力，于2004年12月9日在正式出版的《Nature》杂志上发表了鸡的SNP遗传变异图和全基因组序列框架图，发现鸡单核苷酸碱基变异位点的密度为每千个碱基5个变异位点，是人的变异率的6～7倍，大猩猩变异率的3倍，基本与小鼠亚种间变异率相同；鸡种之间和鸡种之内的变异程度相当接近，而这些变异位点大部分产生于被人类驯化之前；与人类基因组相比，鸡基因组只有少量的转座子假基因，这与其大量的长散在重复元素（LINE）CR1反转录酶的高度特异性密切相关；人类基因组与鸡基因组DNA序列只有2.5%可以对比排列起来，其中有44%是在蛋白质编码区，25%在内含子区，31%在基因间区。

2004年12月10日，我国西南农业大学和中国科学院北京基因组研究所独立完成的家蚕基因组框架图在《Science》杂志上正式刊登，显示了在家蚕4.5亿碱基对构成的基因组中存在18 510个基因，发现了1874个家蚕丝腺特异基因，对全面研究家蚕丝蛋白质高效合成的分子机制、进行高附加值生物药品的开发、实现家蚕生长发育的人为调节和家蚕饲养的雄蚕化、培育优质高产蚕品种等，具有重要意义。2005年，无疑将是家养动物基因组计划成果更为灿烂的一年，牛、猪、马、猫等动物的基因组框架图有望取得突破性进展。

在动物基因组计划的实施过程中，一大批调控动物重要经济性状的功能基因被分离和克隆。1991年加拿大科学家在《Science》杂志上首先发表克隆了猪高温应急综合征（MSH）基因，这种隐性遗传的疾病基因每年造成世界养猪业高达20亿美元的损失。1994年欧洲PigMaP协作组在《Science》杂志上刊登了影响猪重要生产性状的数量性状座（QTL）的全基因组图。随后，猪的高繁殖率基因*ESR*、绵羊高

繁殖率基因 *Booroola*、羊美臀基因 *Calipagy*、肉牛双肌基因、奶牛产奶量基因、猪酸肉基因 *RN*、猪高瘦肉率基因等相继被发现和克隆，这些里程碑式成果都刊登在国际上最有影响的科学期刊《Nature》和《Science》杂志上。1991 年来，国际上发现的对家养动物生产性状有重要影响的功能基因达到 120 多个，与生产性状相关的 DNA 标记 500 多个，定位的数量性状座 1000 多个，发表 SCI 论文 1500 多篇，其中在《Nature》、《Science》、《Nature Genetics》、《Cell》等国际著名杂志发表的论文多达 50 多篇，获得的相关发明专利多达 136 项。

我国科学家在 20 世纪 90 年代初也开始了动物基因组的相关研究，在前沿探索工作中运用了我国特有的动物遗传资源，取得了一些令国际科学界特别关注的学术成就。美国动物基因组计划首席科学家 Schook 教授曾说:“没有中国科学家与我们共同来研讨畜禽基因组计划，那么这种研讨绝对是不全面和缺乏特色的。”经过十多年的艰苦努力，我国取得了比较突出的成绩：1994 年中国农业大学科学家精细定位了鸡性连锁矮小基因（*dw*），并在国际上首次克隆报道了该基因的 DNA 序列；1997 年利用 RFLP 技术，在我国“北京白鸡”中寻找到一种新的性连锁慢羽基因，对培育抗白血病蛋鸡起到了关键作用；1998 年在国际上首次确定了促卵泡素 β 亚基基因（*FSHβ*）是控制猪产仔数的主效基因；1999 年利用我国二花脸太湖猪与外国商业猪种约克夏杂交构建了亚洲最大的资源群，并证明了雌激素受体（*ESR*）基因是一种广泛存在的、控制猪产仔数的主效基因；2001 年检测到鸡细胞外脂肪酸结合蛋白基因（*EX-FABP*）影响腹脂重的重要突变位点，预示该基因在肉鸡育种中有很好的应用前景；2002 年完成了我国猪、鸡等动物的基因组大片断文库构建和排序工作；2003 年华中农业大学、华南农业大学科学家发现 *MC4R* 基因对猪的生长和瘦肉率性状有显著影响；2004 年中国农业大学科学家构建了国际上第一张依据全基因组微卫星标记的鸭遗传连锁图谱。这些成果引起了国际同行的广泛关注，并获得了很高的科学评价。

二、国内外家养动物分子育种的研究与应用进展

1992 年，第一种优良基因开始应用于家养动物品种改良，标志着动物品种改良走进了一个崭新的分子育种时代。目前，加拿大全部的猪种都经过至少 3 种基因诊断盒的改良，美国和英国 70% 的猪种经过至少 2 种基因诊断盒的改良，而鸡、牛种上分别至少有 6 种基因诊断盒在进行商业化应用。依赖于基因或 DNA 标记技术的分子育种公司也已经涌现，如澳大利亚的 Genetic Solution Ltd、美国的 GenMark Inc、英国的 Rosgen Ltd 和 CellMark Co、荷兰的 Genlab Ltd、新西兰的 Genomnz Inc 等；而

一些曾经依赖于常规育种技术的大型育种公司也纷纷建立了自己的分子育种部，如美国的 Highline 和 Dekalb、英国的 PIC 等，应用规模巨大。截止到 2001 年，已经大规模生产应用的基因选择就有 80 种之多，其中马有 10 种、牛有 18 种、猪有 16 种、羊有 8 种、鸡有 17 种，这些基因诊断技术为分子育种公司和动物生产带来了丰厚的利润，极大地加快了家养动物品种的遗传改良。

在分子育种技术的研究中，我国科学家做出了非常优异的成绩，2001 年美国专利局授予了我国第一个关于畜禽 DNA 标记的专利。1996 年，我国开始建立猪高温应激综合征基因的分子诊断技术，并在育种中广泛利用。截至 2004 年 9 月，我国获得了影响猪、鸡、牛等家养动物肉质、生长、产仔数等重要生产性状的主效基因或 DNA 分子标记 48 个，候选 DNA 标记 124 个；构建了国际上最大的鸡资源群 4 个，亚洲最大的猪资源群 5 个；制作了享有我国独立知识产权的猪、鸡基因芯片各 1 套；2 个猪品种、3 个鸡品种的培育中利用了以上研究开发的 DNA 分子标记。特别是猪高产仔数基因诊断盒的应用，经中国农科院农经所测算，每年可为每个种猪场带来 200 万元的利润，累计利润超过 2 亿多元。同时，中国农业大学等单位还成功建立了依据于多重 PCR 技术的高通量基因型检测技术，DNA 芯片选择技术也在快速发展之中，这些工作将极大地促进 DNA 标记辅助等分子育种技术的产业化。2004 年，我国在畜禽 DNA 标记方面申请的发明专利已经达到 35 项之多。

三、家养动物基因组研究的前沿热点

目前，从美国、欧盟等发达国家资助的家养动物基因组计划内容来看，重点主要集中在以下几个方面：

（1）全面深入开展动物基因组序列的测定工作，获得牛、猪、羊等物种的全基因组序列框架图，通过生物信息学方法和比较基因组学预测功能基因，生产海量基因数据库；

（2）通过全基因组的寡核苷酸或 cDNA 芯片，建立家养动物细胞和组织分化、发育、代谢和繁殖的转录组、生理组、免疫组和化学代谢组；

（3）利用双向电泳、质谱、蛋白芯片等蛋白质组学技术，建立家养动物重要生产性状肉、蛋、奶、皮、毛等的蛋白质组；

（4）建立全基因组高密度的 SNP 单体型图，发展连锁不平衡（LD）、候选基因相关、图位精细连锁分析和图位表达谱变异分析的功能基因分离途径；

（5）确定全基因组水平的甲基化、组蛋白乙酰化等表观基因组学（epigenomics）与家养动物群体的表型变异；

（6）利用多个远交群体（包括资源群和商品生产群），鉴定数量性状座/染色体区域单体型或基因单体型、数量性状座/数量性状核苷酸变异（QTL/QTN）的遗传关系；

（7）依据家养动物的驯化和进化理论，在全基因组水平或候选功能基因区域水平对不同商业种群、地方种群和野生种群的比较，发现重要生产性状功能基因和品种特色；

（8）利用系统整合生物学理论和技术，建立家养动物生产性状基因的调控网络和代谢网络。从研究的家养动物生产性状来看，不仅包括了常规动物育种中关注的表型、生长、品质、饲料转化、繁殖性状，也包括了动物生产可持续发展所涉及的抗性、应激、行为、环保、特用等新的性状。

四、对开展我国家养动物基因组计划的建议

农业是国民经济的基础，也是我国13亿（2005）~16亿（2030）人口赖以生存的最根本的保证。种植业提供了粮、棉、油等解决人民温饱的基本条件，而养殖业提供了肉、蛋、奶等使人民进入小康所必不可少的物质基础。发展优质高产动物农业是我国21世纪农业结构调整的重要组成部分，是从根本上改变我国人民食物结构、全面建设小康社会的基本前提。我国动物性食品的人均占有量要达到中等发达国家水平，目前养殖业的生产总量必须翻一番，如果考虑到21世纪中国人口增加到16亿所需的生产量，其需求更为巨大。仅以肉、奶为例，联合国粮农组织2003年的统计年鉴表明，我国人均肉占有量约50千克，奶占有量不足10千克，而中等发达国家人均肉占有为90千克，奶占有量达到120千克，如果在2030年我国人均肉和奶的占有量要达到中等发达国家现在的水平，那么我国每年必须生产1.44亿吨肉和1.92亿吨奶，是我国目前肉生产总量的2.2倍，奶生产总量的14.8倍。要在很短的时间内完成这样的飞跃，必须依赖动物基因组研究所孵化出的新的遗传理论和分子育种技术。

我国对于动物基因组计划的研究应该重点放在猪、鸡等重要畜禽功能基因的发掘利用上。例如，建立大规模、高通量、自动化的基因分离、功能鉴定和生物信息学技术平台；建立核心种质资源鉴定分析和功能基因发掘的技术体系；分离与品质、高产、生长发育、代谢、抗病等性状有关的重要基因，并鉴定其功能；分离鉴定具有时空、组织器官和发育特异性表达的启动子及调控元件；建立高效、大规模的遗传转化技术体系和基因定点、安全整合技术等。我国动物基因组计划应该遵循这样一些原则：是一个全面规划、分部实施的长期计划；是一个针对我国养殖发展和市

场需求特色的计划；是一个能够充分保护、挖掘和利用我国遗传资源的计划；是一个全面开放、资源共享、知识产权清晰的计划；是一个科技部门引导、产业部门参加、地方部门协作、企业全面介入的计划。

我国开展家养动物基因组研究有着得天独厚的优势，即丰富的遗传资源。联合国粮农组织（Food and Agriculture Organization of the United Nations，FAO）1988 年的动物遗传资源档案中，记录了全球有群体规模的农业动物品种 2191 个，其中包括了亚洲 1186 个。中国拥有动物品种 597 个，占亚洲的 1/2、全世界的 1/4。我国是个动物遗传资源大国，但却是一个动物育种弱国，在猪、牛、羊等商品规模化生产的动物品种中，几乎没有我国自己培育的品种。我国守着世界 1/4 的动物遗传资源，每年却要花费 38 亿多元向欧、美等遗传资源不甚富有的国家购买动物商业品种。近年来我国畜禽品种的数量正在急剧下降，如何保护我国丰富的农业动物遗传资源，同样需要依靠动物基因组学的研究基础。2003 年，在已知的 385 个主要畜禽地方品种中，灭绝和濒临灭绝的有 18 个，处于濒危的有 32 个。这些品种资源的丧失，意味着有用的基因将从地球上永远消失。因此，如何利用基因组的理论和方法，加快遗传资源的挖掘和利用，是摆在我国动物遗传育种科学家面前的一项非常紧迫和艰巨的任务。

我国政府大力资助了我国人类基因组、水稻基因组等物种的基因组计划，但目前还尚未全面支持畜禽动物基因组计划。尽管我国科学家通过自己的智慧和辛勤工作，已经取得了许多具有国际水平的成就，但就总体水平而言，与美、英等发达国家相比，还有较大差距，特别是从我国养殖业发展的巨大需求来看，更是极不相称。因此，加快实施我国自己的动物基因组计划研究与开发迫在眉睫。

3.9　免疫学研究进展

陈华标　万　涛　曹雪涛

（中国人民解放军第二军医大学免疫学研究所）

免疫学是现代生物医学领域的前沿学科，是近 30 年来国际上发展最快的学科之一。在 20 世纪的诺贝尔生理学医学奖中，有 15 次授予了从事免疫学研究的科学家。近年来，随着分子生物学技术的发展及与其他学科的交叉渗透，免疫学研究向分子和细胞水平进一步深化，在免疫细胞分化发育、免疫细胞受体和信号转导及免疫应答的发生和调控方面都取得了新的进展。同时，现代免疫学也更注意整体功能与疾病相关性的研究，在肿瘤、移植排斥、感染性疾病、HIV 感染与自身免疫病等人类重大疾病的防治方面也取得了一系列重要进展。

机体的免疫反应分为天然免疫和获得性免疫两大类（图 1）。天然免疫主要由机体的一些生理屏障、吞噬细胞、自然杀伤细胞（natural killer cells，NK）及组织和体液中的因子构成；获得性免疫主要是由免疫细胞，包括 T 细胞、B 细胞等参与的针对抗原异物产生的特异性免疫反应。无论哪类免疫反应，都与一类重要的免疫细胞——抗原递呈细胞（antigen-presenting cells，APC）有着十分密切的关系。免疫反应的产生首先是由 APC 识别或捕获抗原，经其加工、处理后将抗原信息传递给 T 细胞和 B 细胞，进而诱发一系列特异性免疫应答。抗原递呈细胞能否进行有效的抗原

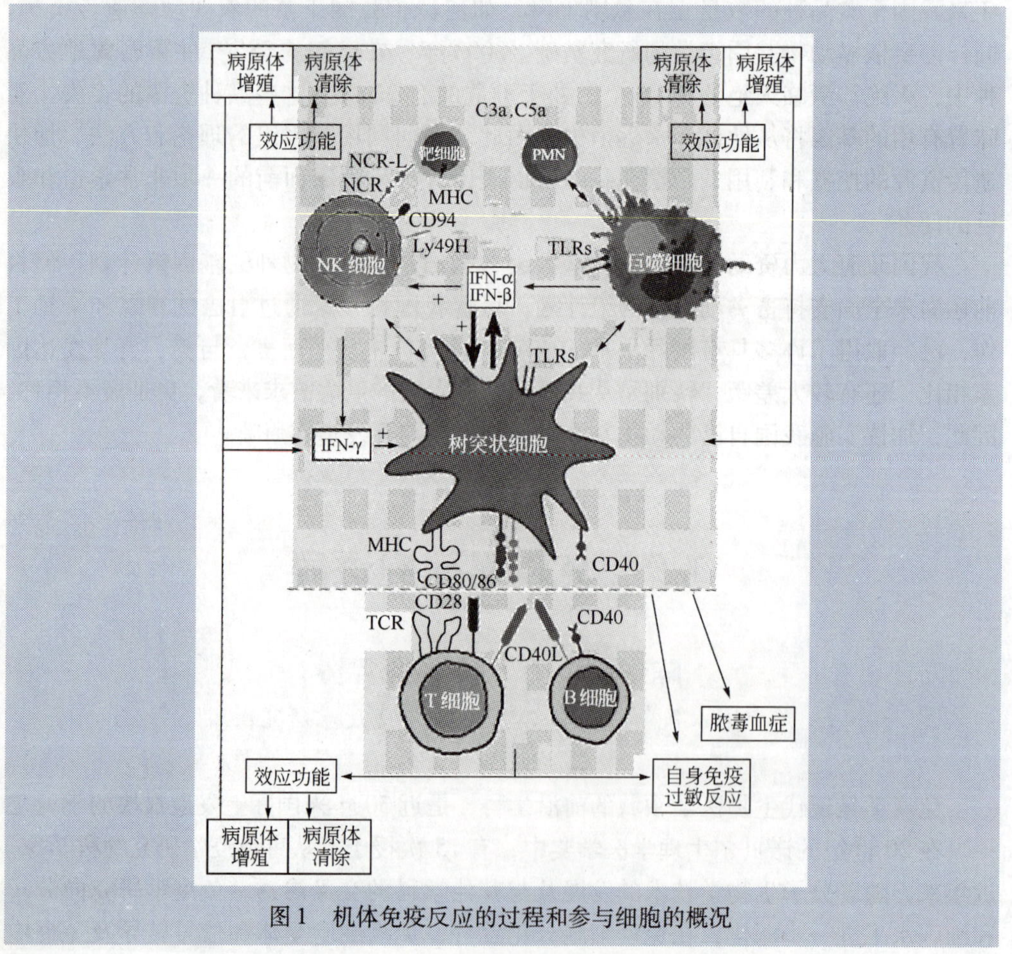

图 1　机体免疫反应的过程和参与细胞的概况

递呈直接关系到免疫激活或免疫耐受的诱导，是机体免疫反应的首要环节。针对抗原异物的免疫反应会导致机体稳定状态的偏移。对此，机体必须同时具备免疫调节能力，对免疫应答进行正负调节，使免疫应答适度，以维持机体内环境稳定。任何一个调节环节的失误，都可能引起全身或局部免疫应答的异常，最终导致持续感染、自身免疫病、过敏和肿瘤等疾病的发生。

一、模式识别受体：免疫系统的“警铃”

天然免疫应答是机体防御病原体入侵的第一道防线。在过去的几十年中，天然免疫应答曾一度被认为只是免疫系统应答外界刺激的一种低等形式，但随着对免疫系统的深入了解，非特异免疫系统的重要性逐渐为人们所认识，同时触发了免疫学家对整个免疫系统的功能进行重新审视。在天然免疫应答中，宿主最大的挑战就是通过有限的受体迅速识别大量不同的外源性病原体并做出应答。1997 年美国免疫学家 Janeway 提出了模式识别理论[1]，将天然免疫应答针对的主要靶分子信号称作病原相关分子模式（pathogen-associated molecular pattern，PAMP）；相对应的识别受体称为模式识别受体（pattern recognition receptor，PRR）。模式识别受体成为细胞探知外界信号刺激的感受器。

1. Toll 样受体

Toll 受体家族最初是从果蝇的研究中发现的，是一类在进化中高度保守的分子。在哺乳动物中目前已发现 11 个 Toll 同源分子，统称为 Toll 样受体（Toll-like receptor，TLR）。TLR 是哺乳动物的一类重要的模式识别受体，在启动机体天然免疫应答中发挥中心作用。TLR 家族成员在免疫和组织细胞中表达不同并对不同刺激呈现出反应。TLR 常被各种不同微生物产物激活，比如 LPS 可以激活 TLR4，细菌 DNA 激活 TLR9，多种 G^+ 菌细胞壁成分激活 TLR2，鞭毛激活 TLR5。另外，TLR1 和 TLR6 可以与 TLR2 结合，促进对一些微生物产物的应答。TLR 除了识别微生物成分外，还能识别炎症反应过程中诱导的内源性配体。由于具有相似的胞浆区，使 TLR 可以利用与 IL-1R 相同的信号转导分子，包括 MyD88、IL-1R 相关蛋白激酶和肿瘤坏死因子受体激活因子 6（TRAF6）。然而，已有的证据表明，与每个 TLR 相关的信号通路不尽相同，可导致不同的生物反应。

关于 TLR 能激活细胞内信号通路的研究已经有了很大的发展。不同的 TLR 可以有相同的信号转导通路，比如 TLR2、TLR4、TLR5、TLR6、TLR9 都能激活 NF-κB 信号通路。CpGDNA 和 TLR9 诱导树突状细胞成熟时需要 MyD88，而 LPS 和 TLR4 诱导时则不需要。这些结果显示，两种不同的 TLR 可以利用不同的通路引出同一应答反应。科学家最近发现，TLR 胞浆区包含的接头蛋白在 LPS 诱导树突状细胞成熟时发挥了一定的作用。这种蛋白的负性调节域结构可以抑制 NF-κB 的活化并抑制被 TLR4 或 LPS 激活的树突状细胞的成熟，但不能抑制 IL-1R 应答或对 TLR9 激动剂 CpGDNA 的应答。考虑到 TLR 不同的原始结构，有可能是不同的 TLR 的细胞内区域启动了不同的级联信号。

2. 基于模式识别理论的新型佐剂研究

基因组计划的完成及人们对更多致病病原遗传背景的揭示，为预防和治疗包括肿瘤及感染性疾病的新型疫苗的设计提供了新的思路和新的靶点；基因工程技术的发展，使更高纯度和更高效的疫苗越来越多地代替了传统的灭活和减毒疫苗。在新型疫苗的设计上，不仅要求更加合理高效，也更多地强调低毒性和特异性，因此基于小分子抗原多肽表位的疫苗设计成为一种趋势。但小分子多肽的免疫原性较弱，往往需要高效的佐剂，目前传统的佐剂很大程度上限制了免疫预防和治疗的发展。

针对 Janeway 的模式识别学说还不能完全解释包括针对肿瘤抗原的自发免疫等免疫学现象，免疫学家 Matzinger 于是提出了“危险信号”识别模式的理论[2]，认为诱发机体免疫应答的关键因素是机体细胞受损后产生危险信号，因而不论是自体因素发生改变，还是外界因素产生影响，只要出现供机体识别的危险信号就可以诱发效应细胞的活化。在该理论模式中，疫苗和其他“非我”的抗原可以通过模仿感染或组织损伤，通过传递危险信号来诱导较强的免疫应答。近年来，一类基于该理论基础上的新型佐剂在诱导抗肿瘤、抗感染免疫中取得了很大的进展。含有 CpG 基序的寡核苷酸（CpGODN）及作为危险信号的热休克蛋白成为新型免疫佐剂中研究的热点。

（1）CpGODN 在免疫治疗中的应用。CpGODN 含有非甲基化 CpG 二核苷酸核心及特定的侧翼序列。长期以来人们一直认为 DNA 仅是遗传信息的携带者，后来人们发现，从卡介苗中分离出的 DNA 片段可以激活小鼠的自然杀伤细胞，诱导抗肿瘤活性，使对 DNA 的免疫作用有了初步的认识。近年来的研究表明，含有 CpG 基序的细菌 DNA 可以激活多种免疫细胞，包括 B 细胞和抗原递呈细胞，如巨噬细胞、树突状细胞等，分泌多种细胞因子，如 IL-6、IL-12、IL-18、IFN-γ，刺激 B 细胞合成免疫球蛋白（图 2）。目前认为 CpG 活化免疫的机制主要是快速被免疫细胞内化，在 PI3K 的参与下与表达在内吞转运体上的 TLR9 作用，从而激活后续的信号。研究表明，给小鼠注射细菌 DNA 或者 CpGODN 后，再给小鼠注射多种病原微生物，结果小鼠表现出对高剂量的炭疽杆菌、李斯特杆菌、土拉菌，以及多种病毒包括埃博拉病毒、疱疹病毒、巨细胞病毒，多种寄生虫如李斯曼原虫、疟原虫等感染的抵抗性，这种免疫保护效应可以在数天内达到高峰并持续数周。同时CpGODN还具有提高免疫抑制个体及受孕和新生动物抗感染的能力，感染艾滋病病毒的患者往往表现为$CD4^+$ T细胞数量和功能的低下，但是，艾滋病患者的天然免疫功能可以维持到疾病进展晚期，是艾滋病患者免疫防御系统的重要力量，CpGODN可以增强感染艾滋病病毒的灵长类动物的天然免疫能力；同样，作为孕妇，获得性免疫系统受到了抑制，表现为细胞免疫应答的减弱，尽管这种改变可以减少对胎儿的排斥，但是同时增加了感染的几率，采用CpGODN注射可以明显增强受孕小鼠对细菌的感染及减少胎儿的被动感染。另外，将CpGODN作为疫苗佐剂，可以诱导产生Th1型及前炎性的细胞因子，诱导和激活专职抗原递呈细胞，从而诱导产生细胞和体液免疫应答。

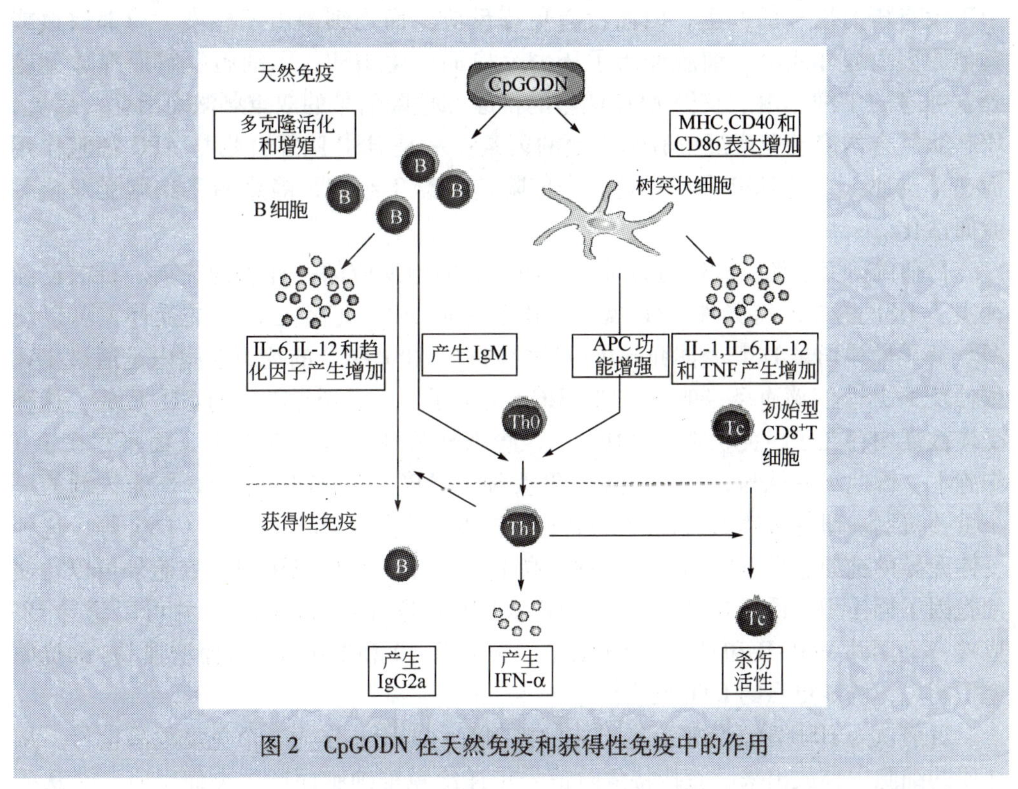

图2　CpGODN在天然免疫和获得性免疫中的作用

目前500多项CpG有关的免疫治疗项目正处于研发阶段，部分进入I期临床研究，主要研究CpG单独应用或作为佐剂用于人体的安全性和免疫刺激作用，II期临床研究目前正在评价CpG在肿瘤、寄生虫、过敏性疾病等的治疗及作为疫苗佐剂的疗效。目前的研究证实CpGODN和过敏原复合物的应用可以明显减轻过敏的临床症状并且几乎没有不良反应。采用CpGODN作为疫苗佐剂的双盲实验研究表明，当

CpGODN 与乙肝病毒疫苗联合应用，机体产生乙肝特异性抗体 IgG 的抗体滴度明显增高，产生的速度明显加快。虽然作为 CpG 识别受体的 TLR9 在 3 年前才被证实，但是有关 CpG 的基础研究和临床研究在 3 年内增加了 5 倍，人们希望通过 CpG 和 TLR9 的研究更深入地了解机体的天然免疫系统及其在肿瘤、感染性疾病及过敏性疾病治疗中的应用价值。

（2）热休克蛋白（heat shock protein，HSP）的佐剂样效应。热休克蛋白是一类在生物进化中高度保守、广泛存在于原核及真核生物中的一类蛋白质，是生物细胞应激反应的诱导产物，HSP 本身对免疫系统而言可能是一个危险信号。Matzinger 提出免疫功能的激活需要危险信号的存在。当细胞正常死亡或程序性死亡时，由于没有压力信号的产生，因而没有免疫反应。而当细胞由于感染、局部缺血或其他原因引起坏死时，细胞经历了压力反应而产生 HSP，因细胞裂解而释放到胞外。静息的 T 细胞由于获得 APC 递呈的抗原和危险信号的双重刺激而活化。因此，HSP 肽复合物启动免疫反应有两方面的因素：一是 HSP 肽复合物与 APC 细胞作用而递呈抗原，二是 HSP 本身传递一个危险信号给 T 细胞，静息的 T 细胞受双重刺激而活化。

目前的研究表明，HSP 可以成为 $CD8^+$ T 细胞反应的一种新的佐剂。目前已经证实了 HSP 诱导的特异性 CTL 反应是由于专职 APC 上存在 HSP 的受体，可以使 APC 特异性地通过 HSP 受体介导抗原肽的内吞，HSP 结合的抗原在胞内是通过 TAP 依赖及 TAP 非依赖途径，被呈递到 MHC I 类分子上，并诱导随后的 CTL 反应，这种受体被证明存在于树突状细胞（DC）、巨噬细胞及 B 细胞等 APC 上，而不存在于 T 细胞上。因此可以认为，HSP 通过 HSP 受体与 APC 相互作用是 HSP 作为佐剂的一个重要机制。研究表明，目前与 HSP 相关的受体包括 CD14、TLR、CD91 等，这种受体介导的抗原递呈方式的效率比吞噬高 10 000 倍。另外 HSP 分子在胞外可以行使细胞因子样作用，诱导单核细胞产生 IL-6、IL-1 等活性细胞因子，并可以诱导 DC 成熟，上调其 MHC II 和 CD86 分子表达，分泌 IL-12 和 TNF-α，从而增强 DC 的抗原递呈能力，诱导更强的 CTL 反应。

目前认为 HSP 激活免疫反应可能的机制有：①HSP 作为一个免疫危险信号，从坏死的细胞中释放出来，直接将危险信号传递给免疫细胞而产生炎症反应。②从死亡的肿瘤或病毒感染细胞中释放的 HSP 伴随抗原肽，通过与专职 APC 细胞相互作用将抗原肽传递给 APC 细胞，经 APC 处理后与 MHC I 类分子结合呈递在细胞表面，激活特异的 T 细胞。③HSP 可以刺激 APC 细胞分泌炎性细胞因子，促进免疫反应的发生。④HSP 可以诱导 DC 成熟，DC 是机体最有效的免疫反应细胞，从而启动一连串的免疫反应。

基于HSP的佐剂已经成功地应用于肿瘤及感染性疾病的治疗，采用肿瘤细胞来源的HSP多肽复合物作为肿瘤疫苗已经应用于临床研究；另外采用HSP与人乳头瘤病毒16（HPV16）的E7蛋白构建的融合蛋白治疗人乳头瘤病毒的感染及其导致的宫颈癌也进入III期临床研究。

二、树突状细胞：免疫系统的“哨兵”

树突状细胞（dendritic cells，DC）是一类在显微镜下看到的像树根形状的细胞，是机体免疫系统的控制者，被称为机体防御病原微生物侵袭的重要“哨兵”，当机体遭遇病原微生物侵袭或体内有细胞发生恶变时，DC很快即能获知这些信息，将这些信息及时传递给免疫系统，并将病原微生物或恶变细胞从体内清除出去（图3）。

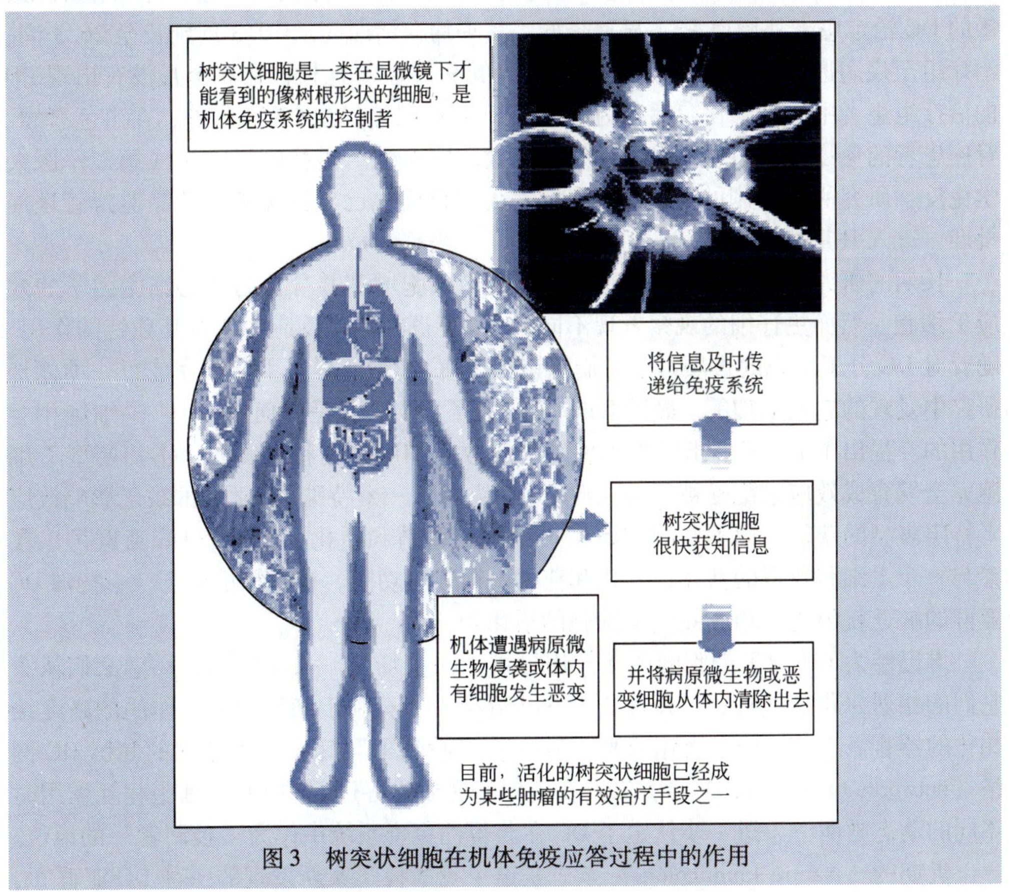

图3　树突状细胞在机体免疫应答过程中的作用

由于DC在机体免疫反应过程中的这种关键作用，近年来它越来越受到免疫学界乃至整个生物医学界的关注和重视。DC能够直接摄取、加工、呈递抗原，刺激体内的初始型T细胞活化，是机体免疫应答的“启动者”。此外DC还可以通过直接或间接方式促进B细胞的增殖与活化，调控体液免疫应答；刺激记忆T细胞活化，诱发再次免疫应答；与NK相互作用影响非特异性的天然免疫应答，因此DC可以说是机体内免疫应答反应的“始作俑者”。

对DC的研究不仅极大地丰富了免疫学理论的知识，推动了免疫学理论的发展，也为多种临床疾病的治疗提供了新的思路。目前，负载肿瘤抗原的DC治疗性疫苗已经成为某些肿瘤的有效治疗手段之一，包括恶性黑色素瘤、前列腺癌、恶性淋巴瘤、白血病、结直肠癌、乳腺癌、卵巢癌、胰腺癌、肝胰管壶腹癌、胃癌、食管癌、转移性肾癌等十余种肿瘤的DC瘤苗已经进入临床研究，其中对激素治疗无效的前列腺癌的治疗进入III期临床研究。已有的结果表明，采用前列腺癌的特异性抗原致敏的DC治疗患者外周血PSA显著降低，其平均存活时间从19.3周延长至26.3周；治疗组至疾病进展时间为16周，较对照组的9周显著延长；在6个月没有出现PD的治疗组患者中，无恶化存活率为34.7%，而对照组仅为4%。另外，在黑色素瘤、肾癌患者的免疫治疗中也显示了良好的疗效和安全性。由我国科学家（第二军医大学免疫学研究所）研制的DC瘤苗治疗大肠癌目前也已经国家食品药品监督管理局批准，进入II期临床研究。

长期的研究均表明DC能够诱导初始型T细胞增殖并分化为分泌细胞因子的效应T细胞。然而更仔细的观察发现不同的DC亚群在免疫反应中各有其独特的作用。随着对DC分工认识的进展，学者们意识到，DC细胞亚群并不能够完成每一项体外研究中发现的它们的功能。最近Itano等研究了DC亚群是如何与$CD4^+$ T细胞相互作用的。提出了DC亚群指导T细胞发育成效应细胞的两种模式[3]：①初始型T细胞完全发育成效应细胞是被不同亚群DC操纵的，一个特殊DC亚群的缺乏影响效应者特定表型的获得，而不影响初始型T细胞的增殖和活化；②每个DC亚群可以仅参与一个T细胞亚群的活化，分化和获得一项效应功能，在这种情形下，一特殊DC亚群的缺乏就阻止了相应效应T细胞的活化和分化。

淋巴结为DC与T细胞的相互作用提供了一个场所。长期以来，科学家们认为它们的相遇并非是随机的，并且认为淋巴结是一个有利于细胞间相互作用的高度结构化的器官。近期国外学者用双光子显微镜“看到了”完整淋巴结内的驻留DC网络（networks of resident DCs），以及在诱导耐受或应答过程中DC-T细胞相互作用时不同的动态画面[4]，进一步认定了DC在获得性免疫系统中作为“控制者”的地位。

近期的《Nature Immunology》杂志报道了我国科学家新发现的一种DC亚群[5]，

它与常规DC激活免疫功能不同的是新型细胞可以抑制T细胞免疫功能，而且发现成熟DC可以在免疫微环境中进一步增殖和分化。这一发现突破了DC为末期细胞的传统免疫学观念，提出了“成熟DC再增殖和再分化”及“免疫微环境具有负向调节功能”的新理论，对进一步全面认识免疫系统起到了推动作用。同时，这一发现对与免疫相关性的疾病，如癌症、肝炎、糖尿病等的防治，以及提高器官移植的成功率提出了新思路。这项原创性成果得到了国际免疫学领域权威科学家的认可和国际同行的高度评价。国际著名免疫学家肯·萧特曼教授在同期的《Nature Immunology》杂志上发表评述文章，认为“这是一项令这个领域的绝大多数研究者惊奇和关注的工作。这一发现是免疫学理论新的重要突破，将带动免疫学领域的发展”。

三、调节性T细胞：免疫系统的“警察”

机体在识别自己或非己的过程中，既产生针对自身抗原的耐受，也产生对外来入侵的病原体有效的体液和细胞免疫反应。在过去的10年里，对调节性T细胞的研究吸引了许多免疫学家们的注意。$CD4^+CD25^+$调节性T细胞（$CD4^+CD25^+$ Treg）是参与对自身抗原外周耐受的主要T细胞群，现在发现它还能作为对外来抗原应答的调节性T细胞。然而，现在对$CD4^+CD25^+$ Treg的起源、天然表型和作用机制等许多基本问题，仍然不十分清楚。根据$CD4^+CD25^+$ Treg的起源、发育和激活的要求及作用机制的不同，大体上把$CD4^+CD25^+$ Treg分为两大类：天然产生的$CD4^+CD25^+$ Treg（nTreg）和人工诱导的$CD4^+CD25^+$ Treg（iTreg）[6]，nTreg和iTreg能够协调地控制适应性免疫应答的活性和功能。

日本学者Sakaguchi教授是Treg研究领域的开拓者，他和他的同事们先将$CD4^+CD25^+$T细胞从整个T细胞群体中去除，然后移植此种T细胞到免疫缺陷型动物体内，发现可以诱导几种器官特异性的自身免疫病。这些研究结果为$CD4^+CD25^+$T细胞是产生和维持周围免疫耐受的基本组成部分提供了强有力的证据。现已证明的在nTreg细胞表面存在的标记物有CD45RB-low、CD38、CD62L-hi、DX5和CD103，这些标记物从不同的方面来执行nTreg细胞的抑制功能。在正常动物体内，$CD4^+CD25^+$ nTreg仅占外周$CD4^+$ T细胞的5%～10%，却具有强大的免疫调节作用。一方面，nTreg是通过阻止自身反应性T细胞的激活而发挥它们的基本功能的；另一方面，nTreg在调节由病原体感染引起的免疫应答和阻止强烈的炎症反应中起着关键性的作用。$CD4^+CD25^+$ nTreg细胞对TCR的刺激是无反应性的，但是它们的调节功能的激活又需要借助于TCR，激活后能够抑制抗原非特异性反应中的$CD4^+$和$CD8^+$ T细胞。初步的研究证明，已被激活的$CD4^+CD25^+$ T细胞是通过T细胞之间直接的相互作用或通过调节 APC 的功能而介导它们的免疫抑制作用的。

具有调节功能的 $CD4^+$ T 细胞能由成熟的外周 $CD4^+CD25^-$T 细胞的激活而生成，并且 iTreg 和致病性 T 细胞基本上来自同一成熟的 T 细胞前体，这种 T 细胞的前体究竟是发展为 iTreg 还是致病性 T 细胞，主要是依靠抗原的性质和（或）数量的不同。在体外，iTreg 细胞能够由成熟的 $CD4^+CD25^-$T 细胞在不同的刺激条件下产生，这些条件包括同时存在免疫抑制因子（如 IL-10、TGF-β1、维生素 B3 和地塞米松）时的抗原刺激、CD40-CD40L 通路的阻断或者未分化的 DC 群体的作用。最近的研究显示，nTreg 细胞可以促进 iTreg 细胞的诱导生成，在体外混合培养 nTreg 细胞和 Th 细胞，结果导致 Th 细胞分化生成的 Treg 细胞以 TGF-β1 和（或）IL-10 依赖型的模式抑制 Th1 或 Th2 应答。

目前 Treg 在器官移植中的作用已受到极大的关注。大量的研究显示，受者来源的 Treg 在诱导和维持同种异体移植物耐受中发挥了有效的调节作用，并且可以将这种调节作用过继转移至同源初始型受者。而美国明尼苏达州大学的 Blazar 教授及他的同事们经过大量的实验证明，在同种异体骨髓移植中 Treg 在抑制移植物抗宿主病的发生中同样起着重要的作用。Treg 通过抑制自身反应性 T 细胞的免疫反应、抑制传统 T 细胞的活化或促进抑制性细胞因子的分泌等，在维持机体内环境的稳定、肿瘤免疫监视、诱导免疫耐受以及抑制自身免疫性疾病的发生中发挥重要作用，将其作为治疗疾病的一种免疫干预手段，具有广阔的发展前景。

四、免疫学发展和应用展望

随着免疫学研究的不断深入，在包括免疫系统进化、免疫细胞分化发育、细胞亚群、抗原递呈的分子机制、细胞因子及其受体、免疫细胞受体和信号转导及免疫反应的基因调节等多个领域必将产生新的突破。现代免疫学的快速发展和新的免疫学技术的涌现极大地推动了临床医学的进展，在感染性疾病、过敏性疾病、器官移植、自身免疫病、免疫缺陷病及肿瘤等疾病的发病机制和诊断、防治等方面都显示出可喜的进步。现代免疫学已成为生命科学中最活跃的领域之一，在医学、生物学和高科技产业中具有重要的地位。在美国药物学会 2004 年 10 月的统计报告中，目前处于临床研究阶段的 324 种生物技术类在研药品中绝大多数是免疫制品，尤其是疫苗、免疫调节剂、基因工程抗体、细胞与基因治疗、重组细胞因子等已经成为生物医药领域产业的主导产品，适应证包括肿瘤、艾滋病及其他感染性疾病、器官移植、糖尿病、自身免疫性疾病等 100 多种疾病。可以预见，免疫学的任何突破都将给人类疾病的防治带来新的希望。

参 考 文 献

[1] Medzhitov R, Janeway C A. Innate immunity: the virtues of a nonclonal system of recognition. Cell, 1997, 91: 295 ~ 298

[2] Matzinger P. The danger model: a renewed sense of self. Science, 2002, 296: 301 ~ 305

[3] Itano A A, McSorley S J, Reinhardt R L, et al. Distinct dendritic cell populations sequentially present antigen to CD4 T cells and stimulate different aspects of cell-mediated immunity. Immunity, 2003, 19: 47 ~ 57

[4] Lanzavecchia A, Sallusto F. Lead and follow: the dance of the dendritic cell and T cell. Nat Immunol, 2004, 5: 1201 ~ 1202

[5] Zhang M, Tang H, Guo Z, et al. Splenic stroma drives mature dendritic cells to differentiate into regulatory dendritic cells. Nat Immunol, 2004, 5: 1124 ~ 1133

[6] Piccirillo C A, Shevach E M. Naturally-occurring CD4 $^+$ CD25 $^+$ immunoregulatory T cells: central players in the arena of peripheral tolerance. Semin Immunol, 2004, 16: 81 ~ 88

3.10　生物传感器研究进展

张先恩

（中国科学院武汉病毒研究所）

一、概　　述

生物传感器（biosensors）是典型的多学科交叉前沿领域，它融生物学、化学、物理学、信息科学及相关技术为一体，构成一类特殊的传感形式，具有十分广泛的用途。可以将生物传感器的发展划分为三个阶段：20 世纪 60 ~ 70 年代为早期发展阶段，以 Clark 传统酶电极的电化学生物传感器为代表；20 世纪 80 年代是生物传感器的活跃期，多学科的介入导致了各种新原理的生物传感器的产生，主要类型有电化学传感器、热生物传感器、电导、阻抗生物传感器、生物场效应晶体管、生物光纤、压电晶体生物传感器等，各种原理的换能器与不同的生物分子敏感元件（如酶、组织、细胞、核酸等）结合又极大地丰富了生物传感器类型；第三阶段发生在 20 世纪 90 年代以后，有两个特征：一是生物传感器的市场显著增长，二是以表面等离子体生物传感器和生物芯片为代表的生物亲和传感器的出现，形成第二个发展高潮。1990 年召开了首届世界生物传感器学术大会，以后每两年召开一次，2004 年在西班牙召开了第 8 届。

近年来，生物传感器的概念也与时俱进。主流刊物《Biosensors and Bioelectronics》最新的描述为："生物传感器是一类分析器件，它将某种生物材料（如组织、微生物细胞、细胞器、细胞受体、酶、抗体或核酸等）或生物衍生材料或生物模拟材料与物理化学传感器或传感微系统密切结合或联系起来，行使分析功能；换能器或微系统可以是光学的、电化学的、热学的，压电的或磁学的。"[1] 笔者将其简化表述为："生物传感器是由生物分子识别元件与理化换能器结合的传感器，能够将被分析物的存在状态转变为可以定量的电信息。"[2] 生物传感器主要有如下特点：①多样性。根据生物反应的特异性和多样性，理论上可以获得测定所有生物物质的生物传感器。②无试剂分析。除了缓冲液以外，一般不需要添加其他分析试剂。③操作简便、快速、准确，易于联机。④可以重复使用、连续使用，或一次性使用。

二、生物传感器研究前沿热点和进展

1. 三代电化学生物传感器

第一代以经典的 Clark 酶电极为代表（20 世纪 60 年代），采用隔膜电极，以氧分子为受体进行酶催化响应，其工作电压较高，容易受电极活性物质的干扰。第二代为介体酶电极（20 世纪 80 年代），以化学介体（如二茂铁类）为电子受体，在较低工作电压下进行酶与电极之间传递电子，可以克服氧化酶电极对分子氧的依赖和氧对电极过程的干扰，能避免电极活性物质的干扰。第三代称为直接酶电极（20 世纪 90 年代）[3]，这类酶电极既不需要氧分子，也不需要化学介体分子作为电子传递体，通常也不需要固定化载体，而是使酶的氧化还原活性中心与电极直接"交流"，电子传递效率更高，从而使酶电极的响应更快、灵敏度更高，为真正的无试剂分析。在技术方面，最突出的进展是引入丝网印刷工艺，实现了生物传感器的自动化、规模化制备，使生物传感器终于能够从"象牙塔"上走下来，获得比较广泛的应用。此外，DNA 电化学和细胞电化学传感器也有深入的研究。

2. 压电生物传感器

利用压电（piezoelectronic，PZ）石英晶体制作的生物传感器称为压电生物传感器。由于压电现象是一个电－声波转换过程，PZ 生物传感器有时又称为声学生物传感器、晶振生物传感器等。压电晶体振动频率的改变与晶体表面增加的物质质量成负相关：$\Delta f = -K\Delta m$。晶体振荡有两种类型：体声波（BAW）和表面声波（SAW）。BAW 的振荡频率为 9～14MHz，是一种剪切模式器件，声波传播方向从晶体内部垂直朝向表面，涂膜晶体振动频率范围在 9～14MHz，灵敏度约为 50Hz/ppb，理论上可允许检出 10^{-12} g 的痕量物质[4]。SAW 是完全不同的声波传感器。其电极装在晶体的同一侧，振动波跨越晶体表面，振荡频率为数百 MHz，有更高的理论灵敏度，近 10 年来受到比较多的关注。PZ 生物传感器也属于亲和生物传感器类型，适用于各种结合反应的检测，如免疫测定、气味物质测定、病原微生物测定、环境污染物测定、DNA 测定等。

3. 表面等离子体共振生物传感器

表面等离子体共振（SPR）生物传感器是生物学与物理学原理相结合的一个成功的例子。以亲和识别反应分析为例：将某种受体结合在玻片金属膜表面，加入含相应配体的样品，配体与受体的结合将使金属与溶液界面的折射率上升，从而导致入射共振角度漂移，因此能够建立共振角变化与配体浓度的关系。SPR 生物传感器的灵敏度很高，可以检测单分子层覆盖。瑞典 Pharmacia 公司自 20 世纪 90 年代以来将它开发成 BIAcore 系列商品，如今已经成为研究生物分子识别和相互作用的首选方法，获得了日益广泛的应用[5]。

4. 分子印迹生物传感器

分子印迹（MIP）是德国学者 Wulff 等于 40 多年前采用的一种实验方法，他们尝试让聚合物功能单体和客体分子（也即模板）之间形成复合物，并通过交联试剂的聚合作用将复合物“冻结”，然后将模板分子洗脱，聚合物中所留下的空隙如同烙印，故称为分子印迹。印迹部位特异性地互补于模板分子，因而对模板分子具有选择性，因此有模拟酶、人工酶和塑料抗体之称。20 世纪 90 年代初，瑞典学者 Mosbach 教授提出发展 MIP 生物传感器，这种传感器的最大特点是用 MIP 取代天然生物分子，从根本上解决生物传感器不稳定问题。此外，还具有制作成本低、高度重复、可加工成各种形态、可以适应各种极端环境等优点[6]。MIP 可以与各类换能器耦合，属于亲和生物传感器。截至 2004 年底，大约有百余篇相关文献，分析对象十分广泛，如生物毒素、农药、药物、体液生化、小分子肽和蛋白质、酶底物等。英国 Cranfield 大学 Turner 和 Pilesky 实验室和瑞典 Lund 大学 Mosbach 实验室在该领域最为活跃。

5. 纳米生物传感

物质在纳米尺度所展现的各种奇异效应将使许多科技领域发生革命性变化。纳米生物传感有三个含义：①用纳米材料作为普通生物传感器的标记或辅助信号增强；②纳米尺度的生物传感器；③单分子传感器。

纳米标记材料一般能显著提高生物传感器检测灵敏度[7]，自20世纪90年代末期以来，各种纳米材料已经陆续获得应用。例如，用银纳米颗粒标记的生物传感器可以测定pg级的链霉亲和素；利用胶体金纳米颗粒标记的基因芯片可以检测单碱基突变，等等。

量子点标记是最新的标记技术之一[8,9]。量子点（QD）是尺寸在2～20nm之间的半导体纳米晶粒，目前研究较多的是CdS、CdSe、CdTe等。量子点比传统的荧光染料分子有多种优势：①能承受多次激发和光发射，稳定性好；②表面积大，发射光强度大；③可进行表面修饰连接，易于实现标记；④同一种材料随尺寸不同会进行不同波长的光发射，而只需要单一波长的激发光源。这些特殊的光学性质不仅能够提高生物传感器的灵敏度，还能实现细胞内原位检测。

纳米尺度的生物传感器可以探测极小体积样品和进行细胞内分析。已经报道了纳米光纤生物传感器、纳米PZ传感器、纳米电化学生物电极等，并正在实现纳米生物传感器网格阵列。研制纳米尺度生物传感器需要结合采用分子自组装技术，以获得有效的生物敏感层。

纳米机械悬臂（Cantilever）是近年出现的新概念传感器[10～12]。用硅或碳纳米管制作成机械悬臂。悬臂梁长和宽均为数微米，厚度为20～30nm。由于热运动和环境噪声，悬臂会发生振动，振动频率通过激光多普勒振动计监测。当外来物体落到悬臂梁上时，会改变振动频率。这种传感装置极其灵敏，测定重量可以达到fg（即10^{-15}g）级以上，已经用于DNA杂交检测、DNA突变、蛋白质、病毒等测定。美国Purdue大学Bashir等报道用纳米级悬臂梁“秤”出一个牛痘病毒的质量为9.5fg[13]，而Cornell大学的Ilic等在0.5nm×6nm的悬臂上获得振动频率为10^{-19}Hz的灵敏度，固定单层抗体分子质量为30fg，用该免疫纳米悬臂传感器可以检测单个结合到悬臂上的昆虫杆状病毒粒子，样品病毒溶液滴度为10^5～10^7pfu/ml，非特异性吸附<50ag。纳米悬臂生物传感器主要有三个优点：①灵敏度高，不需要标记；②响应速度快；③可以批量制作，或制作成阵列。因此是十分有发展前途的生物传感器。

单分子检测是生物传感器追求的终极目标之一。目前还不能直接构建检测单分子的生物传感器，但借助近场光学扫描显微镜、共聚焦激光扫描显微镜等技术能够进行单分子荧光成像。结合采用融合荧光蛋白、分子信标（MB）、荧光能量共振转移（FRET）等技术，有可能实现细胞内的单分子活动监测。此外，原子力显微镜和光镊技术提供了单分子操作手段，有可能设计微力学原理的生物传感器，从生物力学角度研究生物分子之间、分子与细胞表面受体之间的相互作用[14,15]。

6. 生物芯片

生物芯片实质上是集成生物传感器阵列，包括两大类：生物计算机生物芯片和分析型生物芯片，后者还包括生物芯片实验室，但已超出生物传感器的概念。

生物计算机生物芯片在1980年代开始成为研究热点，旨在利用生物分子芯片取代传统的硅芯片，解决硅计算机的物理极限问题。研究多集中在细菌视紫红质（bR）蛋白质分子光开关上，每个分子元件的尺寸约为10 nm，具有蛋白质结构相关的光周期，其特点：①信息存储量大、运算速度快；②能够生物自组装；③低阻抗、低能耗；④具有生物相容性。美国纽约州Syracuse大学的Birge教授是生物计算机的先驱[16]，已经制作了实验室原理样机，但距实用仍然很遥远。1994年，加州理工学院的计算机科学家Adleman另辟蹊径，提出DNA计算的概念，并利用DNA的重组性质，通过整体并行计算来解决Hamilton路径问题[17]。DNA计算最大的优点是能进行整体并行运算，可以解决非多项式时间问题。目前已经报道了有多种算法，如颜色问题[18]、有限邮递信件问题[19]等，技术上已经开始从试管走向芯片。普林斯顿大学Lipton教授期待用DNA来建造图灵机器，具有解决任何问题的能力。但它的出现还十分遥远，也许永远不会彻底取代以硅芯片为基础的传统计算机，但它确实丰富了计算机概念。更为现实的是，构建一类自组装的传感器与执行器一体化的复杂分子系统，能够对生物体疾病或缺陷进行自动修复，它们将代表生物计算机的先行军。

基因芯片是影响最大的生物芯片，主要用于高通量的基因研究，其发展与人类基因组测序计划密切相关。英国牛津大学的Edwin Southern教授、前苏联科学院分子生物研究所的Andrei D. Mirzabekov博士，以及美国Affimetrix公司的创始人Stephen Fodor博士分别在DNA芯片的概念和技术实现方面做出原始性贡献[20~22]。基因芯片在完成实验室向工业化跨越的同时，已经在基因组学和临床检验等许多方面获得应用。

在后基因组时代，生命科学领域中又出现一系列“组学”（omics）概念，如转录组学、蛋白质组学、糖组学、代谢组学，等等。这些组学是基因组学的延伸与发展，其共同特征是从相关的生物分子群体入手，研究细胞分子网络的结构和相互作用，以更深入地了解生命过程。所有这些研究，都需要高通量的分析手段。因此，在基因芯片的基础上，也衍生出了各种类型的分析生物芯片，如蛋白质芯片[23]、抗体芯片[24]、多肽芯片[25]、多糖芯片[26]、细胞芯片[27]，等等。这类芯片的技术难度比DNA芯片高得多，但应用前景十分广阔。

7. 基因生物技术在生物传感器中的应用

酶是生物传感器应用最广泛的敏感元件。然而，天然酶蛋白分子并非完美无缺，例如，到目前为止，大多数由酶或功能蛋白质构成的生物传感器和其他生物器件（如蛋白质芯片及蛋白质计算机、蛋白质分子传感器、蛋白质分子机器等）的稳定性都不理想，限制了进一步研究和实际应用。建立在基因操纵和结构生物学基础上的分子酶工程学为解决这个问题提供了重要机遇。利用日益丰富的蛋白质空间结构知识、日甄完善的基因技术和蛋白质工程方法，可以对酶分子进行各种定向改造和修饰[28]。例如，提高酶的稳定性，延长酶传感器寿命；提高酶催化活性或电子转移速率，提高传感器的灵敏度；改变酶的催化特异性，制造“新”功能酶传感器；改变酶的动力学特征常数，改善酶传感器的测定线性范围；改变蛋白质的结合常数，改善免疫或受体传感器的性能；提高底物抑制常数，降低抑制剂对传感器的影响，等等。

8. 生物传感技术总体发展趋势分析

笔者对近 15 年生物传感器核心刊物《Biosensors and Bioelectronics》所刊登的论文和历届世界生物传感学术大会的资料作了一个趋势分析（图 1），可以概括出 3 个特点：

（1）电化学生物传感器一直占据主导地位，曾经达到 70%，现在的比例仍然在 40%；其次是光生物传感器（包括荧光、生物发光和化学发光），近 15 年间发表论文的比例大约在 15%。这两类生物传感器共同构成生物传感器领域的主流。

（2）受生命科学中高通量、多参数同步测定需求的直接驱动，生物芯片在 1990 年代中期以来呈快速上升趋势。MIP 传感器和 SPR 传感器也在持续上升发展；光生物传感器和压电生物传感器呈稳定发展态势；热生物传感器曾经是热点，但现在只有零星报道。

（3）近两年发表会议论文的数量顺序为：电化学生物传感器 > 光生物传感器 > 生物芯片 > 压电生物传感器 > 半导体生物传感器 > 表面等离子体生物传感器 > 热生物传感器。

更加灵敏、准确、快速和简便是生物传感器永恒的发展目标。未来的挑战性需求包括：体内测定、细胞内测定、单分子分析、在线测定，等等。任何一种技术都难以同时具备全面优秀特性，新的物理、化学换能技术和新的生物元件及基因技术会不断引入，它们之间的集成也是一种必然。

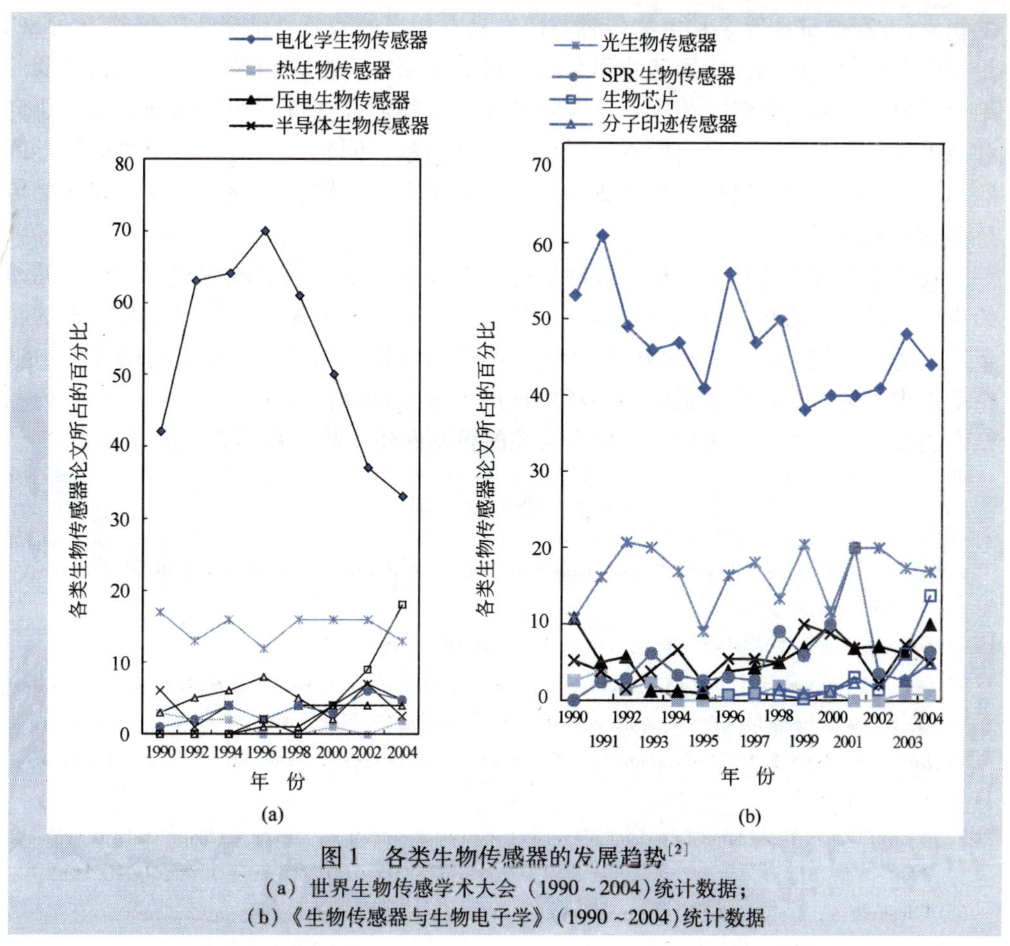

图1　各类生物传感器的发展趋势[2]

(a) 世界生物传感学术大会（1990～2004）统计数据；

(b)《生物传感器与生物电子学》（1990～2004）统计数据

9. 生物传感器市场开发

迄今，生物传感器的商品化主要有四种类型：酶电极生化分析仪、手持式血糖测定仪、SPR分子相互作用分析仪、各类基因芯片，目前已经达到约20亿美元的市场销售额，生物芯片和手持式血糖仪占了主要市场。无损检测血糖仪已经进入商品化，有巨大的发展空间。

三、我国生物传感器的研究基础和未来发展

经过多年发展，我国生物传感器研究已有相当好的基础，在几乎所有前沿热点方面都有比较活跃的队伍和高水平研究成果。例如，电化学生物传感器研究有深厚

的积累；PZ 和 SPR 等亲和生物传感器研究具有相当的特色；纳米生物传感器在 SCI 论文中占有较大比例；生物芯片研究已经形成集团军，在基因技术与生物传感器的结合方面已有一定优势，等等。政府应继续以多种形式支持生物传感器的基础研究和技术发展，鼓励学者自由探索，做出原始性贡献。同时，针对一些重大的科学问题和需求，组织团队进行综合集成和学科交叉研究，在解决问题的同时带动生物传感器的领域发展。

我国生物传感器市场开拓明显滞后，仅有少量开发，未形成规模。国外产品纷纷进入，对国内的开发形成巨大压力。科研人员在实验室做开发举步维艰。小的企业也只适合做技术发展。高端生物传感器产品的设计制作和商业化运作需要实力型企业担当主角。而且在立足国内市场的同时，要主动面向国际市场。产、学、研相结合仍然是一个基本的途径，但要有可靠的机制保障，政府在这方面应有作为。

参考文献

[1] Turner A P. http：//www. elsevier. com/wps/find/journaldescription. cws home/405913/description#description，2004

[2] 张先恩著．生物传感器．北京：化学工业出版社．2005. 4

[3] Gorton L，Lindgren A，Larsson T，et al. Direct electron transfer between heme-containing enzymes and electrodes as basis for third generation biosensors. Analytica Chimica Acta，1999，400：91～108

[4] Bunde R，Jarvi E J，Rosentreter J J. Piezoelectric quartz crystal biosensors. Talanta，1998，46：1223～1236

[5] Ashok Kumar. Biosensors based on piezoelectric crystal detectors：theory and application. JOM-e，2000，52（10），http：//www. tms. org/pubs/journals/JOM/0010/Kumar/Kumar-0010. html

[6] Pilesky S A，Turner A P F. Electrochemical sensors based on molecularly imprinted polymers. Electroanalysis，2002，14：1～7

[7] Wang J. Nanoparticle based electrochemical DNA detection. Analytica Chimca Acta，2003，500：247～257

[8] Gueroui Z，Libchaber A. Sing molecule measurements of gold-gquenched quantum dots. Physical Review Letters，2004，93：166108

[9] Medintz I L，Clapp A R，Mattoussi H. Self-assembled nanoscale biosensors based on quantum dot FRET donors. Nature Materials，2003，2：630～638

[10] Mckendry R，Zhang J Y，Arntz Y，et al. Multiple label-free biodetection and quantitative DNA-binding assays on a nanomechanical cantilever array. PNAS，USA，2002，99：9783～9788

[11] Lee J H，Yoon K H，Hwang K S，et al. Label free novel electrical detection using micromachined PZT monolithic thin film cantilever for the detection of C-reactive protein. Biosensors and Bioelectronics，2004，20：269～275

[12] Savran C A, Knudsen S M, Ellington A D, et al. Micromechanical detection of proteins using aptamer-based receptor molecules. Analytical Chemistry, 2004, 76: 3194 ~ 3198

[13] Gupta A, Akin D, Bashir R. Single virus particle mass detection using microresonators with nanoscale thickness. Applied Physics Letters, 2004, 84: 1976 ~ 1978

[14] 陈宜章等．“活细胞单分子实时视见研究”973 课题组．单分子研究，2003 ~ 2004，V1 ~ V2

[15] Ulrich Kubitscheck. Single protein molecules visualized and tracked in the interior of eukaryotic cells. Single Molecules, 2004, 3: 267 ~ 274

[16] Robert R Birge. Protein-based computers. Scientific American, March 1995, 272: 66 ~ 71

[17] Adleman L M. Molecular computation of solutions to combinatorial problems. Science, 1994, 266: 1021 ~ 1024

[18] Pan L Q, Liu G W, Xu J, et al. Solid phase based DNA solution of the coloring problem. Progress in Natural Science, 2004, 14: 459 ~ 462

[19] Kari L, Gloor G, Yu S. Using DNA to solve the bounded post correspondence problem. Theoretical Computer Science, 2000, 231: 193 ~ 203

[20] Southern E. Analysing polynucleotide sequences. Patent Number: WO8910977, Novermber 16, 1989

[21] Lysov I P, Florentiev V L, Khorlin A A, et al. Determination of the DNA nucleotide-sequence by the hybridization with oligonucleotides-a new method. Ad Doklady Akademii Nauk SSSR, 1988, 303 (6): 1508 ~ 1511

[22] Fodor S P, Read J L, Pirrung M C, et al. Light-directed, spatially addressable parallel chemical synthesis. Science, 1991, 251: 767 ~ 773

[23] James P. Chips for proteomics: a new tool or just hype. BioTechniques, 2002, 33: S4 ~ S13

[24] Michaud G A, Salcius M, Zhou F, et al. Analyzing antibody specificity with whole proteome microarrays. Nature Biotechnology, 2003, 21: 1509 ~ 1512

[25] Zhu H, Klemic J F, Chang S, et al. Analysis of yeast protein kinases using protein chips. Nature Genetics, 2000, 26 (3): 283 ~ 289

[26] Wang R, Trummer B J, Gluzman E, et al. Probing the antigenic diversity of sugar chains, synthesis of carbohydrates through biotechnology. ACS symposium series, 2004, 873: 39 ~ 52

[27] Covered T. Cell chips-Properties and developments utilizing nanotechnology, http: //www. azonano. com/details. asp? ArticleID = 960, as retrieved on 25 Dec 2004, 10: 09: 16 GMT

[28] Zhang X E. Gene technology, opportunities in biosensors, the 8th Biosensors Congress, Oral report 3. 3. 1, Granada, Spain, 2004, http: //www. sparksdesigns. co. uk/biopapers04/oral. asp

第四章 高技术与社会

4.1 遗传资源的惠益分享问题与我国战略选择

李真真
（中国科学院科技政策与管理科学研究所）

一、知识经济社会中的知识产权

知识经济社会是以知识和信息为主要资源的社会，正如美国管理大师彼得·德鲁克所表述的：在知识社会中，知识的运用者和创造者是经济增长的原动力[1]。然而，随着知识经济社会的到来，一些为工业时代所奉行的公有知识和标准开始渗透于知识产权，成为知识产权保护的要素。这一新的现实越来越引起人们广泛的忧虑，担心过度强调知识产权，将阻碍知识的传播与交流，并且最终会损害知识创造本身[2]。

这种忧虑最直接地来源于遗传资源的圈占和私有化。这一过程开始于1971年，当时在通用电气公司工作的微生物学家查克拉巴蒂（Ananda Chakrabarty）曾向美国专利与商标局（PTO）提出一项遗传工程微生物的专利申请，这种微生物被设计用来吞噬泄漏到海洋中的石油。PTO以活的生物不可授予专利为由，拒绝批准授权该项专利申请。为此查克拉巴蒂和通用电气公司上诉关税与专利上诉法庭，该诉讼以3:2险胜。之后，美国PTO上诉美国联邦最高法院。1980年，美国最高法院以5:4的微弱多数，宣布查克拉巴蒂胜诉。这一事件的后果，正如美国人民商务委员会事前的预言：如果最高法院同意授予这项专利，将会打开申请各种生命形式专利的大门。事实也是如此，1985年，美国PTO宣布可以对植物种子申请专利；1987年宣布可以对所有遗传工程的多细胞生物（包括动物）申请专利。20世纪90年代初，批准比基因更小的基因片断也能获取专利。自此围绕生物体的专利申请与日俱增，现在已有数千种植物种子获得专利保护，在人类大约3万~4万个基因中，已有上千个被申请专利。正如杰里米·里夫金对这一历史过程所给予的评述，“美国最高法院的裁决，从法律上为新兴生物技术产业提供了合法空间”，美国PTO立场的转变，“又使大量商业性圈占世界基因库的闸门大开”。[3]它意味着，只要对自然物质（无论是非生命的还是生命的）进行了一定程度的纯化与分离，使其不再处于原有自然状态，就可以对该物质申请专利。

知识产权保护要素的扩张突破了人类文明对于私有领域所有权和生物界所有权间的传统约定与共识，模糊了传统意义上的“发现”与“发明”间的界限。不可否认，知识产权的立场改变为知识经济社会提供了利用生物科学技术获取利益的法律空间和商业机会，它激励大量生物技术企业为获取更大的商业利益不惜将大量资金投向生物技术及产品的研发，从而迅速拉动了生物技术产业的发展。但与此同时，它也使现代社会不得不面对基因和微生物等遗传资源的私有化与商业化引发的新的利益分享问题与利益冲突，比如，把遗传资源作为获取（国家或企业）利益的战略储备，运用知识产权实现对遗传资源的大规模圈占，这些成为新的经济形态的主要特征。显然，在这一过程中，发达国家和大型跨国公司凭借其资金与科技优势将成为最大的获利者。这场新的“富人对穷人的革命”必然引发“富人”与“穷人”间的冲突。与之相关的问题是，在遗传资源的私有化或商业化前提下，过度强调知识产权，将可能造成对社会公共利益的损害，从而引发遗传资源的社会共享与商业利用间的冲突。

纵观历史，人与人的关系问题一直是人类文明中的一个主题，知识经济社会则把知识产权引入到了人类文明重新把握这一主题的前沿，即是说，知识产权在将生物资源纳入私有领域并为一些人或组织将其进行商业运作提供制度和法律保障的同时，也日益成为被反思的公共话题或课题。不仅如此，这种反思还将使它获得某些新的特征，并且赋予知识经济社会新的面貌。

二、知识产权扩张引发的冲突与挑战

从1980年世界上第一个遗传工程生命专利产生，到1987年美国PTO向所有遗传工程的多细胞工程（包括动物）开放申请专利许可，私有的知识产权最终为人类在生命这块最后未开垦的公有疆土中“掘金”提供了新的法律空间。被誉为“绿色黄金”的遗传资源成为一些发达国家和跨国公司在全球范围内猎取和掠夺的对象，他们从发展中国家大规模地获取遗传资源及传统知识，利用这些遗传资源及传统知识开发出产品和技术，并通过专利等措施提高这些产品和技术的商业价值，然后高价出售给发展中国家。这一行径日益引起发展中国家愈来愈强烈的反应，而且许多涉及生物资源和传统知识的案例已经引起国际社会的关注。比如：

案例 1　W. R. Grace 公司申请讷木树使用工艺专利事件

W. R. Grace 公司申请讷木树（Neem Tree）使用工艺专利事件是利用生物技术掠夺传统知识或民间经验的典型案例[4]。讷木树是一种在印度土生土长的植物，也是印度的一种象征。几个世纪以来，被称为“赐福树”的讷木树一直被印度人用来作为药物和燃料。讷木树的抗菌特征很早就为印度人所认识。讷木树枝被做成牙刷，以保护牙齿健康；讷木树的树叶和树皮被用来治疗各种感染、糖尿病等许多疾病；讷木树还作为一种天然农药，用来保护农作物等等。W. R. Grace 公司的研究人员分离出讷木树中最有效成分 azakirachtin，向美国 PTO 申请并获得多项讷木树提取液生产工艺的专利，由此引起印度和其他许多国家的愤怒与抗议。印度科学家指出，实际上，早在许多年前印度的研究人员和企业已经用同样工艺和溶剂来处理讷木树籽，之所以没有申请专利保护，是认为讷木树的利用是几个世纪民间研究和开发的结果，应该免费共享。

案例 2　“徐希平事件”

中国的“徐希平事件”是“基因侵权或剽窃”典型案例[5,6]。2000 年 12 月 20 日，美国《华盛顿邮报》登载一篇题为“挖掘农村 DNA 富矿”的报道。该报道披露：自 1995 年以来，哈佛大学公共卫生学院徐希平博士在安徽大别山附近采集了数以万计血样，并将这些血样放入哈佛基因库，用于对哮喘病、糖尿病和高血压等疾病的研究。由于这些血样在研究和开发药物方面具有很高的价值，徐希平的研究小组得到了国外大笔研究经费。这一事件被披露后，在中国国内立即掀起轩然大波。美国政府对这一事件的关注焦点在于追究“徐希平是否兑现了对供血者提供医疗服务的承诺”等是否存在违规行为问题，而中国专家的关注焦点则主要集中在对基因研究中公众的知情同意权和知情选择权，以及生物安全与国家利益等涉及伦理、法律与社会等层面的思考。

上述案例表明，在知识经济社会里，当把私有的知识产权扩张到可能覆盖包括生物技术领域中几乎所有新的事物时，社会和经济公正问题，或者说，由知识产权扩张造成的私有领域所有权向生物界所有权的无限延伸所产生的深刻影响，以及由此引发的种种问题，便构成了当今国际社会所共同面对的治理危机中的主要问题。显然，化解知识社会中的治理危机，需要全人类的共同努力，现存体制对生物技术的控制力量，已经不只限于科学技术自身，更重要的是它已经成为国家或区域间，以及社会利益者间政治力量和经济力量的较量。而在这场较量中，知识产权扩张所引发的各种公正问题也使它成为争议的焦点。在生物领域，基于知识产权私有性和垄断性特征所引发的争论主要集中在这样一些方面：一是对人与其他生物基因的专利保护引发的遗传资源的掠夺；二是对植物新品种的专利保护引发的对发展中国家传统知识及先有技术的侵占；三是对某些与人民健康密切相关的医药产品的专利保护引发的公众利益与商业利益间的冲突。

毋庸置疑，如何既尊重个体的权利又维护公正的价值标准与原则，是现代经济伦理中的一个重要问题，实现权利与公正的和谐也是一种社会期望。为此，国际社会正在为之做出不懈努力，通过政府间广泛而深入的磋商与谈判，促进那些与生物技术相关的各种利益最大限度地实现全面共享，并且通过一系列的制度化建设，为实现这一社会期望奠定坚实的实践基础。

三、知识产权与遗传资源的惠益分享

惠益分享制度是生物安全国际法的重要制度之一。集中涉及惠益分享制度的国际法律文件包括：《生物多样性公约》（以下简称《公约》）、《关于遗传资源的获取及以公平和公正方式分享因此种资源的利用而产生的惠益的波恩准则》和《有关获取和惠益分享的未尽事宜的进一步审查：用语、其他方法和履约措施》等。

生物安全国际法中的惠益分享制度，是指各国对于与生物技术相关的各种利益应依据生物安全国际法全面共享的一整套措施。根据惠益的来源，惠益分享制度包括 3 个方面：①研究过程的惠益分享——要求在生物技术研究和开发过程中应本着合作的态度，通过有关国家，特别是发展中国家的参与，提高生物技术的研发能力；②研究成果的惠益分享——要求基于生物安全国际法确立的准则公平分享对生物技术研究成果，而不是由某一个或几个国家占有；③技术资料的分享——要求在生物技术及其成果转让和实施过程中，该技术和成果的提供方应同时提供相关的技术资料和便利条件，以使受让方能够清晰而完整地获得技术成果[7]。

遗传资源的获取和惠益分享安排中的知识产权问题是备受国际社会关注的一个重要问题。按照《公约》，所谓“遗传资源”是指具有实际和潜在价值，来自植物、动物、微生物或其他来源的任何含有遗传功能单位的材料。《公约》关于获取和惠益分享的规定限于遗传资源原产国的缔约方或按照《公约》获得遗传资源的缔约方提供的遗传资源。近年来，在《公约》框架下对与遗传资源相关的知识产权问题的政府间磋商和谈判内容主要包括下面 4 个方面[8]。

1. 知识产权在提前（或事先）知情同意中的作用

《公约》对下述情景做出履行事先知情同意规定：①遗传资源的取得必须经提供这种资源的缔约方事先知情同意；②在更广泛地应用传统知识的时候，必须得到这种知识、创新和做法持有者的核准与参与。对此专家小组建议，可以在知识产权程序中做出要求产权申请者必须提供以下资料的规定：①指明需受知识产权保护的研制主体所使用遗传材料的起源地和遗传资源的原产国或来源；②提交已经获得提供国或起源地主管部门事先知情同意的证据。通过这种制度可以鼓励使用者履行寻求事先知情同意的义务。

2. 与遗传资源有关的知识产权和传统知识

传统知识是指某个群体世世代代在生活中与自然界密切接触而建立的一套知识，包括一个分类系统、一套关于本地自然界的经验观察结果和管理资源使用的自我管理制度。知识产权与传统知识的关系基础在于：在知识方面，传统知识对创新起过滤器作用，所以传统知识中保存下来的研究和应用方式是知识和创新的体现。那么，是否可采用现有知识产权制度来保护传统知识？针对这个问题，一些发展中国家提出了知识产权制度不适于保护传统知识、创新和做法的论点：①传统知识通常是集体创造、改进和传授的，而知识产权是以保护个人产权为基础的；②传统知识通常是在一段时期内形成，或见诸文字，或通过世代口传保存下来的，而授予专利强调必须具有新颖性和有创造性步骤；③传统知识是世代相传的，而专利仅在一段有限时期内提供保护。鉴于知识产权保护与传统知识权利间的不适应，甚至冲突，近年来一些发展中国家，如巴西、印度等，已经开始对本国传统知识权利的特殊保护模式进行探索和尝试。

3. 知识产权与获取和惠益分享协定

惠益分享直接涉及各国的利益，因此国际上对惠益分享制度存在很大争议。人们普遍承认，知识产权对获取和惠益分享协定的执行具有影响，但是对于采取怎样的机制执行惠益分享协定，以使知识产权成为保证惠益分享的方式问题上，存在相当大的分歧。如国际上存在着是采取合同形式还是立法形式实现惠益分享的争议，前者强调相关主体以合同的形式确定惠益分享的实现途径，后者提倡将有关各方的权利与义务纳入有关国际法文件中从而实现惠益分享。发展中国家一般认为，采用类似“私法”的合同形式实现惠益分享可能损害发展中国家或弱势群体的利益，这种方法可能遭遇的问题主要有：遗传资源的利用或使用中的道德方面的冲突，共同拥有知识产权的可能性问题等。

4. 先有技术及其监测

先有技术指在传统知识中保存下来的研究与应用方式。对先有技术保护问题的忧虑在于：一方面，知识产权制度所规定的保护范围有可能对土著社区或地方社区的知识、创新和做法享有的合法权益构成损害；另一方面，在获得知识产权后，在一些地区有可能对正式规定的保护措施运用不当。对于这两方面的担忧，国际社会认为，可以运用编制传统知识登记册的方式，促进先有技术的确定、获取和避免不当授予知识产权。同时，编制传统知识登记册还可以服务于其他目的：①提高社区对土著和地方知识价值的认识；②鼓励长期保护和改善自然资源及其相关知识；③向可能有兴趣获得登记册所载信息的有关方面提供资料并收费；④作为取得传统知识产权的法律制度的一部分。

四、我国的战略选择及对策

目前，发展中国家与发达国家之间在遗传资源与传统知识保护等方面的争议与对抗日益激烈，随着这种对抗的加剧，WIPO 专门成立了“关于知识产权与遗传资源、传统知识和民间文艺表达的政府间委员会”，以推进政府间的磋商与谈判。

我国是一个历史悠久、人口众多的发展中大国，具有丰富的遗传资源、传统知识和民间文艺表达。因此，如何在惠益分享的国际谈判中保护本国利益，一方面对我国生物技术发展与生物多样性保护具有战略性影响，另一方面对保障人民健康和保护与遗传品种的可持续利用相关的传统知识具有非常重要意义。目前，虽然我国现行的专利法中没有生物技术专利保护的法律规定，但在专利法实施细则中，有关于生物材料的样品提交，以及分类保藏的具体要求，审查指南中也有对如何确定一类微生物是否具有专利保护条件的判断标准。另外，我国还有 7 部相关的立法涉及对传统知识的保护。但是，我们必须清楚地看到，我国在对本国遗传资源、传统知识和民间文艺表达的保护方面，在国际领域中仍然处于严重滞后的状态。例如我国传统中医药保护与利用问题。随着我国经济体制改革的进一步深入，中医药在从计划经济体制下的公共产品向市场经济体制下的商业产品转型的同时，也一直处于大量流失的状态。尽管我国自实行《中药品种保护条例》以来，中药品种的保护得到加强，中药作为特殊品种的权利保护得到重视，但是，中医药的变异流失状况仍然没有得到根本改善与控制[9]。

近年来，以巴西、印度为代表的一些发展中国家在保护本国遗传资源及传统知识方面已经进行了许多尝试，并积累了实践经验。以印度为例，印度在记录知识、创新和做法上，以及建立保证对其使用加以保护和对其利用产生的惠益返还给地方社区（或土著社区）的机制方面已经采取了一系列措施，这些机制包括：①全国创新基金。该基金是通过征集从事小型和家庭工业、农业、手工业、渔业和畜牧业、草药和其他行业的个人进行的基层技术发明，而建立的一个全国基层发明创造登记册。②人民生物多样性登记册。该登记册主要记录在使用和管理生物多样性方面的知识、创新和做法，其用途是监测国内各种生物多样性资源，并协助制定根据具体情况调整的战略来保护这些资源。③传统知识数字图书馆。为了防止就药用植物的传统用法获得专利，将数据库向其他国家的专利局开放，以使其能够调查和检查任何使用方法/或先有技术，从而防止生物剽窃行为[8]。目前，印度正在通过这样一些机制与相关举措，充分利用这些资源打造本国的知识产业，并从中获益。

当前，我国正处于快速发展时期，矿物资源的匮乏已经是不争的事实，面对发展需求与资源不足的困境，如何保护和利用我国遗传资源和传统知识，对于我国的社会经济发展无疑是一个战略性问题或战略性选择。鉴于此，我们应当尽快付诸行动，包括：①研究和充分利用相关国际公约，如外国优先权制度等，保护我国基因和微生物资源，并使我国在大规模的生物资源“圈地运动”中抢占先机；②加强对我国遗传资源种类及其使用的传统用法的调查与登记，以期最大限度地规避生物剽窃行为；③对传统知识保护案例进行收集与整理，为我国在惠益分享的国际谈判中提供支持；④探讨适合我国国情的保护模式。近年来，许多国家，特别是一些发展中国家在对本国遗传资源和传统知识的保护方面进行了不懈的探索与实践，积累了很多有益经验。但是，由于各国社会结构与制度、文化等方面存在的巨大差异，我国的保护模式不可能完全照搬国外的做法，因此，积极研究和探讨适合我国国情的保护模式势在必行。构建我国的保护模式，符合国际社会的知识产权国家主权原则，同时，也体现了我国在国际领域实现资源与知识全面共享方面所承担的责任与义务。

参　考　文　献

[1] 彼得·德鲁克．后资本主义社会．上海：上海译文出版社．1998

[2] Henry Olsson. 知识经济社会里的知识产权——发明者和创造者的权利是基本人权．国家知识产权局网站

[3] 杰里米·里夫金．生物技术世纪——用基因重塑世界．付立杰、陈克勤、昌增益译．上海：上海科技教育出版社．2000. 43～46

[4] 同上，51～52

[5] 薛冬、林志锋．生物伦理的焦点话题——“知情权”．2001 年 4 月 16 日，http：//www. scitom. com. cn/report/hot/clone/clo408. html

[6] 联合国教科文组织生物伦理与生物技术及生物安全会议简报（四）．2001 年 4 月 3 日，http://south. genomics. org. cn/unsceo/documents/meet/003. htm

[7] 论生物安全国际法的惠益分享制度．2004 年 9 月 15 日，http：//www. ebiotrade. com

[8]《生物多样性公约》获得和惠益分享问题不限成员名额特设工作组．关于知识产权在执行获取和惠益分享安排方面所发挥作用的报告——执行秘书的说明．波恩临时议程（UNEP/CBD/WG-ABS/1/1）项目 5. 2001 年 10 月．22～26

[9] 汤跃．不能再让传统知识变异流失．中国知识产权报．2005 年 1 月 5 日

4.2　外来入侵生物及其控制策略

曹坳程　芮昌辉　雷仲仁

（中国农业科学院植物保护研究所）

一、我国外来入侵生物的简况

外来生物入侵是指生物由原生存地经自然的或人为的途径侵入到另一个新环境，对入侵地生物多样性、农林牧渔业生产、人类健康造成经济损失或生态灾难的过程。

1. 外来入侵生物的种类和数量

据有关文献查证，目前已知我国至少有 380 种入侵植物、40 种入侵动物、23 种入

侵微生物。其中，对我国农业带来严重危害的植物有紫茎泽兰、豚草、凤眼莲（又名水葫芦、水浮莲、凤眼蓝等）、喜旱莲子草、刺花莲子草、飞机草、大米草、薇甘菊、毒麦等；虫害有美洲斑潜蝇、烟粉虱、美国白蛾、松突圆蚧、湿地松粉蚧、稻水象甲、蔗扁蛾、苹果绵蚜、马铃薯甲虫、西花蓟马；线虫有松材线虫；动物有福寿螺、非洲大蜗牛等；病原微生物造成的病害有马铃薯癌肿病、甘薯黑斑病、大豆疫病、棉花黄萎病、柑橘黄龙病等[1,2,3]。

外来入侵物种在我国几乎无处不在，主要表现为：①分布广泛。目前全国所有省、市均发现入侵物种。到 1990 年底，中国共建立了 1118 个自然保护区，覆盖全国面积的 8.62%，除少数偏僻的保护区外，其他保护区域或多或少都能找到入侵物种。②涉及的生态系统多。几乎在所有的生态系统，如森林、农业区、水域、湿地、草地、城市居民区等都可以见到，其中以低海拔地区及热带岛屿生态系统的受损程度最为严重。③涉及的物种类型多。从脊椎动物（哺乳类、鸟类、两栖类、爬行类、鱼类）、无脊椎动物（昆虫类、甲壳类、软体动物）、高等和低等植物，到真菌、细菌、病毒中都能找到例证[1]。

2. 外来入侵生物的危害及影响

外来入侵生物之所以能造成巨大的危害，与其种群数量庞大、传播和繁殖迅速密切相关，在新的入侵地往往成为绝对优势群体，而当地物种则受到毁灭性的排斥。如滇池曾经一度有 10 平方公里的水面完全被凤眼莲占据，不仅堵塞了交通，破坏了当地水生植被，而且给渔业和旅游业造成重大损失。紫茎泽兰自 20 世纪 50 年代初从中缅、中越边境传入云南南部后，目前分布范围已达云南、贵州、广东、广西、四川、西藏等省区，仅四川凉山州危害面积就达 67 万公顷以上，重灾区除了满山遍野的紫茎泽兰外，已几乎看不见其他植物种类，以林地牧草为基础的畜牧业受到了毁灭性打击[2]。

外来入侵生物已直接给我国农业生产造成了巨大的危害和经济损失。据保守估计，松材线虫、湿地松粉蚧、松突圆蚧、美国白蛾、松干蚧等森林入侵害虫严重发生与危害的面积在我国每年已达 150 万公顷左右。水稻象甲、美洲斑潜蝇、马铃薯甲虫、非洲大蜗牛等农业入侵害虫，近年来每年严重发生的面积达到 140 万 ~ 160 万公顷。紫茎泽兰、豚草、飞机草、薇甘菊、喜旱莲子草、凤眼莲、大米草等肆意蔓延，已经发展到难以控制的局面。据估计，每年由外来种造成的农林经济损失达 570 亿元人民币以上。1994 年入侵我国的美洲斑潜蝇，目前至少已在全国 26 个省、市、自治区发生了危害，蔬菜被害一般减产 30% ~ 50%，严重者绝收，1995 年仅山东省瓜菜受害损失就达 11.7 亿元，全国每年仅对美洲斑潜蝇的防治费用一项，就需

4.5 亿元。广东、云南、江苏、浙江、福建、上海等省、市每年都要人工打捞水葫芦，全国每年打捞费用需要 5 亿～10 亿元。水花生对水稻、小麦、玉米、红苕和莴苣五种作物全生育期引致的产量损失分别可达 45%、36%、19%、63% 和 47%。紫茎泽兰使四川省凉山州 1996 年 1 年内就减产 6 万多头羊，畜牧业损失 2100 多万元。由外来入侵生物对生态环境造成的破坏带来的农业灌溉、粮食运输、水产养殖、旅游等方面的经济损失更难以估计[2]。

外来入侵生物造成的隐性损失巨大。比如，外来生物可导致本地生物物种的灭绝、生物多样性和遗传多样性减少[1,2,4,5]。外来入侵生物与当地物种竞争生存空间和养分，对农林业生产也造成了巨大影响。在广东，外来种薇甘菊大片覆盖香蕉、荔枝、龙眼、野生橘及一些灌木和乔木，致使这些植物难以进行正常的光合作用而死亡。在云南省昆明市的滇池草海，随着凤眼莲的大肆“疯长”，过去曾有 16 种本地高等植物，目前只剩下 3 种。一些恶性杂草，如紫茎泽兰、薇甘菊、豚草等分泌的化感作用化合物，抑制其他植物发芽和生长，排挤本土植物并阻碍植被的自然恢复。

外来入侵生物对我国社会、文化构成威胁。我国是一个多民族国家，像傣族、苗族、布依族等少数民族聚居区周围都有其特殊的动植物资源和各具特色的生态系统，对当地民族文化和生活方式的形成具有重要作用，但由于紫茎泽兰等外来生物入侵，本地植物资源和许多传统的农作物已逐渐消失，古老的生活方式被迫改变，民族文化的根基被无声地削弱。

此外，外来入侵生物对人类健康也可构成直接威胁。豚草花粉是人类变态反应的主要致病源之一，每到豚草开花散粉季节，体质过敏者便出现哮喘、打喷嚏、流清水样鼻涕等症状，体质弱者可发生其他并发症甚至导致死亡，其所引起的“枯草热”在很多国家给人们的日常生活造成了极大的麻烦[2,6]。

二、控制外来入侵生物的进展

外来入侵生物的有效控制与农业丰产休戚相关。早在 20 世纪 60 年代，我国有关农业科研单位就开始了外来入侵棉花黄萎病的研究，已取得重大进展，并及时将其列为检疫性病害，有效控制了这种毁灭性病害的蔓延。20 世纪 90 年代，针对美洲斑潜蝇、烟粉虱这两种蔬菜大棚等保护地农业生产中最为严重的外来害虫，开展了科技攻关和协作研究，提出了多种行之有效的防治策略。在基础理论研究、预警和监测系统上，也取得一批成果，有效地控制了外来入侵生物危害和蔓延。

20 世纪 80 年代以来，随着经济发展和农业结构的调整，种苗引种、调运频繁，旅游业也快速地发展，人们有意或无意引入了外来物种，造成外来入侵生物的危害日益严重，对农业的影响也日益加大。在农业部等主管部门的领导下，科研和推广单位对一些在农业上造成较严重危害的外来入侵物种，如有害植物凤眼莲、喜旱莲子草、豚草和紫茎泽兰，以及外来害虫如湿地松粉蚧、美国白蛾、稻水象甲和美洲斑潜蝇等，进行了综合治理研究，取得了较好的阶段性成果。这对进一步规范外来入侵生物的控制，为开展下一步的大规模治理行动打下了较好的基础。

针对恶性杂草紫茎泽兰和豚草不断扩散和危害加剧的局面，农业部开展了全社会参与的“灭毒除害行动”。2003 年在辽宁省、云南省（开远市和腾冲市）和四川省（攀枝花市红河区、宁南县和西昌市）这些重灾区，共发放各种宣传培训资料近 70 万份，发动社会各界人员近 800 万人次，铲除豚草约 192 亿株，覆盖面积约 87 万公顷（1300 万亩），重点区域的铲除率达 80% 以上，铲除紫茎泽兰约 4000 公顷(6 万亩)。通过试点示范，提出了人工拔除、生物防治、替代控制和化学防治的综合治理措施。

三、取得的经验及体会

多年来，在外来入侵生物的治理中，我国有关部门已探索出一些行之有效的方法，并不断总结经验和教训。

1. 依靠政府的协调功能、充分发动群众，走群防群治的道路

抵制外来入侵生物这样重大的生物灾害，必须上下同心，充分尊重科学，唤起民众自觉的参与意识和生态安全防范意识，依靠全社会的力量，在外来入侵生物传入之初，做到早察觉、早预报、早行动、早歼灭，消灭于萌芽状态。在已经造成危害的地方，发动群众，全民动员，控制其进一步的扩散危害。近年来本着这一原则开展的一些除害活动证明是行之有效的，这也充分体现了我国人民在党的领导下，战胜重大疫情的必胜信心。

2. 依法行事、控制蔓延

外来入侵生物大多通过进出口、引种传播，加强检疫是控制传播和扩散的重要措施，也是最经济有效的措施。

3. 依靠科技、科学治理

在有害生物治理的过程中，科研人员已摸索出生物防治、生态调控、化学防治、替代控制等措施。如紫茎泽兰的防治，将泽兰实蝇引入紫茎泽兰发生地，可以使紫茎泽兰幼苗死亡率最高达 53%，成株的繁殖力最高降低 60% ~80%，大大减轻了紫

茎泽兰的危害。但相对于紫茎泽兰的生长速度，单靠泽兰实蝇根本“吃”不过来。在此基础上，采用化学防除，对紫茎泽兰的效果可达到95%以上。在化学防除后，及时实施人工种植和自然恢复相结合的方法建立有益植被群落，从而达到生态修复、长久控制草害的目标。

对待外来入侵生物这种暴发性病虫草害，靠单一的方法，难以奏效，而应该依靠科技，重视综合的控制效果。在实践中我们发现，在一些地区对恶性杂草的防治中，总是先排斥最有效的化学防治法，而投入大量资金研究那些在实际中效果不明显、农民难以接受和实施的方法，结果贻误了大量宝贵时机，造成了更大的损失和危害。因此，在外来入侵暴发性有害生物的治理中，应以科学的态度重视各种行之有效的方法和措施。

总之，我们的经验是，一旦发现新的外来有害生物，应动员社会各界力量，采取各种行之有效的措施，用科学的方法作指导，在短期内打歼灭战。像战胜SARS一样，战胜外来入侵生物，充分体现出我们社会主义国家的优越性。

四、存在的问题

目前，我国在如何对待外来入侵生物的问题上，还存在一些较为突出的误区。

1. 盲目引种

物种引进成为生物入侵的“主渠道”之一[1]。在物种引进上，有人往往存在认识上的误区，即“外来的就一定比本地的好”，不加分析地盲目引种。在我国已知的外来有害生物中，超过一半是人为引种的结果。例如，人工养殖引进国外种獭狸、农业畜禽饲料引进国外种水花生和凤眼莲、沿海护滩引进国外种大米草等。目前草坪引种、退耕还林还草工作中，大量引入外来物种，不注意分析利用本地种，很可能导致入侵物种种类增加，危害加剧。在人为干扰严重的森林、草场，也使外来“入侵者”有机可乘，那些物种多样性较低、生态环境较为简单的岛屿、水域、牧场由于天敌数量少，外来种也容易入侵成功。

2. 生态安全性意识比较淡薄

主要体现在无意引入的多种外来入侵物种[2]。无意引入的病虫害在农林牧和园林等各个行业造成巨大经济损失的案例很多。例如，农业方面的美国白蛾、美洲斑潜蝇和豚草，畜牧业方面的紫茎泽兰，林业方面的美国白蛾、松突圆蚧、松材线虫，园林方面的蔗扁蛾等。

当前，随着人们生活水平的提高，种花种草者越来越多，各种珍奇花木受到人们的追捧，一些外来入侵生物也随着异地或异国的转运和相互赠送而悄然入侵。

3. 对危害损失估计不足

中国对外来物种危害的认识还极大地局限于病虫害和杂草等所造成的严重经济损失，而对那些没有造成严重经济损失，却正在排挤、取代当地物种，以致改变、破坏当地生态系统的物种或初发期入侵物种则没有给予足够的重视[1]。

由于紫茎泽兰属多年生杂草，其种子具随风传播的习性，目前正在向长江以南各省区扩散，其强大的生存能力不断地排挤其他植物。设想，一旦风景甲天下的桂林全部被紫茎泽兰覆盖，其他美丽的花草不复存在，将是何等悲惨的景象！

4. 在引种及种苗调运过程中，检疫措施未能跟上

我国早于1982年发布了《进出口动植物检疫条例》，1992年实施了《进出口动植物检疫法》，这些法规的实施，成功地阻止了口蹄疫、小麦矮星黑穗病菌、地中海实蝇等外来有害生物，有效地保护了我国农业生物的安全。尽管我国生物安全管理取得了一定的成绩，但是随着经济的发展和国际交流的增加，外来生物的控制越来越复杂。目前的检疫大多是针对已知的动植物检疫，但在防范新的外来生物方面缺乏有效的方法。

相比于“外检”，“内检”未能很好实施。当今，多种外来生物的蔓延大多是通过种苗传播的。虽然我国早已建立了“内检”的有关规章制度，但是受仪器设备和技术的限制，很难确定调运的种苗中是否携带有害生物。再者，在我国在种苗质量的管理中，尚未制定有关的法规。法规不完备，使得一些原产地种苗，未能实行清洁生产，调运前绝少进行有效消毒，致使种苗本身携带病虫或杂草种子，在销售过程中，造成了病虫草的蔓延和传播。

5. 理论研究和实践联系不足

目前一些造成严重生态或经济损失的外来入侵生物种，大多数已经在我国存在和发展了许多年。但对这些物种的研究较少，科研的资助力度不足，目前仍然难以获得准确的基础性数据。对外来入侵物种的危害性研究较多，而对潜在的危险外来种入侵的预警、扩散与传播机制及入侵生物学、入侵生态学及暴发的机制研究较少；对外来入侵种的种群时间动态研究较多，但对外来入侵生物的遗传变异、对群落结构的影响与生态调控和修复的研究较少。随着我国综合国力的增强及国际贸易活动的增加，我国在动植物检疫上投入的人力、物力有了质的飞跃，这在预防外来危险生物从口岸入

境发挥了很大作用。但对于一些已经进入我国的外来入侵生物种的治理力度，特别是初发期的治理重视或资助力度亟待加强。此外，只重视引种，忽视对引种的科学评价与可行性分析。例如，2002 年广西、福建引进 100 ~ 500 年树龄的佛肚树，结果带入了澳洲阿克象；上海、广西引进加拿大海枣大树，结果带入了锈色棕榈象。

6. 防治策略上的不足

由于前述研究中的不足，使防治策略的制定乏力。这要求我们，应以科学的态度重视各种行之有效的方法和措施。

此外，对外来生物的快速、准确识别与鉴定能力不足。由于法规不健全和经济等因素的影响，使个别疫情不能彻底根除或销毁，造成了进一步的扩散。

防治技术落实不到位，达不到预期的防治效果。虽然科研单位推荐了一些防治技术，但农民受知识水平的限制，不能很好地运用这些方法和技术。

五、应对措施及建议

对于外来生物入侵，首先要认识到这是与国民经济发展、国际交流频繁相关联的不可避免的事件。同时，应以科学的严谨的态度，从国家层面上进行系统规划，积极预防，科学治理[7]。

1. 提高全民的生态安全意识

加强政府的领导，协调和落实有关部门的预防、宣传、治理的责任和义务。对各级农林、畜牧、水产等主管部门人员进行生物入侵的防范意识教育及技术知识培训。通过加强对生物入侵的识别、危害性的宣传教育，提高全社会的防范意识和科学防治的知识。

2. 建立和完善有关的法规

建立和健全有关预防、管理、防治外来有害生物的国家政策法规和条例，完善已有的动植物检疫法。建议在引种程序中，增加由原生存地国家提供该物种的病、虫、草、动物名单及最适生态环境的资料。入境的货物，特别是进口的蔬菜、水果，应实施严格的熏蒸消毒处理。

3. 建立防控外来入侵生物的技术体系

研究外来入侵生物的遗传变异和对群落结构的影响。尽快建成我国生物入侵物种基础信息数据库，并建立相关信息分享机制。加强科研投入，尽快找出外来生物入侵暴发的机制，提高对外来种入侵暴发的预测能力，加强对外来物种应急处理和持续控制技术的研究，积极寻找针对外来入侵物种的识别、检测及防治技术。

在查明我国外来物种的种类、数量、分布和作用等基础性数据的基础上，逐步建立危险或潜在危险外来入侵生物的跟踪监测机制。

加强对外来生物快速鉴别和识别技术人员能力的培训及检测仪器的更新，研究外来生物的快速识别与检测技术。

4. 加强外来入侵生物的利用研究

外来入侵生物一旦“登陆”成功，很难从根本上将其消除。根据外来入侵生物的强大生命力特性，研究其利用价值，特别是一些外来恶性杂草的利用价值，将有助于控制其蔓延和发展，并达到生态修复的目的。例如，我们在紫茎泽兰的研究中，分离出含有杀菌、杀虫、杀线虫、除草及驱避的活性物质。紫茎泽兰在固土防沙、防止水土流失上还是有一定的用处的，如何趋利避害，控制其大范围传播是需要研究的课题。

5. 加强国际合作研究和学术交流

外来入侵物种在原发地由于当地生态环境中各种因素的制约，一般不会造成环境危害，但在新的入侵地区由于缺乏相应的制约因子，才引发环境灾害。因此，掌握原发地和新发地之间的环境差异，将会给入侵生物的防治提供极大的启发。

6. 设立外来入侵生物的领导办公室及储备资金

各省设立外来入侵生物的领导小组，有组织地培养一批业务骨干，一旦发现外来入侵生物，动员社会各界力量，打一场人民战争，将外来入侵生物消灭于萌芽状态。同时中央到地方从财政中拨出专款，建立储备金。一旦发现有害的外来生物，能组织快速反应部队，及时控制其危害，从而免去立项、申请经费等手续，避免贻误战机。

参 考 文 献

[1] 解焱，汪松，李振宇．中国入侵物种综述．生物多样性与外来入侵物种管理国际研讨会论文集．北京：中国环境科学出版社．2001. 60 ~ 76

[2] 万方浩，郭建英，王德辉．中国外来入侵生物的现状、管理对策及风险评价体系．生物多样性与外来入侵物种管理国际研讨会论文集．北京：中国环境科学出版社．2001. 77 ~ 102

[3] 张友军，吴青君，徐宝云等．危险性外来入侵生物——西花蓟马在北京发生危害．植物保护，2003，4：58～59
[4] 赵南先，夏念和．外来植物物种对生物多样性的影响．生物多样性与外来入侵物种管理国际研讨会论文集．北京：中国环境科学出版社．2001. 103～111
[5] 陈银瑞，杨君兴，李再云．云南鱼类多样性和面临的危机．生物多样性，1998，4：272～277
[6] 李秀梅．恶性杂草豚草的综合防治研究进展．杂草科学，1997，1：7～10
[7] 陈良燕，徐海根．澳大利亚外来入侵物种管理策略及对我国的借鉴意义．生物多样性与外来入侵物种管理国际研讨会论文集．北京：中国环境科学出版社．2001. 156～162

4.3 生物技术的案例在英国公众理解科学运动中的意义

李正伟[1]　　刘　兵[2]
（[1]中国科协中国科普研究所；[2]清华大学人文学院科学技术与社会研究所）

生物技术因其自身的特点，在“公众理解科学”的理论与实践中占有独特地位。一方面，公众对于生物技术的理解，直接影响着公众理解科学运动的展开与发展；另一方面，公众理解科学运动的实践与发展，同样影响着公众对于生物技术的理解。

一、生物技术的战略性地位与公众作用的提升

继20世纪五六十年代的核武器和七八十年代的信息技术之后，现代生物技术已成为战后时期第三代战略性技术。1979年，欧洲共同体在一份题为《生物社会》（The Biosociety）的报告中就把生物技术看做是21世纪经济竞争力的关键因素之一。然而，同其他战略性技术以至任何技术一样，广义上的现代生物技术对于社会也具有双重作用。现代生物技术在提高人类福利方面发挥积极作用的同时，却也给公众带来了恐惧，如担心优生学卷土重来、生物多样性和生态完整性受到威胁等。

基于生物技术的这一双重性质，人们对生物技术发展的看法各不相同：生物技术专家及其支持者看到的往往是生物技术应用中的进步，而其反对者则认为生物技术无疑是打开了“潘多拉盒子”。由此在科学共同体与公众之间持续地引发了有关生物技术的争论。而随着“民主”的发展，公众的观点越来越引起英国政府的关注，政府在做决策的时候也开始关注公众的意见。

公众在生物技术的政府决策中的作用，是通过参与、评议、对话来实现的。英国植物生物技术国家舆论研讨会（The UK National Consensus Conference on Plant Biotechnology，UKNCC）的召开，是加强科学共同体与公众之间互相理解的一个生动案例。

1. 英国有关生物技术的首次舆论研讨会

早在20世纪80年代，把外行公众包括进来的舆论研讨会就在丹麦出现了[1]。根据这种研讨会模式，1994年，在英国农业和食品研究委员会（现在是生物技术与生物科学研究委员会，即BBSRC）的资助下，伦敦科学博物馆组织了首次UKNCC。UKNCC的目的在于，根据公众对于农业和食品生物技术的看法，帮助公众在争论和决策制定中发挥作用。它的召开无疑有利于科学家与非科学家之间就具有高度社会敏感性的科学与技术问题展开对话。UKNCC改变了以往科学家向公众传播知识和专长的单向过程，实现了科学家同外行公众的互相对话，最终促成他们之间的相互理解。

也正是在这次UKNCC研讨会中，有关生物技术与转基因食品的舆论研讨会的最终报告首次由公众来做。代表公众的行外人士专门小组（lay panel）向专家们提出有关有争议的科学或技术问题，并评估专家对此做出的回答，最后在相关问题上达成一致意见后，在新闻发布会上报告其结论。专门小组还建议严密监控转基因组织扩展自己的领域，制定关于知识产权的专利体系，并提出了一些提议，如严格制定法规来监督转基因植物进入环境，建立机制让消费者能够得到有关新生物技术产品清晰易懂的信息等。由于这样一个专门小组与植物生物技术领域内的部门利益没有什么纠葛，所以，有学者认为它的判断比较有根据，而且客观，应该受到那些声称为公众利益的人的关注。

这次研讨会曾经设计了有关植物生物技术所带来的社会和伦理影响的问题。公众对这些问题的回答表明，他们对于植物生物技术问题的思考并不比科学家、专家少，甚至考虑的因素更多、更复杂：具有不同背景的群体对同一项具体技术的观点可能很不一样；同一群体对于不同技术的观点也不一样，即使对于同一具体生物技术的态度也有不同，甚至是模棱两可的。这就需要把这些众多差异放在其社会语境下进行分析。

另外一个评议则是英国在1997～1999年开展的生物科学发展的公众评议（Public Consultation on Developments in the Biosciences），其最终目标是建立生物科学的公众评估，使国家的法规和政策得以实施。

2. 生物科学发展的公众评议计划

这项动议起源于英国科学、能源与工业部前部长巴特尔先生的想法。他在日常工作中发现，他每天收到的有关生物科学问题的大量信息几乎全都是所谓专家的先入之见。然而他相信，有关生物技术的争论还应该包括那些外行公众的观点。基于这种思考，1997年11月，他宣布了开展公众评议的决定，其意图是为一般公众提供参与的机会，让外行公众清楚地认识和明确提出自己的期望和关注，并能够在决策中考虑他们的这些期望和关注。这项结合了定性研究与定量研究的动议的论证从1998年12月开始到1999年2月结束，最终报告由MORI拟定并上交给各部长，以期对于生物技术的决策有所帮助[2]。

与公众评议相比，公众舆论研讨会更偏重于公众的积极主动性，甚至连报告都由外行公众专门小组来拟定。两个动议都突出了公众在生物技术发展及其政策制定过程中的重要地位，在一定程度上实现了科学共同体与公众之间在生物技术话题上的互动，加深了两个不同群体之间的相互理解。之所以要采取这样的措施，与欧洲委员会对欧共体各国公众就生物技术所持有观点所进行的调查及英国自身所做的相关调查有关，例如“欧洲晴雨表”（Eurobarometer）就是一例。“欧洲晴雨表”是有关生物技术的公众知识和观点的调查。该调查于1991年首次在整个欧洲共同体内展开，是迄今为止有关生物技术的公众观点规模最大的调查。这项系列调查结果发现，在生物技术问题上，公众所掌握的知识与态度之间并没有稳定的关系，需要通过进一步的调查分析才能得出结论。这说明，不能把有关生物技术的公共政策建立在对公众知识和观点的猜测基础上。换句话说，只有对公众有了科学的理解（scientific understanding of public），才能谈得上公众理解科学（public understanding of science）。

二、科学理解公众——公众的知识与态度

1. 制定生物技术决策的基础

调查发现，公众对于生物技术的理解其实并不像各位专家学者所假设的那样简单。在很多国家，包括英国在内，与缺乏一定科学知识的公众相比，那些具备了某

种程度的科学知识的受访者仅仅是更加有可能对生物技术持有明确的观点（这些明确的观点可能是积极的，也可能是消极的），而不像政府和科学共同体等相关利益群体过去所相信的那样，以为公众对于生物技术掌握的知识与其支持率正比相关，即知识越多，其支持的可能性就越大。

因此，有关生物技术的政策，不能建立在对公众如何看待生物技术的猜测基础上，而是应该通过调查公众对生物技术的理解来完成。这也正是致力于公众理解科学的学者们所要做的一个重大转变，即从传统的“公众理解科学”转变到“科学理解公众”。从“公众理解科学”角度来看，主要问题在于公众的无知、消极；而从“科学理解公众”的角度来看，主要问题不是要教育和告诉公众一些正确的科学事实，而是需要科学专家及政府决策者对现有的社会理论、实践关系和机构，也即生物技术将要被引入的具体社会语境有所理解。

2. 公众知识与态度之间的复杂关系

英国学者越来越注意到，要在社会语境下对公众掌握生物技术的知识与其对待生物技术的态度之间的复杂关系进行研究。他们认为，公众对于生物技术所掌握的知识与其所持态度之间的差异之所以会产生，可以归结为以下原因：

（1）由于缺少完整的生物技术信息，甚至专家自己这方面的信息也并不完备，所以导致了生物技术信息的不确定性。这种不确定性给公众带来了不安和怀疑。

（2）公众对待具体问题的态度，将取决于所获信息的方法及这些信息被描述的方式。

（3）公众的思想意识可能受到了对于生物技术知识的掌握和理解程度的影响，或是受到了新技术发展所带来的影响，而媒体报道进一步强化了公众这种意识形态。由于公众没有看到过原始科学报告，也没有接受过理解这些报告的训练，所以他们会因为新闻媒体采用耸人听闻的报道方式和突出易引起恐慌事件的倾向而感到恐惧[3]。这加剧了公众对生物技术的误解，同时招致了公众对生物技术的怀疑，也进一步打击了公众对生物技术的乐观态度。

所以，科学家所认为的那种公众的知识越多就越能接受生物技术的观点没有得到事实的支持。以转基因为例，有学者认为，那些获得有关转基因科学信息最多的人，也是最反对转基因食品的人[4]。事实上掌握知识较多的人对于科学技术更加具备辨别能力，他们不会盲目支持或者反对所有科学技术。调查表明，知识与态度之间的关系极其微妙：对于某些利益群体来说，了解生物技术信息的目的在于寻求对生物技术的支持，而另外一些利益群体却是为了证明他们对于生物技术的反对是有道理的[5]。这再次证明，公众对于生物技术所掌握的知识和其所持有的态度绝对不像学者专家和政府官员所想像的那样简单。

三、疯牛病危机引发的信任危机

以上分析说明，对于生物技术的态度并不能由掌握了多少生物技术知识来决定。之所以如此，除了与具体生物技术的性质相关外，公众对于科学共同体、政府、产业界及各非政府组织的信任程度，以及这些机构所提供的相关生物技术信息的可靠性有很大关系。疯牛病事件为此提供了一个绝好的论证。

1. 疯牛病危机引发的信任危机

自从1988年以来，政府曾多次重申，牛肉对于人体是安全的，牛海绵状脑病（bovine spongiform encephalopathy，BSE）——疯牛病——不可能传递到人体内。然而，1996年爆发的疯牛病危机证明，政府官员的这种保证是无法兑现的。政府遭到了怀疑，公众对政府在这方面的信任消失了。公众也因此与政府机构和科学共同体出现了从未有过的传播断裂，这个传播断裂被称为公民错位（civic dislocation），意指这些机构在应当为公众做什么与他们实际上做了什么之间并不协调。而这种不协调是由于公众对政府产生了不信任。同时科学共同体和政府也没有给予公众足够的信任，过分注重科学分析。最终结果是公众与科学共同体和政府之间互不信任。

而毫无疑问的是，BSE在人体被发现的消息让公众非常震惊，原因并不仅仅在于它的致命性，更重要的是，公众发现政府以前的承诺都是假的，他们对此感到困惑，感到迷失了方向，继而产生了对于科学共同体和政府机构的不信任和愤怒。长期以来，公众指望政府高官及他们的专家顾问将有关健康、安全和环境所面临着的风险的最新信息传递给他们，然而在疯牛病事件中，政府和科学共同体的信息对于公众来说却缺失了。这种信息的缺失可能要归咎于两方面的原因：一方面，农林渔业部（Ministry of Agriculture，Forestry and Fisheries，MAFF）不愿意披露为科学家、政治家所掌握的信息；另一方面，英国科学共同体出现了失误。尽管MAFF早就指定对疯牛病进行内部研究并上交报告，但是直到1996年8月，牛津科学家才发表了有关疯牛病传染的权威性研究报告。而此时政府官员和科学家再也没有能力做出什么判断了，疯牛病已经传播到人身上的事实已然摧毁他们曾经信誓旦旦的诺言。

公众对于他们过去曾经信赖的政府和科学共同体这两大权威组织失去了信任，这种信任一旦失去就很难挽回。在英国，公众所信赖的是人或者机构，一旦他们对某个人或机构有了信任，他们就很少从理性角度来判断一个人说的话是真还是假。

例如，上议院能够影响国家最合法的政策决定，而英国公众素来相信，上院议员的特定经历和技术专长是毋庸置疑的。他们认为，只要让那些最优秀的人来评价并得出合理结论就已经足够了。这无疑大大减少了英国政府开展的与公众进行合理交流的机会。

2. 英国生物技术政策的封闭倾向

英国的政策文化倾向于封闭式运作，在疯牛病中表现出来的就是排斥公众参与的封闭决策过程。而科学家也是采取类似的方式帮助政府让公众蒙在鼓里，顾问团体内部的讨论是私密的，即使有一般公众参加评议，他们也没有“主人”拥有的权力。评议过程的设计也排除了那些看起来比较激进的、非理性的或缺少科学支持的观点。在这样的气氛下，公众对于事物的不确定性的担忧就很难被公开表现出来了，这样无疑夸大了专家知识的范围和作用。有人认为，尽管外行所提出的质疑有时可能是无知的或没有根据的，但外行同样也可能会深刻认识到专家知识的局限性。如果在一开始国家机构就承认它们所面临的不确定性，那么它们最终就可能赢得更多的信任。所以疯牛病危机的重要教训之一就是，如果专家与公众及早交流与合作，那么风险的特点就更容易得到理解，甚至可能已经针对这些风险制定了多种现实的政策。

3. 政府和科学共同体的信任危机

英国公众对于政府和科学家所提供的信息已经产生了戒备心理。而且，仅仅把信息提供给公众并不意味着公众就会接受这些信息。总结以往调查的结果，学者们认为保证信息被接受必须具备一些条件。首先，信息源应该可靠。如果发布信息的机构得不到公众充分认可，那么其提供的信息就得不到信任，也难以让公众接受。其次，信息源发布的信息应该准确，因为权威机构发布的不准确信息同样不能为公众所接受。调查发现，要使公众信任所发布的信息，重要的是过程应该透明。否则，公众可能会认为，有一些信息出于某些集团的利益问题而被遮盖起来了[6]。

可是，专家们过去并不重视公众的不信任问题，并且错误地以为这种不信任出于公众对科学事实的无知。所以他们不断呼吁加强公众科学教育，向他们传播遗传学等生物技术知识，这反而更加掩盖了公众对生物技术的抵触态度。因为这种传播过程实际上企图说服公众与本领域的技术专家的观点一致，而这也正是公众所反感的地方。

欧文（Alan Irwin）引用第三报告中的话，说明上议院国会特别委员会（The House of Lords Select Committee）已经意识到了不信任的存在及其严重性，该报告是这样开头的：

“科学与社会的关系处于一个关键时期。今天的科学令人振奋，充满机遇。但是公众对于科学界向政府提出的建议的信任已经因为BSE问题而受阻；很多人对于诸如生物技术与IT产业的迅速发展表现出不安……这个信任危机对于英国社会和科学来说都非常重要。”[7]

四、社会语境下公众对生物技术的感知

“欧洲晴雨表”的系列调查一再说明，对于公众理解生物技术，不同国家、不同文化甚至亚文化都是不同的，没有理由把从某一具体的社会群体中得出的结论强加到另外一个具有不同经历和价值取向的群体中去。在欧洲，现代生物技术同决策机制、大众媒体及一般公众之间的关系具有多样性。这种多样性要求把公众对于现代生物技术的理解与描述置于广阔的文化背景之中[8]。公众围绕生物技术等科学问题进行的讨论比较复杂，但这一般与掌握大量的技术专长不甚相干，因为外行公众解决复杂的社会和伦理问题并不以理解大量具体技术为基础。而且，如果把焦点放在公众对技术知识的缺乏上，就会忽略外行公众其他方面的知识。所以，为充分研究人们理解科学的不同方式，就不仅需要了解公众所具有的不同类型的知识，包括技术的、方法论的、机制的及文化的知识，还需要了解公众自身所处的社会地位，人们在自己的生活中都是专家。而且作为社会角色，公众成员与其他成员和机构共事，各自形成了独一无二的知识体系。

然而公众自己的知识体系在培养和发展过程中确实遇到了困难。导致这些困难的原因，首先是外界对他们所掌握的知识的贬低。公众的专长与专家的知识可能是相互冲突的，而同医学专家打交道的方式使公众更感觉到自己被物化、被非人化了，同时也与个人身份或日常生活相脱节了。如此一来，对外行知识的任何一种开发都只会受到压抑。鉴于此种状况，英国另外一位致力于公众理解科学学者温尼（Brian Wynne）认为，公众在某些语境下不得不表现出对机构或者专家的信任，而在其他一些情况下，他们可能会对某些传统观点表现出模棱两可甚至怀疑的态度。

导致这些困难的另外一个原因是，政府和科学共同体错误地认为公众是无知的，没有能力或不愿意参加有关争论。但是实际上，公众能通过讨论和争论形成并正确表达他们的观点。公众理解科学领域的学者们强调，重要的是鼓励医学专家等权威人士在制定政策时充分考虑公众的观点，而不能仅仅为了要消除公众的不安[9]。

五、总　　结

在英国，1985 年的《公众理解科学皇家报告》标志着公众理解科学作为一项运动正式登上了历史舞台。然而，在生物技术领域，术语“公众理解科学”好像更应该被称为“科学地理解公众”——至少，要达到“公众理解科学”，首先是要“科学地理解公众”。

经过了疯牛病事件，政府和科学共同体在取得公众信任方面深受打击，从而意识到公众对于生物技术决策上的重要性，因此开始关注在生物技术方面公众的知识和态度问题，并开展了一系列公众与科学共同体直接对话的活动；而政府采取的生物技术公众评议则很好地促进了这种对话；“欧洲晴雨表”的系列调查体现了公众对于科学并不是完全无知的；对于转基因技术的争论也说明，其实公众有自己的外行知识体系。在生物技术方面，公众所掌握的知识与态度之间没有确定的联系，实际上，公众所持有的态度与其所具有的社会背景及具体的生物技术种类有关，所以需要从社会语境的框架下对公众所掌握的生物技术知识及其所持的态度进行研究。只有这样，才能保证政府所做的生物技术决策不是建立在猜测的基础上，而是建立在调查研究的基础之上。

参 考 文 献

[1] Simon Joss，John Druant. The UK national conference on plant biotechnology. Public Understand Sci，1995，4：196

[2] Public consultation on the biosciences：origin of the initiative. http：//www. dti. gov. uk/ost/ost-business/puset/public. htm

[3] Burke K，Zimmerman. The use of genetic information and public：accountability. Public Understand Sci，1999，8：237

[4] Alison Shaw. It just goes against the grain：public understandings of genetically modified food in the UK. Public Understand Sci，2002，11：278

[5] George Gaskell，Martin W Bauer，John Durant. Public perceptions of biotechnology in 1996：eurobarometer 46. 1. in John Durant，Martin W Bauer and George Gaskell （eds）. Biotechnology in the Public Sphere，London：Science Museum，1998，200

[6] Lynn J Frewer，Chaya Howard，Duncan Hedderley，et al. Reactions to information about genetic engineering：impact of source characteristics，perceived personal relevance，and persuasiveness. Public Understand Sci，1999，8：47

[7] Irwin Alan. Constructing the scientific citizen: science and democracy in the biosciences. Public Understand Sci, 2001, 10: 1~18

[8] Martin W Bauer, John Durant, George Gaskell. Biology in the public sphere: a comparative review in John Durant, Martin W. Bauer and George Gaskell (eds). Biotechnology in the Public Sphere, London: Science Museum, 1998, 218

[9] Anne Kerr, Sarah Cunningham-Burley, Amanda Amos. The new genetics and health: mobilizing lay expertise. Public Understand Sci, 1998, 7: 58

4.4 应高度重视科技伦理对基础科学研究的指导作用

甘绍平
(中国社会科学院哲学研究所)

一、问题的提出

2004 年，国家科学技术中长期规划中的《基础科学问题研究专题报告》(以下简称《报告》)从总体上看，既展现了国际基础科学发展的态势与前景，又反映了中国基础科学研究的历史与现实，为我国基础科学的中长期发展战略做出了比较科学的论证。

美中不足的是，《报告》虽也提到应注意“生命科学与信息网络研究中的社会学问题”，充分考虑到“自然科学与人文社会科学的结合”，但似乎忽视了在当今这个人类对自然的干预与操纵能力越来越大、后果越来越危险，而相应的法律规范的设置明显落后于科技飞速发展的时代，有关科学与伦理的关系的探讨及对科技伦理的反思，已经成为国际科学研究共同体的一个重要的前沿性学术课题。科技伦理早就受到联合国等国际组织的高度重视，在如生命科学等领域的科学研究的国际合作中，对普遍的、跨国界、跨文化的科技伦理规范的遵守，已被视为一项不可或缺的前提条件。也就是说，高度警惕与严密防范科学发展对人类社会可能造成的负面作用，已经成为全人类的一项重要的基本共识。

二、基础研究与科技伦理

科技伦理的核心问题，概括地说，是指科学家在其研究的过程中、工程师在其工程营建的过程中所应担负的道义责任与社会责任的问题。在当今科学与伦理的关系之所以引起全世界的高度重视，科技伦理之所以被推到了国际科学研究共同体学术讨论的前台，这与基础科学研究本身的发展特点是密不可分的。

当代基础科学的第一个特点，在于它们并非都是纯粹的理论知识的探讨，恰恰相反，它们更多是表现为一种通过实验主动积极地对事物的进程进行实际干预的研究活动。正如美国科技哲学家 Hans Jonas 所说，今天所有对自然奥秘的认识与探究就已经是一种对自然的操纵，实验已成为所有现代自然科学的一个生成因素。而科学实验本身就是一种行动，科学家要使用物质材料，让研究对象产生反应并同它发生相互作用。于是，不论科学研究的目的如何，科学家研究方法的投入在道德上就有可能产生问题。例如，医药学研究中的人体试验，受试者的健康在试验中就承受着一定的风险。科学作为理论可以是价值中立的，但作为实践上的行为却逃脱不了道德上的评价，就像人类其他行为一样。科学研究与道德的关联就在于，一个有责任意识的科学家在判别一个研究项目之时，不仅要着眼于其理论目标，而且还要考虑到为了达到此目标所使用的手段的合法性，并进而顾及投入这一手段可能产生的后果。值得指出的是，现代自然科学的研究上的风险不仅仅局限在实验室及直接相关人员。例如，人们现在还无法确知有机体在经过基因技术处理之后与其环境会发生怎样的相互作用。“研究风险有可能转为社会风险”这一情况对科学家的责任意识又提出了更高的要求，即科学家不仅要为自己行为的直接后果负责，而且还要顾及与自己的行为有着某种关联的那些后果，包括目前还难以预知的后果。

当代基础科学的第二个特点，在于理论研究与应用研究的内在关联与相互作用。人们经常发现，在纯粹的基础理论研究中会出现令人惊异的应用上的特征，相反地，在应用研究的范围内则发生了理论上的突破。物理学、医学及当代生物学都是这方面的典型代表。在最有发展活力的学科领域，以传统的方式对知识的创新与知识的应用做出明确的区分已几乎是不可能的了。在科学发展的这种新的历史背景下，应用往往是已经进入了规划并从一开始就是可预知的，也就是说科学家的责任问题从科研活动的一开始就被提出来了。总之，在当今的时代，科学研究活动的学术价值与其社会应用价值有着密切的联系；学术价值与社会价值有时是吻合的，但有时却是相互冲突的。对于有责任意识的科学家来讲，学术价值与社会价值相比是不能同日而语的；在两者相互冲突之时，学术价值就必须让位于社会价值，学术责任应让位于道义责任，一句话：人权原则高于一切科学研究的兴趣，科技伦理禁止一切为了所谓科学的目的而损害他人与社会的事情。科学家固然应服从科学研究的法则，但更应服从做人的法则，他（她）无权超脱对于每个有行为能力的人均有着普遍约束力的道德上的责任与义务。

由于基础研究的主体不是个人，而是一个个科研团队，故上述这种以预防性、前瞻性的责任为主要内涵的科技伦理是在一个科学研究共同体中得到承担与实现的。从这个意义上说，科技伦理是一种整体性的伦理，科技伦理所倡导的责任是一种集体性的责任。由于科技伦理是以预防性、前瞻性的责任为主要内涵，这就要求科学研究共同体在对其研究项目进行事先的评估与决策的时候，不仅要考虑到想要达到的结果，而且还要考虑到可能发生却又不希望其发生的结果。不仅如此，科学研究共同体不只是要对其意图、动机、目的及后果负责，而且还要对其所运用的手段负责，要从对目的、后果、手段等所有因素的整体的评价中，才可得出做还是不做的决断。只有从整体评价中得出正面的结论，其行为方案才是正当的。

但由于科学研究的过程与结果在很大程度上是难以精确预测的，且科学研究共同体中不同的成员对同一事物会产生不同的认知，因此科技伦理在科学研究共同体中的实现必须是以科研团队中持续的、开放的对话商谈程序的建立为前提。在科学研究共同体中，破除“一言九鼎”式的学术专断，营造自由争鸣的学术氛围尤为重要。因为正确、合理性的决策往往是在不同主体之间的理性论辩中产生出来的。

三、民主商谈机制的作用

民主的商谈机制具有两个作用。

一是通过对话可以形成对科研活动的伦理质量的改善有着长期指导意义的“科研伦理基本规范”。这种伦理基本规范并不是传统意义上旨在提高科研效率的行为规章，而是作为国家法律之补充的、体现了伦理之要求的对科研行为进行自我约束的科学研究共同体自身的法律，它给科研团队的决策提供了一套基本的标准，从而简化了团队对其行为的道德反思的进程。例如，联合国教科文组织关于科学研究者职位的建议（1974）、美国化学协会职业行为指南（1988）、英国计算机协会行为法典（1984、1985）、德国心理学家职业规则（1989）等。由于基本规范明确规定了哪种利益应得到优先考虑，哪种应做出让步，这样也就给科研活动的范围划定了一个界限。这也就是说科学研究是不可能没有禁区的。

二是在遇到非常的决策难题，不论现行的法律条款还是科研伦理基本规范均无法对之提供指导的情况下，民主的商谈就要在一个由科学家、法学家、伦理学家、政治家、社会组织代表组成的专门的伦理委员会中进行。伦理委员会是人们通过民主对话与协商应对和解决社会生活中涌现出的伦理悖论与道德冲突，从而形成道德共识的重要场所。它是一个不仅仅从科学研究的、经济商业的、社会政治的角度，而主要是从伦理道德的角度来分析某一个社会难题的利害关系，从而求得合宜的、符合道德要求的解答方案的专门的实践平台。伦理委员会最重要的任务，在于经过一定的协商权衡程序达成共识，使战略性意义的国家行为拥有道德上负责任的性质。在国际社会，伦理委员会已日益成为决策形成的重要舞台，是对重大战略性决策的道德质量进行监控和预警的常设机构。例如，联合国教科文组织的世界科学知识与技术伦理委员会、欧盟伦理委员会、国际生物伦理委员会、德国国家伦理委员会、美国总统生命伦理咨询委员会、法国国家生命伦理咨询委员会、意大利生物伦理委员会等。伦理委员会负责对基因技术、生物技术、能源、交通、航天领域的重大发展战略，特别是有争议的研究项目进行评定，预先估量科学研究与技术进步带来的可能后果和社会风险，从而为政治决策提供有益的参考。这种委员会既是一个科学机构，又是一个“伦理上敏感的”机构。因此我们建议在国家最高层面设立国家科技顾问委员会的同时，还应参照国际经验，设立独立的国家级的科技伦理委员会，这不仅能够使我国的重大科技战略决策和科研规划在道德质量上赢得切实可靠的保障，而且对于在全社会普及和强化科技以人为本的理念及人文的、和谐的、全面的科学发展观，对于我国整体国际形象的维护与提升也会产生难以估量的巨大作用。

第五章 高技术产业竞争力评价

5.1 中国医药制造业国际竞争力评价

穆荣平　吴灼亮*

（中国科学院科技政策与管理科学研究所）

一、中国医药制造业发展概述

中国医药制造业是技术密集型产业，是关系到国计民生的基础性、战略性产业，目前已形成包括化学药品原药制造、化学药品制剂制造、中药材及中成药加工、兽用药制造、生物和生化制品制造等门类比较齐全的产业体系。改革开放以来，中国医药制造业发展较快，对国民经济增长贡献率不断提升。1998～2003 年中国医药制造业工业总产值年均增长 16.1%，虽然低于同期高技术产业年均 23.7% 的增速，但仍远高于同期我国 GDP 的增长率。同期中国医药制造业占高技术产业工业总产值的比例也从 19.3% 逐年下降到 14.1%（图 1）。

* 曲婉、王琴和黄省志同志帮助整理了部分数据，在此表示感谢

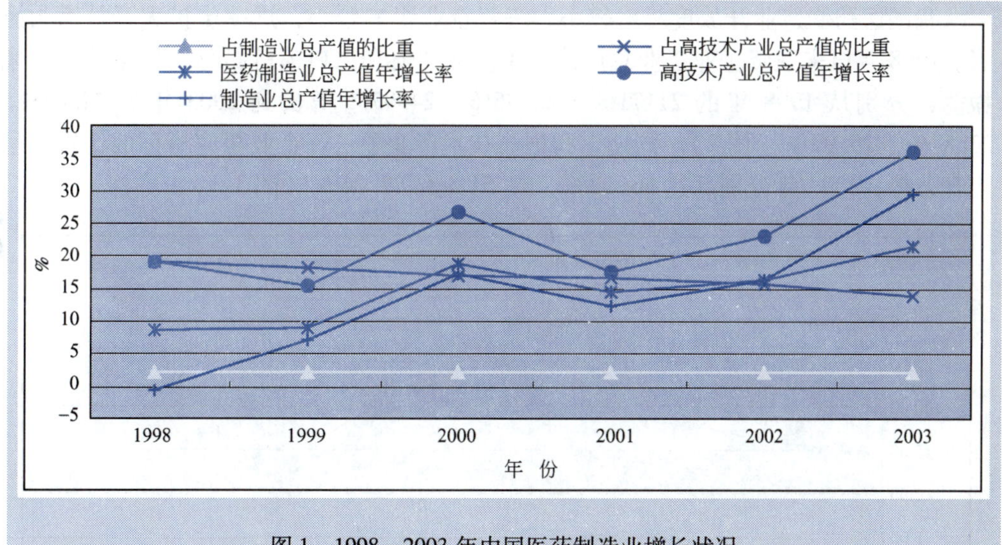

图 1 1998 ~2003 年中国医药制造业增长状况

注：本图根据《中国高技术产业统计年鉴》（2003、2004）有关数据计算绘制

总体上讲，我国医药产业结构逐步优化，产业组织集中度明显提高，但企业平均生产规模与发达国家相比存在很大差距。企业总数从 1998 年 3280 个增加到 2003 年的 4063 个，大企业数从 1998 年 228 个增加到 2002 年 325 个，大企业数增长幅度明显快于企业总数增长速度；2003 年由于大型企业的规模标准大幅度提高，医药制造业大型企业数减少为 43 个。

经济规模不大已经成为制约我国医药制造业 R&D 投入和技术创新能力提升与发展的重要因素。2001 年，我国全部国有及规模以上医药工业企业的平均产值为 707 万美元，平均增加值仅 250 万美元，约为发达国家和新兴工业化国家企业平均规模的 5.6% ~28.2%；大中型企业的平均产值规模也只有 1886 万美元，平均增加值规模只有 679 万美元，只接近于韩国而远远低于其他国家。我国最大医药企业与国外最大制药企业之间的经济规模差距也很突出。中国最大的医药企业是进入 520 户国家重点企业中的 19 家医药类企业集团或公司，国外最大的制药企业是进入 1999 年世界 500 强中的 13 家跨国制药公司。国外最大的 13 家跨国制药企业中，名列第一的默克公司的年营业收入为 327.14 亿美元，位居最后的礼来大药厂的营业收入为 100.03 亿美元。我国最大的上海医药（集团）公司的经济规模虽远远高于其他国内医药公司，但其产品销售收入只为 14.61 亿美元，约为默克公司的 4.47% 和礼来大药厂的 14.61%。我国 19 家最大医药企业的产品销售收入总计为 64 亿美元，只有默克一家公司的 19.56%，只相当于礼来大药厂的 63.98%。

我国医药制造业开放度相对较小，三资企业影响较小，进一步扩大开放潜力巨大。1998 年以来三资企业工业总产值、工业增加值和出口值等指标的比重均呈小幅振荡，分别从 1998 年的 21.71%、22.85%、24.97% 增长到 2003 年的 22.01%、23.87%、25.92%（图2）。同期，我国高技术产业中三资企业相应指标的比重均呈上升态势，2003 年分别高达 66.12%、57.51% 和 89.06%（图3）。

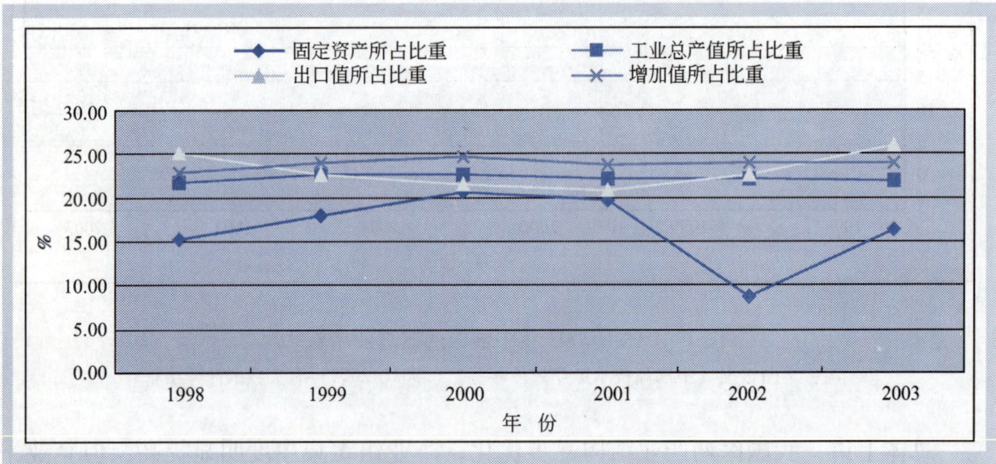

图2 1998 ~2003 年中国医药制造业三资企业所占比重

注：本图根据《中国高技术产业统计年鉴》（2003、2004）有关数据计算绘制

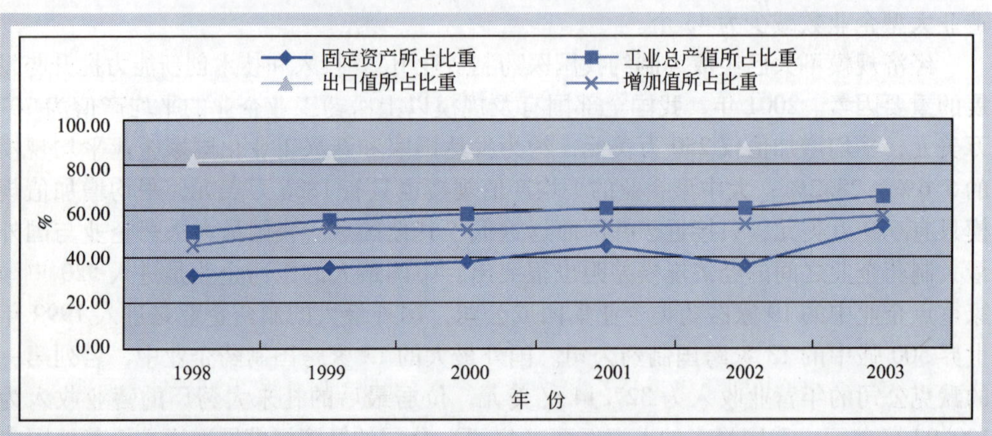

图3 1998 ~2003 年中国高技术产业三资企业所占比重

注：本图根据《中国高技术产业统计年鉴》（2003、2004）有关数据计算绘制

二、中国医药制造业竞争实力

竞争实力主要体现在资源转化能力、市场化能力和技术能力3个方面。

1. 资源转化能力

资源转化能力是将生产要素和资源转化为产品与服务的效率和效能，主要体现在全员劳动生产率、固定资产生产率、增加值率、资金利税率和产值利税率4个指标上。全员劳动生产率是根据产品的价值量指标计算的平均每一个从业人员在单位时间内的生产价值能力，是考核企业经济活动的重要指标，是企业生产技术水平、经营管理水平、职工技术熟练程度和劳动积极性的综合体现。固定资产生产率是指单位固定资产在单位时间内所创造的增加值，反映固定资产中所固化的技术水平及固定资产的利用率。工业增加值率指在一定时期内工业增加值占同期工业总产值的比重，反映降低中间消耗的经济效益。产值利税率反映企业的生产赢利能力。

医药制造业是高投资回报产业，对资本有着很大的吸引力。2003年中国医药制造业全员劳动生产率为8.9万元/（人·年）（表1），高于全部制造业的7.0万元/（人·年），但低于高技术产业平均水平［10.5万元/（人·年）］；固定资产生产率为0.95元/元，远高于制造业的0.39元/元，也高于高技术产业的平均水平（0.91元/元）。虽然劳动生产率略低，但固定资产生产率较高，因此，2003年医药制造业的增加值率和产值利税率分别达到35.47%和15.46%，远高于制造业和高技术产业的平均水平，投资回报率较高。在医药制造业包括的小类产业中，中成药制造业的固定资产生产率、增加值率、产值利税率最高，分别达到1.49元/元、40.26%和18.09%，具有较强的资源转化能力。生物、生化制品的制造业全员劳动生产率最高，达到12.5万元/（人·年）。

表1　2003年中国医药制造业资源转化能力指标

资源转化能力指标	制造业	高技术产业	医药制造业	化学药品制造业	中成药制造业	生物、生化制品制造业
劳动生产率［元/（人·年）］	69 799.73	105 472.59	88 818.33	88 631.90	92 786.16	124 703.48
固定资产生产率（元/元）	0.39	0.91	0.95	0.74	1.49	1.45
增加值率（%）	26.77	24.49	35.47	32.97	40.26	37.05
产值利税率（%）	9.52	7.12	15.46	14.62	18.09	16.34

资料来源：国家统计局，《二〇〇三年工业统计年报（行业册）》；国家统计局，《中国高技术产业统计年鉴》（2003、2004）

我国医药制造业劳动生产率约为发达国家医药制造业劳动生产率的 1/8 ~ 1/30①，赢利水平与跨国公司相比仍然不高②。我国医药制造业增加值率略低于美国高技术产业增加值率，与德国和日本高技术产业增加值率基本持平，远高于法国和韩国高技术产业增加值率③。

总体上看，与发达国家相关产业相比，我国医药制造业劳动生产率仍然较低，而工业增加值率和产值利税率等指标表征的资源转化能力相对差距较小。

2. 市场化能力

市场化能力主要体现在产品目标市场份额、贸易竞争指数、价格指数 3 项指标上。

中国医药制造业在全球市场占有率上与美国相比有很大的差距。按照 IMS Health 公司的计算，2002 年全球药品的销售额为 4060 亿美元④。同年，中国医药制造业销售收入为 2279.98 亿元，占全球药品销售额的比重仅为 6.8%；而美国药品的货运额为 1283 亿美元⑤，约占全球药品销售额的 31.6%。

中国医药制造业凭借价格比较优势，具备一定的国际市场竞争力。2003 年中国医药制造业进出口贸易顺差为 11.51 亿美元，贸易竞争指数为 0.252，价格指数为 0.167。据海关统计医药产品构成来看（表 2），2003 年药品（2 位码产品大类）贸易竞争指数为 -0.205，价格指数为 0.102，表明药品总体上仍然处于产业价值链低端，缺乏国际竞争力。值得指出的是，14 类 4 位码产品中，贸易竞争指数大于 0 的有 10 种，其中，6 类产品（编号为 2936、2937、2938、2939、2940 和 3001）贸易竞争指数大于 0.83，具有很强的国际竞争力。贸易竞争指数小于 0 的 4 类产品基本上是国内需求增长迅速、技术含量高、附加值高的产品，是中国医药制造业国际竞

---

① 2000 年美国医药制造业为 21.2 万美元/（人·年），居各高技术产业之首，比高技术产业平均水平高 80%；2001 年日本、法国和德国医药制造业的劳动生产率为 23.6 万美元/（人·年），比高技术产业平均水平高 160%；法国为 12.5 万美元/（人·年），比高技术产业平均水平高 67%；德国为 7.58 万美元/（人·年），居国内高技术产业之首。参见 OECD《结构分析数据库 2004》

② 2003 年美国默克公司（Merck）营业利润率高达 30.4%；礼来大药厂（Eli Lilly）为 20.4%；英国葛兰素史克（Glaxo Smith Kline）营业利润率也达 21%；瑞士罗氏制药（Roche Group）营业利润率较低为 9.8%。根据《国际统计年鉴》(2004) 有关数据计算，营业利润率 = 利润额/营业额 ×100%

③ 2000 年美国高技术产业增加值率为 42.6%，比制造业平均水平高出 7 个百分点；2001 年德国和日本高技术产业增加值率分别为 35.8% 和 36.4%；法国和韩国分别为 26.4% 和 22.2%。参见《中国高技术产业统计年鉴》(2004)，P.577

④ 引自郭克莎：《中国医药制造业的国际地位与比较优势》，载《经济管理》，2003.17

⑤ 数据来源：《中国化学工业年鉴》(2003、2004)，P.440

争力的薄弱环节。

从出口价格指数（表 2）来看，14 类产品中，有 4 类产品（编号为 2935、2937、2939 和 2941）出口价格指数不到 0.25，且贸易竞争指数在 0.54 以上，体现了成本比较优势，具有较强的价格竞争力；1 类产品（编号 2940）价格指数为 1.205，贸易竞争指数 0.926，在国际市场处于领先地位，具有很强的高端技术竞争力；2 类产品（编号为 2922 和 2933）价格指数大于 1.5，进出口基本持平，表明中国生产的此类产品为高档产品，国际市场互补性很强；其他产品价格指数和贸易竞争指数均较低，总体上国际市场竞争力较弱。

表 2　2003 年中国医药制造业贸易竞争指数和出口价格指数（全球市场、美国市场）

商品编号	商品名称	全球市场		美国市场	
		贸易竞争指数	价格指数	贸易竞争指数	价格指数
2922	含氧基氨基化合物	0.038	1.518	-0.105	1.944
2933	仅含有氮杂原子的杂环化合物	-0.066	1.668	-0.154	1.016
2934	核酸及其盐，其他杂环化合物	0.332	0.190	0.739	0.913
2935	磺（酰）胺	0.637	0.246	0.714	0.155
2936	维生素原和维生素及其作维生素的衍生物	0.871	0.725	0.931	0.720
2937	激素、前列腺素等及其衍生物和结构类似物	0.949	0.197	0.934	0.169
2938	天然或合成再制的苷及其盐、醚、脂等衍生物	0.833	0.605	0.984	2.904
2939	生物碱及其盐、醚、脂等衍生物	0.889	0.033	0.999	
2940	化学纯糖，糖醚、糖脂及其盐	0.926	1.205	0.961	0.921
2941	抗菌素	0.542	0.198	0.784	0.172
30	药品	-0.205	0.102	0.187	0.126
3001	供治疗或预防疾病的未列名的人体或动物制品	0.894	0.644	1.000	0.336
3002	人血，医用动物血制品，抗血清、疫苗等	-0.656	0.947	-0.885	0.415
3003	成分≥两种的混合药品，未配定剂量	-0.302	0.130	-0.622	0.124
3004	由混合或非混合产品构成的药品，已配定剂量	-0.579	0.096	-0.628	0.162

资料来源：中华人民共和国海关总署，中国海关统计年鉴（2003），北京，中华人民共和国海关总署《海关统计》编辑部

从贸易国家和地区来看，美国、日本和欧盟是中国医药制造业产品进出口的主要贸易伙伴，因此有必要分析评价中国医药制造业产品在美国、日本和欧盟三个目

标市场的竞争力。

以美国为目标市场，中国医药制造业贸易竞争指数和出口价格指数见表 2。2003 年药品（2 位码产品大类）的贸易竞争指数为 0.187，价格指数为 0.126，表明在美国市场，中国医药产品处于产业价值链的低端，具有一定的竞争力。14 类 4 位码产品中，有 9 类产品的贸易竞争指数在 0.7 以上；有 3 类产品的贸易竞争指数小于 -0.62。这说明中美医药制造业在产品结构上有一定的互补性，这是产业国际转移的结果。在 9 类贸易竞争指数大于 0.7 的产品中，有 3 种产品出口价格指数小于 0.2，主要凭价格优势取得贸易优势。3 种我国生产的贸易竞争指数在 -0.62 以下的产品，出口价格指数均小于 0.42，属于低端产品，难以与美国同类产品竞争。值得一提的是，编号为 2938 的产品的贸易竞争指数为 0.984，出口价格指数为 2.904，在美国市场竞争力较强。

表 3　2003 年中国医药制造业贸易竞争指数和出口价格指数（日本市场、欧盟市场）

商品编号	商品名称	日本市场		欧盟市场	
		贸易竞争指数	价格指数	贸易竞争指数	价格指数
2922	含氧基氨基化合物	0.093	1.915	0.406	1.037
2933	仅含有氮杂原子的杂环化合物	-0.599	2.316	0.053	0.661
2934	核酸及其盐；其他杂环化合物	0.255	0.223	0.173	0.305
2935	磺（酰）胺	0.784	0.389	0.449	0.025
2936	维生素原和维生素及其作维生素的衍生物	0.823	0.222	0.827	0.621
2937	激素、前列腺素等及其衍生物和结构类似物	0.941	1.043	0.944	0.025
2938	天然或合成再制的苷及其盐、醚、脂等衍生物	0.875	0.595	0.442	0.298
2939	生物碱及其盐、醚、脂等衍生物	1.000		0.781	0.034
2940	化学纯糖；糖醚、糖脂及其盐	0.885	0.410	0.777	1.931
2941	抗菌素	-0.238	0.024	0.463	0.317
30	药品	0.033	0.096	-0.663	0.084
3001	供治疗或预防疾病的未列名的人体或动物制品	0.999	0.525	0.992	0.264
3002	人血；医用动物血制品；抗血清、疫苗等	-0.668	2.678	-0.715	1.844
3003	成分≥两种的混合药品，未配定剂量	0.578	0.606	-0.880	0.055
3004	由混合或非混合产品构成的药品，已配定剂量	-0.687	0.251	-0.909	0.085

资料来源：中华人民共和国海关总署，中国海关统计年鉴（2003），北京，中华人民共和国海关总署《海关统计》编辑部

2003 年，以日本为目标市场中国医药制造业贸易竞争指数和出口价格指数见表3。药品（2 位码产品大类）的贸易竞争指数为 0.033，价格指数为 0.096，表明在日本市场，中国医药产品因成本比较优势而具有一定的竞争力。14 类 4 位码产品中，有 7 类产品的贸易竞争指数在 0.78 以上，有 3 类产品的贸易竞争指数小于 -0.59，显示出中日医药制造业产品结构有一定互补性。贸易竞争指数大于 0.78 的 7 类产品中，有 2 类产品出口价格指数小于 0.4，主要凭价格优势取得贸易优势。贸易竞争指数在 -0.59 以下的 3 类产品，有 2 类产品出口价格指数大于 2.3，表明此类产品虽为高档产品，但在日本市场毫无竞争力。值得一提的是，编号为 2937 的产品的贸易竞争指数为 0.941、出口价格指数为 1.043，在日本市场显示出很强的竞争力。

以欧盟为目标市场，2003 年中国医药制造业贸易竞争指数和出口价格指数见表3。药品（2 位码产品大类）的贸易竞争指数为 -0.663，价格指数为 0.084，表明中国医药产品总体上在欧盟市场缺乏竞争力。14 类 4 位码产品中，有 5 类产品的贸易竞争指数在 0.77 以上，有 3 类产品的贸易竞争指数小于 -0.71，说明中欧医药制造业产品结构有一定互补性。在贸易竞争指数大于 0.77 的 5 类产品中，有 3 类产品出口价格指数小于 0.3，主要凭价格优势取得贸易优势。贸易竞争指数在 -0.71 以下的 3 类产品中，有 2 类产品出口价格指数小于 0.09，表明此类产品为低档产品，在欧盟市场毫无竞争力。值得一提的是，编号为 2940 的产品的贸易竞争指数为 0.777、出口价格指数为 1.931，在欧盟市场显示出较强的综合竞争力。

综上所述，2003 年中国医药制造业显示了较强的市场化能力。

3. 技术能力

产业技术能力主要体现在产业装备水平、产业关键技术水平、新产品销售率和新产品出口销售率 4 个方面。

中国医药制造业是在传统医药制造业的基础上，从模仿国外技术和产品逐步发展起来的，创新药物较少。产业装备水平方面，2003 年中国医药制造业固定资产中微电子控制设备的比重为 7.57%，远低于高技术产业 14.24% 的平均水平，表明医药制造业装备技术水平较低。小类产业中，生物、生化制品的制造业装备技术水平最高，微电子控制设备的比重为 14.48%；中成药制造业的装备技术水平最低，微电子控制设备的比重为 4.91%（表4）。

由于国外医药制造业装备水平相关数据收集难度较大，本文首先比较全部企业与三资企业装备水平，作为判断与发达国家医药制造业装备水平之间差距的基础。国际技术转移研究表明，三资企业装备水平一般不会高于发达国家医药企业母公司的装备水平。

从表4可以看出，我国高技术产业中，三资企业微电子控制设备的比重要高出我国高技术产业整体1.5%；而医药制造业及其小类产业中三资企业微电子控制设备的比重均显著小于整体水平。一方面表明我国医药制造业在装备引进和改造方面成效显著，另一方面也显示出医药制造业中外资向中国的技术及设备转移质量和数量都很有限。

表4　中国医药制造业固定资产中微电子控制设备的比重　（%）

	制造业	高技术产业	医药制造业	化学药品制造业	中成药制造业	生物、生化制品的制造业
中　国	4.60	14.24	7.57	8.04	4.91	14.48
三资企业		15.86	5.95	6.59	2.63	14.27

资料来源：根据《中国高技术产业统计年鉴》（2003、2004）有关数据计算

新产品销售率①和新产品出口销售率②是衡量产业技术能力的重要指标。2003年中国医药制造业新产品销售率和新产品出口销售率分别为15.63%和12.58%，均远低于高技术产业26.52%和31.38%的水平，也低于中国制造业的平均水平（表5）。一方面是医药制造业新产品开发周期和寿命长所致，另一方面也表明中国医药造业新产品开发能力较弱，新产品缺乏国际竞争力。从小类产业来看，中成药制造业新产品销售率和新产品出口销售率均最低，为9.95%和4.57%；生物、生化制品的制造业新产品出口销售率最高，接近高技术产业的平均水平。

表5　中国医药制造业新产品（出口）销售率*（2003）　（%）

	制造业	高技术产业	医药制造业	化学药品制造业	中成药制造业	生物、生化制品的制造业
新产品销售率		26.52	15.63	16.92	9.95	16.68
新产品出口销售率	18.29	31.38	12.58	14.44	4.57	27.00

资料来源：根据《中国高技术产业统计年鉴》（2003、2004）有关数据计算

*数据口径：为大中型工业企业

① 新产品销售率＝（新产品销售收入/产品销售收入）×100%

② 新产品出口销售率＝（新产品出口销售收入/新产品销售收入）×100%

综合以上对资源转化能力、市场化能力和技术能力的分析评价，可以看出中国医药制造业在中、低档技术和产品上具有一定的国际竞争力，高档产品、新型产品、产业核心技术和关键装备等方面仍然不具国际竞争力。

三、中国医药制造业竞争潜力

竞争潜力主要体现在产业运行状态、技术投入、比较优势和创新活力 4 个方面。

1. 产业运行状态

中国医药制造业产业运行态势总体上安全良好。资产负债率反映企业经营风险程度和企业负债经营的能力，也表征产业运行状态。2003 年中国医药制造业资产负债率为 54. 34%，低于全部制造业 58. 72% 的负债水平（表 6）。小类产业中中成药制造业和生物、生化制品制造业分别为 50. 98% 和 48. 01%。考虑到医药市场的高成长性和医药制造业较高的增加值率和产值利税率（表 1），中国医药制造业还应有举债扩大经营的空间。

表 6　中国医药制造业资产负债率　（%）

行业 / 年份	制造业	医药制造业	化学药品原药制造业	化学药品制剂制造业	中成药制造业	兽用药制造业	生物、生化制品制造业
1998		62. 20	69. 10	62. 60	56. 20	66. 00	50. 90
1999		60. 10	68. 20	61. 30	52. 30	69. 30	47. 70
2003	58. 72 *	53. 94	59. 77	53. 55	50. 98	58. 91	48. 01

资料来源：根据《中国工业统计年报》（2003）有关数据计算

* 为全部工业企业 2002 年的数据

2. 技术投入

医药制造业具有高投入、高风险、高收益的特点，技术投入密集度的高低直接影响产业未来技术水平和竞争力的提升。技术投入密集度主要体现在研究与开发（R&D）人员投入比例、经费投入比例、科技活动经费比例、技术引进经费比例和消化吸收经费与技术引进经费的比例 5 个方面。

2003 年中国医药制造业 R&D 人员比例为 2. 52%，远低于高技术产业 3. 85% 的平均水平，其中中成药制造业更是低至1.75%，R&D人员投入明显不足。R&D经费占销售收入的比例为1.42%，略高于高技术产业1.31%的平均水平。2003年中国医药制造业大中型企业R&D强度（R&D经费占增加值的比重）为4.02%，比高技术产业低约1.5%；中成药制造业和生物、生化制品制造业R&D强度更低，为3.27%和3.23%（表7）。

表7　中国医药制造业技术投入指标（2003）　（%）

技术投入指标＼行业	高技术产业	医药制造业	化学药品制造业	中成药制造业	生物、生化制品的制造业
R&D人员比例	3.85	2.52	2.70	1.75	2.91
R&D经费占销售收入的比例	1.31	1.42	1.36	1.38	1.18
R&D经费占增加值的比例	5.50	4.02	4.21	3.27	3.23
科技活动经费比例	2.34	2.71	2.66	2.41	2.53
技术引进经费比例	0.55	0.38	0.40	0.27	0.10
消化吸收经费比例	6.04	25.98	27.67	13.76	244.99

资料来源：根据《中国高技术产业统计年鉴》（2004）有关数据计算

与发达国家相比，我国医药制造业R&D强度差距巨大。2000年美国医药制造业R&D强度为20.2%，比全部高技术产业低2.3%；2001年，日本医药制造业R&D强度为22.9%，比全部高技术产业低3.4%；同年，德国和法国分别为22.3%和24.8%，也均略低于高技术产业的平均水平①。相比之下，我国医药制造业R&D强度约为发达国家的1/4～1/5。

从技术引进和消化吸收来看，我国医药制造业技术引进经费占产业销售收入的比例为0.38%，低于全部高技术产业0.55%的平均水平；其中生物、生化制品制造业更低至0.10%。上述数据不仅说明我国医药制造业对技术引进工作重视不够，也揭示了国际医药技术转移阻力较大的现实。值得指出的是，中国医药制造业技术引进经费比例虽然较低，但消化吸收经费与技术引进经费的比例相当高，为25.9%，是高技术产业平均水平的4倍多；其中生物、生化制品制造业更高达245%。表明中国医药制造业更注重技术学习与模仿创新，不断提高自主研发能力。

① 数据来源：OECD《结构分析数据库2004》

3. 比较优势

比较优势主要体现在劳动力成本、产业规模和市场规模3个方面。

劳动力成本方面，据国际劳工组织统计[①]，2001年美国制造业雇员平均工资为14.8美元/小时，约合3.13万美元/年；日本制造业雇员平均工资为357万日元/年；德国制造业雇员平均工资为15.4马克/小时，约合3.01万马克/年；而2002年中国制造业职工平均工资为11 001.0元/年，仅为美国、日本、德国制造业雇员平均工资的1/10～1/30。中国医药制造业仍拥有明显的劳动力低成本优势。

产业规模和市场规模方面，2002年全球药品的销售额约为4060亿美元[②]，同年中国医药制造业销售收入为2279.98亿元，占全球药品销售额的比重仅为6.8%；美国药品的货运额为1283亿美元[③]，约占全球药品销售额的31.6%。这表明中国医药制造业在产业规模上与美国相比有很大的差距。

中国拥有13亿人口，占世界人口的1/4，但医药资源的占有率却很低。2000年，美国、欧洲、日本三大药品市场的份额超过了80%，而中国和东南亚合计仅占7%[④]。随着居民人均收入水平的提高，以及人口进一步增长和老龄化社会的到来，中国药品消费需求将会快速扩大。市场规模的扩大将会为中国医药制造业的发展创造出更大的发展空间和比较优势。

4. 创新活力

创新活力主要体现在专利申请数与拥有发明专利数上。与发达国家相比，中国医药制造业的创新活力还有很大差距。2003年，中国医药制造业专利申请数和拥有发明专利数分别为1305件和459项，占当年中国高技术产业专利申请数（8270项）和拥有发明专利数（3356项）的15.8%和13.7%，其中化学药品制造业专利申请数和拥有发明专利数最多，分别为490项和223项。我国医药制造业三资企业专利申请数和拥有发明专利数分别为208项和91项。与国内其他产业相比，中国医药制造业创新活力较弱；与发达国家医药制造业相比则更弱。2001年，美国默克公司和辉瑞集团公司共获470项专利[⑤]，超过了中国医药制造业2003年的拥有发明专利数。

---

① 资料来源：《国际统计年鉴》2004，P.155

② 引自郭克莎：《中国医药制造业的国际地位与比较优势》，载《经济管理》，2003.17

③ 数据来源：《中国化学工业年鉴》（2003、2004），P.440

④ 数据来源：《中药报》，2001年3月26日。转引自《中国工业发展报告》（2004），P.292

⑤ 数据来源：http：//www.biotech.org.cn/news/news/show.php？id=18 415

综合以上对产业运行状态、技术投入、比较优势和创新活力4个方面的分析，可以看出中国医药制造业具有一定的竞争潜力。低廉的劳动力，日益扩张的市场规模和产业规模，以及一些龙头企业对研发的高强度投入，都有利于国内医药制造业的发展和参与国际竞争。但技术投入和创新活力等方面的比较劣势如不改变，将会制约我国医药制造业健康发展。

四、中国医药制造业竞争环境

竞争环境主要体现在政治、经济、贸易和技术环境等方面。总体上看，目前中国医药制造业面临的竞争环境有4个特点：①全面建设小康社会给中国医药制造业发展带来历史性机遇；②药品监管和流通政策法规进一步完善，初步奠定公平、公正和公开的市场竞争环境；③知识产权保护力度加大，有利于推进医药制造业自主创新；④全球化和科技发展日新月异，为医药制造业跨越式发展注入活力。

1. 全面建设小康社会给中国医药制造业发展带来历史性机遇

我国人均医药品消费与其他国家相比还有很大差距，为我国医药制造业提供了巨大发展空间。目前主要发达国家每年的人均药品消费量约为300美元，中等发达国家的人均药品消费量为40~50美元，而中国的人均药品消费只有10美元左右。党的十六大报告提出“全面建设惠及十几亿人口的更高水平的小康社会”。随着全面建设小康社会步伐的加快，可以预期我国人民生活质量将会与经济同步快速提高，人口寿命不断延长与人们保健意识加强，必然引发国内医药市场的迅速成长，由一个潜在的大市场演变为现实的大市场，为中国医药制造业带来巨大的发展空间。

2. 药品监管和流通政策法规日趋完善，初步奠定公平、公正、公开的竞争环境

药品作为关系“民生”的特殊商品，其研发、生产、流通的监管将越来越严格、规范。随着1999年以来我国颁布的《医药临床试验管理规范》(GCP)、《药物非临床研究质量管理规范》(GLP)、《中药材生产质量管理规范》(GAP)、《药品生产质量管理规范》(GMP)、《药品经营质量管理规范》(GSP)、《处方药与非处方药分类管理办法》和《药品不良反应报告和监测管理办法》等政策规章的进一步完善和严格实施，特别是《中华人民共和国行政许可法》实施后对于药监部门改革和部门规章修订将产生重要积极影响，我国药品监管将全面与国际接轨，奠定了中国医药制造业发展公平、公正和公开的竞争环境的基础。截至2004年7月1日，中国累

计有3101家药品生产企业通过GMP认证，有1970家药品生产企业和884家药品生产车间因未通过GMP认证而停止生产，通过GMP认证的企业占全部药品生产企业的60%，销售额占国内药品市场份额近90%。①

中国医药流通业正经历着一场深刻变革，推动医药流通体制向“统一开放、竞争有序”的格局发展。改革开放20多年的快速发展，使1万多种中西药品供过于求，药品市场竞争已经比较充分。新近实行的药品集中招标采购制度，利用市场机制和法律手段，强化公平、公正、公开的竞争机制，淘汰落后、过剩的药品生产经营能力，同时有利于推行GMP或GSP认证制度（作为投标的条件），对于医药制造业的快速、健康发展具有重大促进作用。值得指出的是，未来药品定价市场化乃大势所趋，除“毒、麻、精、放”等需要特殊管理的药品由国家统一定价外，其余药品定价一律放开，由市场竞争决定价格，为医药制造业快速发展提供了良好的市场环境。

3. 知识产权保护力度加大，有利于推进医药制造业自主创新

随着国家标准战略、专利战略的顺利实施，特别是鼓励创新和加大知识产权保护力度的一系列政策和规章的出台，为中国医药制造业快速发展提供了体制、机制保障。在经济全球化的背景下，加大知识产权保护力度对于整体技术水平不高的我国医药制造业来说，一方面短期内大幅度增加了模仿创新的成本，给国内医药制造企业市场竞争带来了巨大生存压力；另一方面也迫使国内企业加大技术开发投入，选择具有比较优势和国家急需的医药领域进行自主创新，实现技术跨越式发展，突破跨国制药企业的技术壁垒，使企业走上自主创新发展的道路。此外，加强知识产权保护也有利于引进国外先进技术和跨国公司的直接投资。

4. 全球化和科技发展日新月异，为医药制造业跨越式发展注入活力

全球化和加入WTO带来的与国际医药市场接轨的有利环境正在加快形成，为我国企业的技术创新活动增添了原动力。

加入WTO使市场竞争更加激烈，进口审批简化使药品、医疗设备等进口更容易，关税下调使进口医疗设备价格更低，从而迫使我国药物研究从仿制转向非专利药物和创新药物的研发，以大幅度提高医药制造业科技含量。一方面得益于我国医药制造业在人力资源、市场规模和生产成本等方面的比较优势，一些跨国制药公司将会实施“生产转移”和“生产外包”，为我国医药制造业带来OEM（original

① 资料来源：http：//www.pharmnet.com.cn/news-s/03/2004－07－15/00074608.html

equipment manufacture）的商机，使我国医药制造业扩大国际医药市场份额成为可能，成为全球众多医药产品的“制造中心”。另一方面，实力雄厚的医药跨国企业通过大规模的联合、并购和资本运作，建立全球性的生产与销售网络，使我国医药制造企业直接面临巨大竞争压力，推动着行业内资源配置模式的变化和行业内的资产重组。

国家中长期科学和技术发展规划纲要的制定，为选择医药产业技术、发展模式与战略奠定了坚实的基础。科学技术特别是生物学与生物技术快速发展，产业化与研究开发之间的界限日趋模糊，研究开发已经成为培育医药产业核心竞争力的根本。近年来，我国生物学和生物技术及生物技术医药产业发展迅速，为我国医药制造业跨越式发展注入了新的活力。预计国家中长期科学和技术发展规划纲要的实施，对于建设规范、先进的现代医药研究技术平台、技术标准和质量监控体系、产品的质量检测体系，实现新产品和新技术研发规范化、生产的标准化等具有重要推动作用，有利于开发出具有自主知识产权的创新药物与器械，有利于医药制造企业可持续发展。值得指出的是，加入 WTO 和经济全球化为中药制造业带来历史性机遇。中药制造业发展对于拉动中药材种植加工业和相应装备制造业及其他相关产业的发展，从而推动我国中西部地区经济发展和中药国际化等方面具有重大意义。

总之，中国医药制造业正面临一个机遇大于挑战的竞争环境。全球医药品市场持续增长，特别是伴随着全面建设小康社会而迅速成长的中国医药品市场，为中国医药制造业创造了巨大的发展空间。全球化和加入 WTO 为我国企业的技术创新活动增添了原动力。国家标准战略、专利战略的顺利实施，特别是鼓励创新和加大知识产权保护力度的一系列政策和规章的出台，为中国医药制造业步入自主创新、有序发展轨道提供了体制、机制保障。日趋完善的药品监管和流通政策法规，为我国医药制造业创造了一个公平、公正、公开的竞争环境。

五、竞争态势

竞争态势反映了产业竞争力变化趋势，主要体现在 4 类指标：①资源转化能力变化指数；②市场化能力变化指数；③技术能力变化指数；④比较优势变化指数。

1. 资源转化能力变化指数

由于技术进步和劳动者素质的提高，1998 ~ 2003 年，我国医药制造业劳动生产率保持年均 16.3% 的速度逐年增长，但低于全部制造业（18.5%）和高技术产业（18.3%）年均增长速度。增长最快的是化学药品制造业，年均增长约 20%；增长最慢的是生物、生化制品的制造业，年均增长仅 11.5%，而且在 2001 年和 2002 年出现振荡回落。同期，全部制造业固定资产生产率呈振荡下滑的态势，高技术产业、医药制造业固定资产生产率均保持振荡上升，年均升幅分别为 4.9% 和 5.6%（表 8）。

表 8　1998～2003 年中国医药制造业资源转化能力指标

产业名称	年份	全员劳动生产率［元/（人·年）］	固定资产生产率（元/元）	工业增加值率（%）	产值利税率（%）
制造业	1998	29 927.97	0.49	25.57	7.00
	1999	35 399.56	0.49	26.35	8.04
	2000	42 773.17	0.54	26.23	8.92
	2001	49 260.22	0.53	26.43	8.91
	2002	56 993.67	0.59	26.76	9.25
	2003	69 799.73	0.39	26.77	9.52
高技术产业	1998	45 464.11	0.72	25.11	7.80
	1999	54 805.84	0.75	25.64	8.68
	2000	70 740.81	0.88	26.50	9.93
	2001	77 692.67	0.77	25.24	9.03
	2002	88 904.67	0.64	24.96	7.72
	2003	105 472.59	0.91	24.49	7.12
医药制造业	1998	41 730.29	0.72	31.54	11.89
	1999	51 547.86	0.79	34.39	13.32
	2000	63 668.14	0.87	35.58	14.74
	2001	70 145.65	0.84	35.40	15.33
	2002	79 113.74	0.39	35.09	15.38
	2003	88 818.33	0.95	35.47	15.46
化学药品制造业	1998	35 716.23	0.53	27.49	9.00
	1999	45 173.99	0.60	30.93	11.06
	2000	56 012.74	0.64	31.82	12.94
	2001	62 378.38	0.63	32.41	13.50
	2002	73 183.86	0.25	32.50	13.87
	2003	88 631.90	0.74	32.97	14.62

续表

产业名称	年份	全员劳动生产率 [元/(人·年)]	固定资产生产率 (元/元)	工业增加值率 (%)	产值利税率 (%)
中成药制造业	1998	51 873.53	1.33	39.16	17.57
	1999	64 286.71	1.52	42.10	18.25
	2000	73 493.01	1.62	41.45	18.27
	2001	81 360.50	1.50	40.16	18.75
	2002	88 814.13	1.32	39.93	18.52
	2003	92 786.16	1.49	40.26	18.09
生物、生化制品的制造业	1998	72 516.56	1.14	38.92	16.57
	1999	70 879.83	0.76	34.15	14.85
	2000	112 130.84	1.02	44.22	16.89
	2001	99 119.77	1.00	40.20	17.38
	2002	92 460.32	0.96	36.14	15.70
	2003	124 703.48	1.45	37.05	16.34

资料来源：根据《中国高技术产业统计年鉴》(2004) 有关数据计算

6 年来，制造业工业增加值率稳中有升，基本稳定在 25% ~27%；高技术产业呈振荡下降态势，近年来连续低于 25%；医药制造业在 1998 年、1999 年和 2000 年连续增长后，基本上稳定在 35% 左右，小类产业中生物、生化制品的制造业呈振荡下滑态势。同期，制造业产值利税率基本保持上升势头，由 7.0% 上升到 9.5%；高技术产业 1998 ~2000 年呈上升态势，受 2000 年 IT 泡沫和世界经济衰退等因素影响，2000 ~2003 年产值利税率由 9.9% 降为 7.1%；医药制造业则保持年均 5.4% 的增长速度，生物、生化制品的制造业产值利税率呈振荡下滑态势。

2. 市场化能力变化指数

6 年来，中国医药制造业在国际市场份额保持了良好的增长势头，贸易规模迅速增长。1998 年以来，中国医药品进出口持续保持顺差（表 9）。1998 ~2001 年由于进口增速迅猛，远超过同期出口的增长速度，导致这一时期贸易顺差额逐年递减；2002 年和 2003 年，进口增速回落，出口加速增长，贸易顺差迅速增加，2003 年高达 29.5%。同期美国医药品出口呈振荡递减态势，进口呈加速增长态势，贸易逆差持续扩大（表 10）。

表 9　中国医药制造业进出口增长情况

年份	出口		进口		差额	
	金额(亿美元)	比上年增长(%)	金额(亿美元)	比上年增长(%)	金额(亿美元)	比上年增长(%)
1998	16.923 3	9.85	5.335 1	61.30	11.588 2	-4.22
1999	16.787 2	-0.80	8.207 6	53.84	8.579 6	-25.96
2000	17.883 7	6.53	9.525 3	16.05	8.358 4	-2.58
2001	19.785 0	10.63	12.175 3	27.82	7.609 7	-8.96
2002	23.238 9	17.46	14.347 5	17.84	8.891 4	16.84
2003	28.581 2	22.99	17.070 8	18.98	11.510 4	29.46

资料来源：《中国统计年鉴》(1999~2004)

表 10　美国医药制造业进出口增长情况

年份	出口（亿美元）	比上年增长（%）	进口（亿美元）	比上年增长（%）	差额（亿美元）
1996	71.60	11.30	70.76		0.84
1997	80.37	12.25	87.37	23.47	-7.00
1998	94.57	17.67	108.85	24.59	-14.28
2000	131.22		146.94		-15.72
2001	154.21	17.52	186.24	26.75	-32.03
2002	161.50	4.73	247.19	32.73	-85.69

数据来源：《中国化学工业年鉴》(1999、2000)、《中国化学工业年鉴》(2003、2004)

6 年来，中国医药制造业药品出口贸易竞争指数振荡下滑，价格指数持续下降，竞争力有下降趋势，值得关注。1998~2003 年中国医药品出口贸易竞争指数呈振荡下降态势，年均降幅达 13.5%（图 4）。同期出口价格指数呈下降态势，年均降幅为 17.2%。

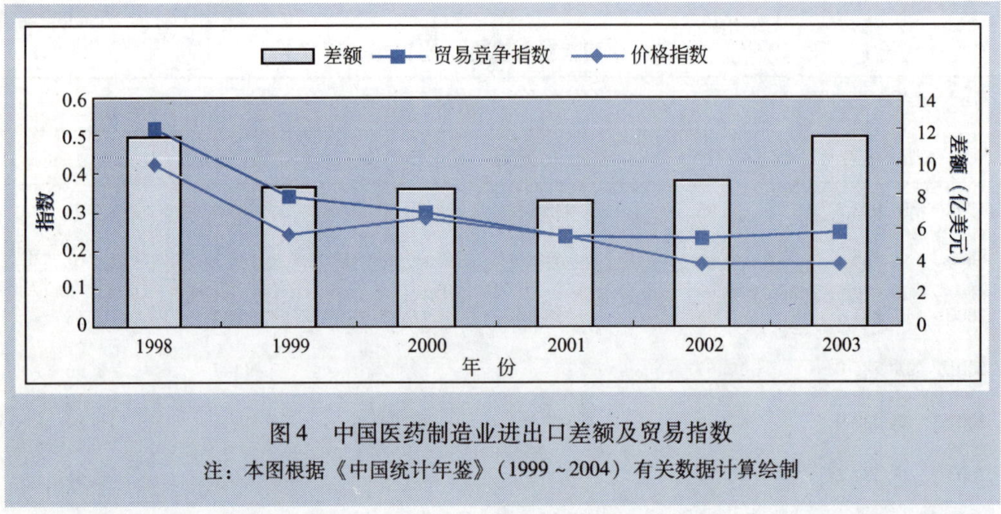

图4　中国医药制造业进出口差额及贸易指数

注：本图根据《中国统计年鉴》（1999～2004）有关数据计算绘制

根据海关统计（表11和表12），全球目标市场中国医药制造业药品（2位码产品大类）6年来贸易竞争指数持续逐年下降，从0.284递减到－0.205，贸易竞争力逐步弱化；价格指数虽由0.339逐年降低到0.102，低价竞争的效果并未显现。14类4位码产品中，有10类产品贸易竞争指数呈下降态势，降幅最大的是编号为3004的产品，下降了0.579；另4类产品贸易竞争指数仅小幅增长，增幅较大的如编号为3002和2936的产品，仅为0.232和0.103。14类4位码产品中，有10类产品的价格指数呈下降态势，降幅最大的是编号为3001的产品；价格指数增加的4类产品种，增幅最大的是编号为2922的产品。

表11　1998～2003年全球目标市场中国医药制造业贸易竞争指数

商品编号	商品名称	1998年	1999年	2000年	2001年	2002年	2003年
2922	含氧基氨基化合物	0.401	0.161	0.138	0.035	0.103	0.038
2933	仅含有氮杂原子的杂环化合物	－0.088	－0.186	－0.261	－0.125	－0.082	－0.066
2934	核酸及其盐，其他杂环化合物	0.566	0.400	0.478	0.458	0.424	0.332
2935	磺（酰）胺	0.897	0.806	0.699	0.671	0.610	0.637
2936	维生素原和维生素及其作维生素的衍生物	0.769	0.715	0.831	0.848	0.831	0.871
2937	激素、前列腺素等及其衍生物和结构类似物	0.973	0.873	0.922	0.941	0.952	0.949
2938	天然或合成再制的苷及其盐、醚、脂等衍生物	0.982	0.966	0.858	0.831	0.807	0.833
2939	生物碱及其盐、醚、脂等衍生物	0.861	0.916	0.906	0.792	0.823	0.889
2840	化学纯糖，糖醚、糖脂及其盐	0.955	0.945	0.953	0.961	0.951	0.926

续表

商品编号	商品名称	1998年	1999年	2000年	2001年	2002年	2003年
2941	抗菌素	0.632	0.580	0.642	0.501	0.494	0.542
30	药品	0.284	-0.004	-0.088	-0.144	-0.177	-0.205
3001	供治疗或预防疾病的未列名的人体或动物制品	0.988	0.965	0.994	0.924	0.902	0.894
3002	人血，医用动物血制品，抗血清、疫苗等	-0.888	-0.818	-0.829	-0.884	-0.548	-0.656
3003	成分≥两种的混合药品，未配定剂量	0.010	0.035	-0.150	-0.235	-0.327	-0.302
3004	由混合或非混合产品构成的药品，已配定剂量	-0.071	-0.415	-0.468	-0.505	-0.541	-0.579

资料来源：中华人民共和国海关总署.《中国海关统计年鉴》（1998～2003）. 北京，中华人民共和国海关总署《海关统计》编辑部

表12 1998～2003年全球目标市场中国医药制造业出口价格指数

商品编号	商品名称	1998年	1999年	2000年	2001年	2002年	2003年
2922	含氧基氨基化合物	0.049	0.003	2.622	1.997	1.835	1.518
2933	仅含有氮杂原子的杂环化合物	2.178	2.261	1.650	2.066	2.181	1.668
2934	核酸及其盐，其他杂环化合物	1.343	0.382	0.380	0.416	0.378	0.190
2935	磺（酰）胺	7.446	0.476	0.261	0.327	0.239	0.246
2936	维生素原和维生素及其作维生素的衍生物	0.530	0.333	0.570	0.595	0.549	0.725
2937	激素、前列腺素等及其衍生物和结构类似物	0.783	0.219	0.196	0.324	0.175	0.197
2938	天然或合成再制的苷及其盐、醚、脂等衍生物	1.567	0.598	0.520	0.723	0.307	0.605
2939	生物碱及其盐、醚、脂等衍生物	0.251	0.379	0.186	0.085	0.058	0.033
2840	化学纯糖，糖醚、糖脂及其盐	0.440	0.968	1.644	1.327	1.059	1.205
2941	抗菌素	0.203	0.066	0.206	0.212	0.165	0.198
30	药品	0.339	0.219	0.211	0.177	0.112	0.102
3001	供治疗或预防疾病的未列名的人体或动物制品	32.867	2.136	13.406	1.720	0.758	0.644
3002	人血，医用动物血制品，抗血清、疫苗等	0.444	0.501	0.500	0.573	1.397	0.947
3003	成分≥两种的混合药品，未配定剂量	0.333	0.295	0.174	0.134	0.139	0.130
3004	由混合或非混合产品构成的药品，已配定剂量	0.340	0.192	0.206	0.176	0.108	0.096

资料来源：中华人民共和国海关总署.《中国海关统计年鉴》（1998～2003）. 北京，中华人民共和国海关总署《海关统计》编辑部

3. 技术能力变化指数

6 年来，中国医药制造业研究开发人员、经费投入均呈增长态势。R&D 人员比例年均复合增长率达 7.4%，比高技术产业年均增幅高 2%。小类产业中，化学药品制造业年均增速最高，达 10.7%。R&D 经费占销售收入的比例年均增长达 8.6%，同期高技术产业年均递减 0.01%；小类产业中，中成药制造业年均增速最高，达 20.1%，生物、生化制品制造业年均递减 9.2%。R&D 经费占增加值的比例年均增长达 6.6%，同期高技术产业年均仅增长 1.8%；小类产业中，中成药制造业年均增速最高，达 19.1%，而生物、生化制品的制造业却年均递减 2.3%（表 13）。

6 年来，中国医药制造业越来越重视技术学习和自主研发。技术引进经费占销售收入的比例年均增长达 11.7%，同期高技术产业年均仅增长 2.4%。小类产业中，化学药品制造业年均增速最高，达 14.8%，中成药制造业和生物、生化制品的制造业均呈递减态势。消化吸收经费与技术引进经费的比例年均增长达 15.2%，而同期高技术产业年均递减 21.7%。小类产业中，生物、生化制品的制造业年均增速最高，达 48.1%（表 13）。

6 年来，中国医药制造业新产品开发能力有所增强，但新产品国际市场竞争力增长较慢。新产品销售率和新产品出口销售率振荡上扬，年均增速分别为 4.2% 和 6.5%。同期高技术产业新产品销售率年均递减 2.0%，新产品出口销售率年均增长 6.7%，导致医药制造业新产品销售率与高技术产业的差距缩小到 10.9%，新产品出口销售率的差距扩大到 18.8%（表 13）。

6 年来，中国医药制造业技术创新能力有所加强，但是没有高技术产业总体技术创新能力提高快。中国医药制造业专利授权数和拥有发明专利数保持年均 36.5% 和 15.4% 的速度增长，远低于高技术产业 50.4% 和 34.2% 的增速，导致专利申请数和拥有发明专利数占高技术产业的比例大幅度下降，专利申请数比例由 25.6% 下降到 15.8%，发明专利数的比例由 29.1% 降为 13.7%。小类产业中，中成药制造业专利授权数年均增长仅为 18.2%，拥有发明专利数更是年均递减 4.4%，创新能力趋于弱化。生物、生化制品制造业专利授权数和拥有发明专利数保持较高增长速度（年均增长 44.5% 和 54.0%），同期该产业的 R&D 人员比例和 R&D 经费比例均逐年递减，由于 R&D 投入产出具有滞后性特点，R&D 投入减少必然会影响到未来生物、生化制品制造业的技术创新能力（表 13）。

综上所述，6 年来中国医药制造业各项技术能力指数保持增长态势，技术能力有所提高。与高技术产业整体水平相比，创新活力提高较慢。如果不加大技术投入，小类产业中中成药制造业和生物、生化制品的制造业技术能力衰弱将不可避免。

表 13 1998～2003 年中国医药制造业技术能力指数

产业名称	年份	R&D 人员比例（%）	R&D 经费占销售收入的比例（%）	R&D 经费占增加值的比例（%）	技术引进经费比例（%）	消化吸收经费比例（%）	新产品销售率（%）	新产品出口销售率（%）	专利申请数（项）	拥有发明专利数（项）
高技术产业	1998	2.96	1.37	5.02	0.49	20.55	29.28	22.69	1076	771
	1999	4.05	1.37	5.17	0.46	14.69	30.91	22.07	1482	845
	2000	4.09	1.83	6.74	0.77	7.16	40.86	27.31	2245	1443
	2001	4.65	1.78	7.27	0.86	4.70	32.59	24.61	3379	1553
	2002	4.74	1.79	7.13	0.90	5.59	32.69	26.23	5590	1851
	2003	3.85	1.31	5.50	0.55	6.04	26.52	31.38	8270	3356
医药制造业	1998	1.76	0.94	2.92	0.22	12.83	12.73	9.16	275	224
	1999	2.19	1.01	2.89	0.21	46.15	12.97	11.34	283	232
	2000	2.09	1.26	3.46	0.42	26.67	15.93	8.93	547	414
	2001	2.47	1.48	4.11	0.37	15.61	15.50	8.27	735	308
	2002	2.88	1.41	3.93	0.43	17.72	16.27	10.92	999	484
	2003	2.52	1.42	4.02	0.38	25.98	15.63	12.58	1305	459
化学药品制造业	1998	1.62	1.06	3.84	0.20	16.36	13.04	12.00	63	51
	1999	2.08	0.99	3.24	0.17	71.52	14.13	11.95	137	99
	2000	1.93	1.24	3.87	0.39	39.35	18.96	9.78	215	165
	2001	2.30	1.37	4.24	0.42	11.87	15.11	10.35	214	138
	2002	3.11	1.37	4.13	0.33	14.65	15.49	14.96	491	273
	2003	2.70	1.36	4.21	0.40	27.67	16.92	14.44	490	223
中成药制造业	1998	1.68	0.55	1.36	0.27	5.48	11.70	0.75	197	169
	1999	2.04	0.86	1.95	0.25	2.98	9.94	9.60	124	123
	2000	1.96	1.01	2.31	0.33	2.36	8.73	1.04	286	211
	2001	2.53	1.52	3.66	0.33	11.04	15.68	0.46	480	146
	2002	2.16	1.44	3.58	0.53	5.39	17.06	2.15	391	165
	2003	1.75	1.38	3.27	0.27	13.76	9.95	4.57	455	135

续表

产业名称	年份	R&D 人员比例（%）	R&D 经费占销售收入的比例（%）	R&D 经费占增加值的比例（%）	技术引进经费比例（%）	消化吸收经费比例（%）	新产品销售率（%）	新产品出口销售率（%）	专利申请数（项）	拥有发明专利数（项）
生物、生化制品制造业	1998	6.40	1.92	3.64	0.13	34.40	15.97	10.93	13	3
	1999	5.87	2.05	5.26	0.62	45.47	13.56	0.97	18	6
	2000	5.36	2.60	5.10	1.15	10.48	15.06	13.06	43	37
	2001	4.57	2.43	5.01	0.16	149.12	17.60	15.66	18	24
	2002	3.13	1.58	3.69	0.54	95.29	18.21	13.04	60	43
	2003	2.91	1.18	3.23	0.10	244.99	16.68	27.00	82	26

资料来源：根据《中国高技术产业统计年鉴》（2003、2004）有关数据计算

4. 比较优势变化指数

1998～2002 年，医药制造业大中型企业年末固定资产原价（图 5）从 599.08 亿元增加到 2147.68 亿元，年均增长达 29.1%，远高于高技术产业大中型企业固定资产原价的年均增长速度（18.7%），占高技术产业年末固定资产原价比例由 24.0% 上升到 36.5%。2003 年由于按新的企业规模标准划分大、中、小型企业，许多按原标准应划为中型的企业，被划为小型企业，故大中型企业年末固定资产原价的数据较上年缩小很多。

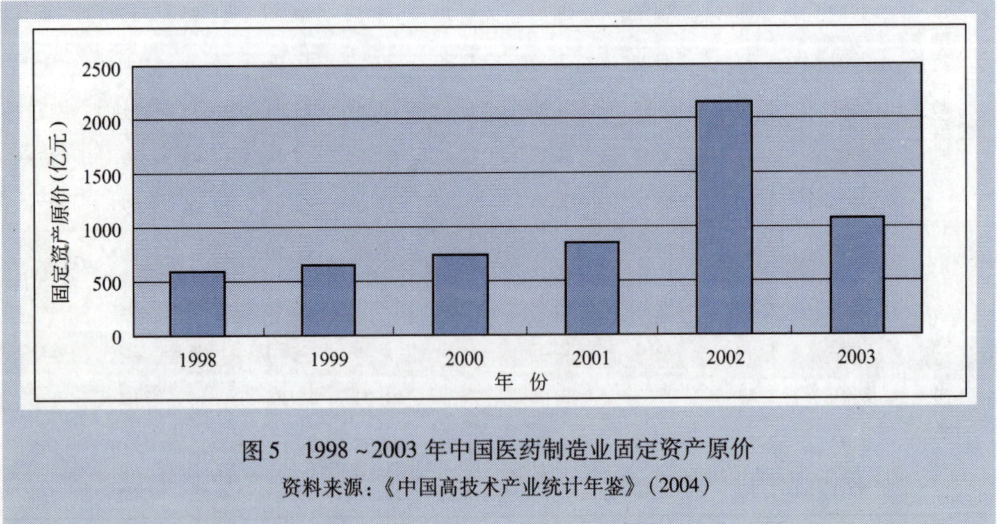

图 5 1998～2003 年中国医药制造业固定资产原价

资料来源：《中国高技术产业统计年鉴》（2004）

1998～2003 年，中国医药制造业资产负债率由 62.20% 降为 53.94%（表 14），降幅为 8.26%，大于同期全部工业企业资产负债率的降幅，已经接近了资产负债安全线（50%），产业运行态势趋于良好。主要产品的产量，如中成药由 2000 年的 38.80 万吨增长到 2003 年的 94.32 万吨，化学原料药由 2000 年的 52.57 万吨增长到 2002 年的 99.42 万吨，2003 年下降为 73.93 万吨（表 15）。从劳动力成本来看，自 1990～2003 年，中国制造业职工平均工资由 2073.0 元/（人·年）增长到 11 001.0 元/（人·年），年均复合增长率达 14.9%，远高于同期美国 2.9% 的增长率；虽然增幅巨大，但绝对量仍远小于发达国家水平，考虑到中国人口基数巨大、经济水平还比较落后等特点，可以预期中国劳动力低成本比较优势仍会持续相当长时期，为我国医药制造业发展提供了有利的条件。

表 14 近年来中国医药制造业资产负债率 （%）

	全部工业企业	医药制造业	化学药品原药制造业	化学药品制剂制造业	中成药制造业	兽用药制造业	生物、生化制品制造业
1998	63.74	62.20	69.10	62.60	56.20	66.00	50.90
1999	61.83	60.10	68.20	61.30	52.30	69.30	47.70
2003	58.72 *	53.94	59.77	53.55	50.98	58.91	48.01

资料来源：根据《中国工业统计年报》（1999、2003）有关数据计算

＊为 2002 年数据

表 15 2000～2003 年中国医药制造业主要产品产量 （万吨）

产品名称 \ 年份	2000	2001	2002	2003
化学原料药	52.27	76.22	99.42	73.93
中成药	38.80	65.59	70.91	94.32

资料来源：《中国工业统计年报》（2001、2003）

综上所述，中国医药制造业 6 年来运行态势良好，国际竞争力有所增强。低成本、低价格优势依然明显。与高技术产业相比，资源转化能力得到更快提高；市场化能力及新产品国际市场开拓能力呈下降态势；创新活力提高较慢；生物、生化制品的制造业技术投入快速下降，前景堪忧。

六、主要结论与建议

中国医药制造业竞争实力、竞争潜力、竞争环境和竞争态势评价分析结果表明，

中国医药制造业已经形成了门类较为齐全的产业体系，但产业规模、市场规模依然较小。总体上讲，我国医药产业结构逐步优化，产业组织集中度明显提高，市场规模快速成长，劳动力低成本优势显著，投资回报率较高，对资本有着很大的吸引力。我国医药制造业劳动生产率仍然较低，工业增加值率和产值利税率等相对差距较小。产业装备技术水平较低，特别是中成药制造业。值得指出的是，医药制造业及其小类产业中三资企业微电子控制设备的比重均显著小于整体水平。这既可能是国内医药企业重视装备更新，也可能是外资向中国的技术转移比较保守。数据进一步表明我国医药制造业开放度相对较低，三资企业影响较小。

我国医药制造业创新活力和能力与国外差距巨大。R&D 人员密度和经费强度都低于高技术产业平均水平，也远低于发达国家。企业平均规模偏小，已经成为制约企业 R&D 投入的重要因素。医药制造业相比之下更注重技术学习与模仿创新，消化吸收经费与引进技术经费之比远远高于其他行业。我国医药造业新产品开发能力相对较弱，新产品缺乏国际竞争力。凭借价格比较优势，中国医药产品在美国、日本和欧洲市场具备一定的国际市场竞争力，产品结构互补性较强，在美国、欧洲市场各有一类产品具有绝对竞争优势。

全球化和科技发展日新月异，为医药制造业跨越式发展注入活力。全面建设小康社会战略部署和国家中长期科学和技术规划纲要的实施，为医药制造业发展带来历史性机遇；知识产权保护、药品监管和流通政策法规进一步完善，为医药制造业创造了一个公平、公正和公开的市场竞争环境，有利于推进医药制造业自主创新。6年来，中国医药制造业在国际市场份额保持了良好的增长势头，贸易规模迅速增长。出口贸易竞争指数振荡下滑，价格指数持续下降，竞争力有下降趋势；研究开发人员、经费投入均呈增长态势，越来越重视技术学习和自主研发。新产品开发和技术创新能力有所增强，但是比较缓慢。

为了提高我国医药制造业的国际竞争力，我们认为应重点解决以下 6 方面问题：

（1）建立我国医药行业技术创新体系。增加政府对药物研究开发投入，引导社会资金共同投资建设现代医药研究开发技术平台、医药文献数据服务体系，完善共建共享机制，为我国药物研究实现从仿制向非专利药物和创新药物研发的转变提供技术支撑。

（2）强化企业技术创新体系建设。通过国家创新政策和创新基金引导，降低药品研究开发风险，鼓励企业大幅度增加研究开发投入，加强企业技术中心建设，支持企业建立技术战略联盟，积极发展生物医药技术，促进生物与新医药高新技术产业化，推动医药产业结构调整，大幅度提高医药产业技术含量和国际市场竞争力。

（3）实施中药现代化发展战略。充分吸纳现代科学技术的理论、方法、手段，完善和发展中医药理论，建立中医临床疗效评价体系、制药工程技术体系、创新产品研发体系，加强中药创新研究，加快中药专利的产生和获得，支持在国外申请中药专利，在WTO规则框架内，熟悉规则、用好规则，使我国中药的传统优势转变为技术和经济优势，提高中药制造业的国际竞争力。

（4）加强医药知识产权保护与管理。充分运用知识产权制度的保护功能和信息功能，促进我国医药产业技术创新，保护医药企业和消费者利益，提高我国医药制造业国际竞争力；完善产品技术标准、质量监控体系，强化产品质量控制，建立药品不良反应监测与反馈系统；建立医疗技术、医疗器械的技术评估体系，使新产品研究开发规范化、生产标准化。

（5）促进产学研合作研究和人才培养。制定优惠政策，一方面鼓励以企业主导的产学研合作研究开发创新药物，消化吸收国外先进技术；另一方面鼓励医药企业在高校和研究所建立联合实验室，鼓励高校在医药企业建立教学实习基地，支持在大型医药企业设博士后流动站，吸引海内外人才到医药企业工作，允许产学研的研究开发人员相互兼职，完善企业人才结构，提高企业人才技术水平。

（6）推进大企业研究开发活动的国际化。通过建立海外研发中心和加强医药技术竞争情报服务网络建设，有效整合国内外技术创新资源，降低技术创新风险，提高企业跨国经营能力；同时鼓励医药跨国公司和外国医药研究开发机构在我国建立研发中心或合作研究机构，提高我国医药制造业整体技术水平。

参考文献

[1] 郭克莎．中国医药制造业的国际地位与比较优势．经济管理，2003，17

[2] 国家统计局、科学技术部等．中国高技术产业统计年鉴（2003、2004）．北京：中国统计出版社．2003

[3] 国家统计局．中国工业统计年报，1998～2003

[4] 国家统计局．中国统计年鉴（1998～2004）．北京：中国统计出版社．2003

[5] 穆荣平．中国高技术产业国际竞争力评价．2000高技术发展报告．北京：科学出版社．2000. 212～250

[6] 穆荣平．中国高技术产业国际竞争力评价指标研究．中国科技论坛，2000，3：28～32

[7] 中国化学工业年鉴编辑委员会．中国化学工业年鉴．北京：化学工业出版社．2004

[8] 中华人民共和国海关总署．中国海关统计年鉴（1998～2003）．中华人民共和国海关总署《海关统计》编辑部．2004

[9] 朱之鑫主编．国际统计年鉴．北京：中国统计出版社．2004

5.2 中国高技术产业竞争实力及其演进态势分析

赵兰香　吴灼亮
（中国科学院科技政策与管理科学研究所）

20 世纪后期以来，以信息技术产业、生物技术产业为重点的高技术产业迅速成长，已经成为体现一个国家竞争力的重要先导产业和国民经济发展的新增长点。因此，高技术产业国际竞争力日益受到政府、企业和学术界的关注。

高技术产业竞争力主要体现在竞争实力、竞争因素两个方面。竞争实力表征的是高技术产业的市场实现程度，即高技术产业所具有的开拓市场、占据市场并获得利润的能力，又可分解为市场化能力和资源转化能力。竞争因素表征的是支撑竞争实力持续发展的相关要素、产业组织和经济技术环境等因素。本文主要分析中国高技术产业竞争实力及其演进态势。

一、高技术产业竞争实力

1. 中国高技术产业的资源转化能力仍然薄弱

资源转化能力是将生产要素和资源转化为产品和服务的效率和效能，主要体现在全员劳动生产率、固定资产生产率、增加值率和产值利税率 4 个指标。全员劳动生产率是根据产品的价值量指标计算的平均每一个从业人员在单位时间内的生产价值能力，是考核企业经济活动的重要指标，是企业生产技术水平、经营管理水平、职工技术熟练程度和劳动积极性的综合体现。固定资产生产率指单位时间内单位固定资产的价值创造量，反映固定资产的质量、技术水平、结构及运行状态等。工业增加值率指在一定时期内工业增加值占同期工业总产值的比重，反映降低中间消耗的经济效益。产值利税率反映企业的生产赢利能力。

2003 年中国高技术产业全员劳动生产率达 10.55 万元/（人·年），远高于全部制造业的 6.98 万元/人。同年，高技术产业的增加值率和产值利税率分别为 24.49% 和 7.13%，均明显低于全部制造业的平均水平（26.77% 和 9.52%）。从固定资产生产率指标来看，2003 年高技术产业（0.91 元/元）高出全部制造业（0.39 元/元）

0.52元/元。在高技术产业包括的中类产业中，电子计算机及办公设备制造业资源转化能力较强，全员劳动生产率和固定资产生产率最高，分别达到17.19万元/人和1.82元/元，而增加值率和产值利税率最低，仅为高技术产业平均水平的70%和49%，这是因为我国计算机及办公设备制造业处于产业国际分工的低端，一方面组装装配能力较强，另一方面，需要进口大量价值含量高的部件，如芯片等。医药制造业具有较强的赢利能力，增加值率和产值利税率最高，分别达到35.47%和15.46%。航空航天器制造业资源转化能力较弱，全员劳动生产率和固定资产生产率仅为高技术产业平均水平的39%和30%，不过增加值率略高于高技术产业的平均水平。

表1　2003年中国高技术产业资源转化能力指标

指标名称	全部制造业	高技术产业	医药制造业	航空航天器制造业	电子及通信设备制造业	电子计算机及办公设备制造业	医疗设备及仪器仪表制造业
劳动生产率（万元/人）	6.98	10.55	8.88	4.09	11.55	17.19	6.07
增加值率（%）	26.77	24.49	35.47	25.58	25.17	17.06	30.17
产值利税率（%）	9.52	7.13	15.46	5.07	6.60	3.51	11.52
固定资产生产率（元/元）	0.39	0.91	0.95	0.27	0.82	1.82	1.11

资料来源：根据《中国高技术产业统计年鉴》（2004）整理计算

从国际比较来看，2000年美国、英国和加拿大高技术产业增加值率分别高达42.6%、35.8%和34.4%。2001年意大利、德国和日本高技术产业增加值率分别为40.5%、35.8%和36.4%。以上国家高技术产业增加值率均远高于中国的水平；除英国外，其他国家高技术产业增加值率均高于本国全部制造业增加值率水平。法国和韩国2001年高技术产业增加值率分别为26.4%和22.2%，与我国的水平相当（图1）。劳动生产率方面，2000年美国制造业和高技术产业劳动生产率分别为8.04万美元/（人·年）和11.7万美元/（人·年）；2001年日本、德国、法国和意大利的制造业和高技术产业劳动生产率分别超过4万美元/（人·年）和5.2万美元/（人·年）（表2）。中国制造业和高技术产业劳动生产率约为美国的1/10～1/9；约为日本、德国、法国和意大利最低水平的1/5～1/4。利税率方面，1998年美国制造业公司销售利润率为6.04%，资金利润率为5.94%①加上税收应接近或高于我国高技术产业2003年的产值利税率。

① 资料来源：朱之鑫主编：《国际统计年鉴》（2000），中国统计出版社，2000，689

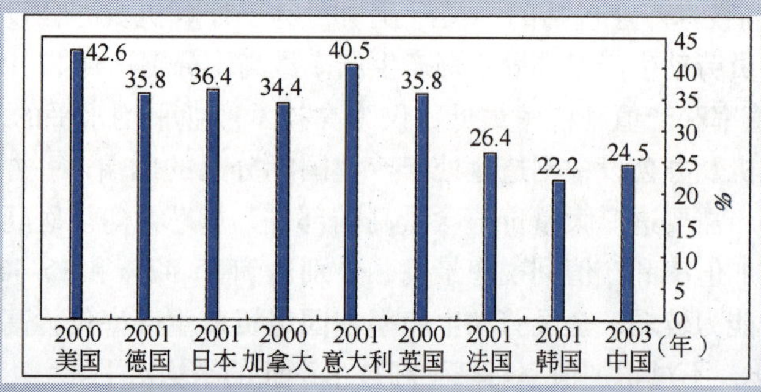

图 1　部分国家高技术产业增加值率的比较

资料来源：中国数据根据《中国高技术产业统计年鉴》（2004）整理计算；其他国家数据来自OECD《结构分析数据库》（2004）

表 2　部分国家高技术产业劳动生产率　　（千美元/人）

	中国 2003	美国 2000	日本 2001	德国 2001	法国 2001	英国 2000	意大利 2001
制造业	8.4	80.4	71.2	47.5	57.3	58.6	40.0
高技术产业	12.7	117.0	89.8	52.6	74.8	79.9	54.7
医药制造业	10.7	212.0	236.2	75.8	124.9	123.9	88.8
航空航天器制造业	4.9	94.0	95.6	70.3	93.8	67.3	71.5
电子及通信设备制造业	13.9	127.8	79.4	44.5	50.4	87.8	46.7
电子计算机及办公设备制造业	20.8	150.2	82.5	54.2	80.5	83.8	34.0
医疗设备及仪器仪表制造业	7.3	74.9	62.5	43.9	57.6	60.5	37.9

资料来源：中国数据根据《中国高技术产业统计年鉴》（2004）整理计算；其他国家数据来自 OECD《结构分析数据库》（2004）

总体上看，与美国、日本和欧洲相关产业相比，中国高技术产业的资源转化能力仍然较弱，特别是劳动生产率和工业增加值率上的差距仍然巨大。在国际高技术产业链中，中国高技术产业分工和利益分配地位较低。

2. 中国高技术产业的市场化能力优势明显

市场化能力主要体现在相对规模、市场占有率、贸易竞争指数、出口优势变差指数、显示性比较优势指数、相对出口优势指数、新产品销售率、新产品出口销售率、重点产品价格指数等9项指标上。

第一，高技术产业绝对规模较大，相对规模较小。

我国高技术产业规模已经名列世界前茅，但是占GDP的比例还比较小。2001年我国高技术产业的产值规模约为1480亿美元，仅低于美国和日本在世界排第3位，略高于排在第4位和第5位的德国和英国①。但是，2000年中国高技术产业增加值占制造业增加值比重为9.3%（表3），远低于同期美国、日本、法国和韩国等国水平。2003年，中国高技术产业增加值占GDP的比重也仅为4.3%。

表3　部分国家高技术产业产值和增加值占制造业产值和增加值的比重　（%）

	高技术产业产值占制造业产值的比重						高技术产业增加值占制造业增加值的比重					
	1995	1996	1997	1998	1999	2000	1995	1996	1997	1998	1999	2000
中国	5.6	6.3	6.6	7.5	8.3	9.3	6.2	6.6	6.9	8.1	8.7	9.3
美国	16.9	17.5	18	18.5	18.6	19.7	20.1	21.1	21.6	21.8	22.1	23
日本	15.3	15.9	16.1				16	16.5	16.7	16.8	17.8	18.7
德国	7.8	8.2	8.6	8.5	9.2		8.8	9.2	9.6	9.5	10.3	11
法国	13	13.4	14.3	14.9	15.5	15.5	13	12.5	13.9	13.7	14	13.6
英国	14.1	14.6	15.5	16.2			14.5	14.3	15	15.5	16.3	17
加拿大	8.6	8.5	8.6	9.4	9.7		9.3	9.3	9.6	9	10.4	
意大利	6.9	7.7	7.5	7.4	7.4		8.2	8.7	8.5	8.6	9	
韩国	17.3	17	17.8	19.2	21.5		18.6	17.2	17.2	17.5	19.3	20.9

资料来源：科技部，《中国科技指标》（2002）第108页．科学技术文献出版社，2003；《中国高技术产业统计年鉴》（2003）第588页

第二，国际市场占有率不断扩大，国内市场占有率有所收缩。

高技术产业国际竞争力最终表现在其产品的国际市场占有率②上。2000年中国高技术产业国际市场占有率为4.1%（图2），仅为美国同年高技术产业国际市场占有率的21%，日本的32%，德国的49%，列世界主要高技术产品生产国第9位（表3）。与发达国家相比，中国高技术产业国际市场竞争力仍然较弱。

① 资料来源：中国科技促进发展研究中心．中国高技术产业发展态势分析．http：//cssd. acca21. org. cn/2003/news0318. html

② 高技术产业国际市场占有率＝某国高技术产品出口额/世界高技术产品出口总额×100%

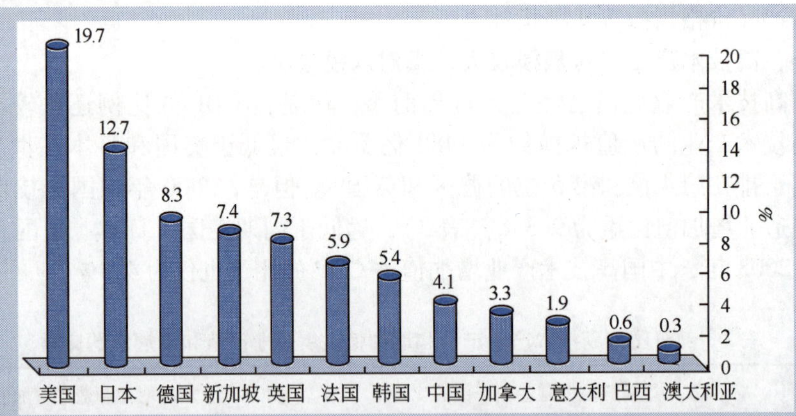

图 2　2000 年部分国家高技术产业国际市场占有率

资料来源：国家统计局等编《中国高技术产业统计年鉴》（2003）（中国统计出版社，2003）第 589 页；http：//www. sts. org. cn/sjkl/gjscy/DATA2003/2003-1. htm

美国不仅是世界最大的高技术产品生产国，也是最大的高技术产品消费国。因此，高技术产品的美国市场占有率①也反映了一个国家（地区）高技术产业的国际竞争力。中国高技术产品在美国市场具有较高的占有率，显示出较强的竞争力。2002 年中国内地高技术产业美国市场占有率为 10. 3%，在美国高技术产品主要贸易伙伴中，仅次于日本（12. 14%），居于第二位。小类产业中，光电子和信息通信更是以 34. 09% 和 16. 47% 的市场占有率雄踞首位（表 4）。

表 4　2002 年部分国家和地区高技术产业②美国市场占有率　　（%）

	中国内地	日本	韩国	德国	法国	芬兰	爱尔兰	新加坡	印度	中国台湾
全部高技术产业	10. 30	12. 14	7. 08	4. 14	4. 94	0. 33	6. 47	5. 16	0. 10	6. 83
生物技术	0. 71	1. 48	0. 12	2. 62	14. 78	0. 06	14. 06	0. 00	0. 04	0. 02
生命科学	1. 70	7. 08	0. 29	10. 40	5. 58	0. 31	40. 25	3. 64	0. 44	0. 32
光电子	34. 09	25. 55	3. 78	2. 16	0. 87	0. 07	0. 21	1. 82	0. 23	1. 48
信息通信	16. 47	12. 85	9. 49	0. 96	0. 79	0. 44	1. 93	7. 49	0. 03	9. 56

① 一国（地区）高技术产品美国市场占有率 =［一国（地区）高技术产品向美国出口额/美国高技术产品进口总额］×100%

② 注：美国调查统计局统计的高技术产品（Advanced Technology Products）包括：生物技术、生命科学、光电子、信息通信、电子、柔性制造（Flexible Manufacturing）、先进材料（Advanced Materials）、航空航天、武器及核技术等类产品。与我国高技术产业统计口径可能略有不同

续表

	中国内地	日本	韩国	德国	法国	芬兰	爱尔兰	新加坡	印度	中国台湾
电子	3.05	9.96	13.44	3.86	1.80	0.10	0.39	4.89	0.07	12.28
柔性制造	2.00	43.22	1.19	9.17	1.18	0.36	0.36	0.62	0.13	2.29
先进材料	2.70	44.66	8.06	13.13	4.15	2.71	0.03	2.12	0.18	3.64
航空航天	0.40	5.52	0.85	9.35	24.93	0.06	0.22	0.51	0.02	0.21
武器	8.99	2.52	1.31	6.92	0.62	0.02	0.00	0.13	0.18	6.35
核技术	5.45	0.58	0.07	7.16	14.77	0.29	0.00	0.00	0.22	0.00

资料来源：根据 http：//www.census.gov/foreign-trade/statistics/product/atp/2003/12/ctryatp/atp5700.html 有关数据计算

随着中国对外开放程度的不断扩大，国内市场已成为国际市场的一部分。因此，中国高技术产业国内市场占有率也能反映高技术产业国际竞争力强弱。限于可获得的统计数据，这里采用近似方法计算高技术产业国内市场占有率①。

表 5 反映出中国高技术产业国内市场占有率 1997 年以来逐年降低，2003 年为 52.4%，比上年降幅高达 4.4 个百分点。对此我们不能简单解释为中国高技术产业国际竞争力正在下降。事实上，在目前的国际高技术产业分工中，中国高技术产业仍集中在技术含量和增加值较低的一端，而随着经济的快速增长，收入不断提高，中国高技术产品市场需求不断成熟，高端产品进口量持续扩大，这应是中国高技术产业国内市场占有率持续下降的原因之一。

表 5　中国高技术产业国内市场占有率

指标名称	计量单位	1997	1998	1999	2000	2001	2002	2003	2004（1~6月）
出口额	亿元	1 352.05	1 676.52	2 044.74	3 066.32	3 844.67	5 616.77	9 131.19	5 846.05
进口额	亿元	1 980.41	2 417.50	3 112.64	4 346.99	5 306.38	6 856.67	9 874.46	5 971.86
销售收入	亿元	5 618	6 580	7 820	10 034	12 015	14 614	19 984.77	11 997.59
高技术产品国内市场占有率	%	68.3	67.0	65.0	61.6	60.6	56.8	52.4	50.7

资料来源：根据 http：//www.sts.org.cn/sjkl/gjscy/DATA2003/2003-2.htm 和发改委高技术产业司《高技术产业工作动态》第 45、46 期有关数据计算

第三，在美国市场竞争优势明显，在全球市场贸易竞争力较弱。

贸易竞争指数②反映一个国家某类产品的贸易盈亏程度。贸易竞争指数大于 0，

① 高技术产品国内市场占有率 = ［（高技术产品销售收入 - 出口额）/（高技术产品销售收入 - 出口额 + 进口额）］×100%

② 贸易竞争指数 =（出口额 - 进口额）/（出口额 + 进口额）

表示该国是该类产品的净出口国，该国在该类产品的生产效率高于国际水平，具有较强的出口竞争力；反之，则表明该国该类产品生产效率低于国际水平，出口竞争力较弱；如果指数为0，则说明该国该类产品的生产效率与国际水平相当，其进出口纯属国际间产业内品种交换。

从全球市场来看，2001 年中国高技术产业出口额为 464.5 亿美元，进口额为 641.1 亿美元，贸易竞争指数为 -0.160，在所有 9 个国家和地区中最低，表明贸易竞争力较弱（表6）。

表 6　2001 年部分国家高技术产业进出口额及贸易竞争指数（亿欧元，中国为亿美元）

	中国	欧盟	德国	法国	英国	芬兰	爱尔兰	日本	美国
出口额	464.5	4263	1014	645	819	100	401	1111	2339
进口额	641.1	4230	989	567	812	64	213	718	2396
贸易竞争指数	-0.160	0.004	0.012	0.064	0.004	0.220	0.306	0.215	-0.012

资料来源：根据 http://www.stat.fi/tk/yr/ttt_huippuk9_en.html 及《中国科学技术指标·2002》有关数据计算

从美国市场来看，在美国高技术产品主要贸易伙伴中，中国内地高技术产业贸易竞争指数高达 0.559，仅次于爱尔兰（0.632），居第二位（表 7），显示出较强的竞争力且具有规模优势①。

表 7　部分国家和地区高技术产业对美国的进出口额及贸易竞争指数（千美元）

	2002			2003		
	进口额	出口额	贸易竞争指数	进口额	出口额	贸易竞争指数
中国内地	8 288 754	20 096 744	0.416	8 290 129	29 345 228	0.559
日本	16 853 060	23 687 697	0.169	16 945 073	22 385 970	0.138
韩国	9 600 407	13 822 129	0.180	9 569 515	14 412 915	0.202
德国	9 347 172	8 088 511	-0.072	9 306 828	8 007 928	-0.075
法国	8 512 131	9 644 897	0.062	6 672 269	9 205 969	0.160
芬兰	593 767	639 278	0.037	422 011	607 868	0.180
爱尔兰	2 823 190	12 623 607	0.634	3 285 846	14 573 907	0.632
中国台湾	9 175 887	13 330 717	0.185	8 225 854	12 044 561	0.188
新加坡	8 138 406	10 061 719	0.106	8 430 711	10 407 837	0.105
印度	1 254 992	198 531	-0.727	1 328 387	252 978	-0.680

资料来源：根据 http://www.census.gov/foreign-trade/statistics/product/atp/2003/12/ctryatp/atp5700.html 有关数据计算

① 一般认为，贸易竞争指数≥0.5，即在该市场具有较大的规模经济

第四，出口竞争力增势强劲。

出口优势变差指数①的直接含义就是将各高技术产业的出口增长率与国家总的外贸出口增长率进行比较，从而可以确定一个时期内，高技术产业出口竞争力增强或减弱的程度。

1998~2003年，中国对外贸易出口额年均增长率为19%，同期，高技术产业出口增长率年均达34.04%，出口优势变差指数为17.04。一般而言，出口优势变差指数大于10，即表明该产业（产品）出口竞争力保持强劲的增长势头，优势明显(表8)。

表8 中国高技术产业出口优势变差指数

指标名称	计量单位	1998	1999	2000	2001	2002	2003	1998~2003年均增长
总出口额	亿美元	1837.12	1949.31	2492.03	2661.00	3256.00	4383.74	
高技术产业出口交货值	亿元	2042.00	2413.00	3388.00	4282.00	6020.00	9515.64	
总出口增长率	%		6.10	27.80	6.80	22.40	34.60	19.00
高技术产业出口增长率	%		18.17	40.41	26.39	40.59	58.07	36.04
出口优势变差指数			12.07	12.61	19.59	18.19	23.47	17.04

资料来源：根据 http：//www.customs.gov.cn/tongjishujv/a/Page1.htm 及 http：//www.sts.org.cn/sjkl/gjscy/DATA2003/2003-2.htm 有关数据计算

第五，与总出口相比，具有小幅相对出口优势。

相对出口优势指数②是用于描述一个国家或地区某一类产品的出口相对于世界平均水平的高低，可以部分地反映其国际竞争力。相对出口优势指数大于1，表示该国（地区）该产业（产品）具有相对的出口优势；小于1表示该产业（产品）处于相对的出口劣势；若等于1，则表示处于国际平均水平。

限于可获得的数据，根据相对出口优势指数的定义，计算出2000年世界主要高技术产品出口国的相对出口优势指数，如表9所示。在12个国家中，有7个国家相对出口优势指数大于1，最高是新加坡达3.416，其次是韩国为1.995，反映出在这两个国家，高技术产业具有很强的比较优势。中国高技术产业的相对出口优势指数为1.047，略高于国际平均水平。

---

① 高技术产业出口优势变差指数 =（高技术产业出口年均增长率 - 总出口年均增长率）×100

② 相对出口优势指数 $a_i = (E_i/E_0) / (W_i/W_0)$，式中 E_i 为某国产品 i 的出口总额；E_0 为出口商品总额；W_i 为产品 i 的世界出口总额；W_0 为世界出口商品总额

表9　2000年部分国家高技术产业相对出口优势指数

	美国	日本	德国	新加坡	英国	法国	韩国	中国	加拿大	意大利	巴西	澳大利亚
高技术产业出口占世界高技术产业出口的份额（%）	19.7	12.7	8.3	7.4	7.3	5.9	5.4	4.1	3.3	1.9	0.6	0.3
商品出口总额占世界商品出口总额的份额（%）	12.3	7.5	8.7	2.2	4.5	4.7	2.7	3.9	4.3	3.7	0.9	1.0
相对出口优势指数	1.605	1.686	0.958	3.416	1.635	1.259	1.995	1.047	0.759	0.509	0.693	0.299

资料来源：根据 http：//www. wto. org/english/res _ e/statis _ e/its2001 _ e/section1/i05. xls 及 http：//www. sts. org. cn/sjkl/gjscy/DATA2003/2003-1. htm 有关数据计算

应该指出的是相对出口优势指数更多是衡量一国不同产业之间的相对竞争优势，而不是衡量不同国家之间的产业竞争力，即更多是衡量比较优势。有专家研究发现相对出口优势指数与世界出口份额（世界市场占有率）不相关①。

第六，与本国其他产业相比，在美国市场具有中度比较优势。

针对某一国家（地区）市场（常为重点市场）的相对出口优势指数又称显示性比较优势指数（revealed comparative advantage index，简称 RCA 指数），即

$$R_j^k = (X_i^k / \sum_j Y_{ij}^k) / (\sum_i X_i^k / \sum_i \sum_j Y_{ij}^k) = (X_i^k / \sum_i X_i^k) / (\sum_j Y_{ij}^k) / \sum_i \sum_j Y_{ij}^k)$$

式中，i 表示产业（产品），j 表示出口国（地区），k 表示市场出口国（地区）。X_i^k 表示 k 进口国（如美国）自所研究的国家（如中国）进口 i 产品之总额；Y_{ij}^k 表示 k 进口国（如美国）自 j 国进口的 i 产品之总额。

一般认为，若 RCA 指标大于2.5，该产业的竞争力（比较优势）极强；若 RCA 指标在1.25～2.5，则该产业竞争力较强；RCA 指标在0.8～1.25，产业竞争力为中度；若 RCA 指标小于0.8，那么该产业的竞争力将很弱。

2003年，在美国高技术产品主要贸易伙伴中，中国内地 RCA 指数为1.168，居第6位，具有中度比较优势；新加坡和爱尔兰，RCA 指数高达4.127和3.434，显示出极强的比较优势。小类产业中，光电子和信息通信 RCA 指数为1.972和1.959，分别居第2位和第3位，具有较强的比较优势；武器类 RCA 指数为0.988，比较优势适中；其他小类产业 RCA 指数均小于0.8，生物技术和航空航天仅为0.066和

① 相对出口优势指数与世界出口份额相关性系数在－0.5～0.5。见金碚：《竞争力经济学》第53页

0.045，比较优势极弱（表10）。

表10　2003年部分国家和地区高技术产业美国市场显示性比较优势指数

	中国内地	日本	韩国	德国	法国	芬兰	爱尔兰	新加坡	印度	中国台湾
全部高技术产业	1.168	1.151	2.349	0.713	1.912	1.024	3.434	4.172	0.118	2.313
生物技术	0.066	0.138	0.047	0.477	5.671	0.262	7.195	0.007	0.045	0.002
生命科学	0.128	0.656	0.081	1.787	2.682	1.145	20.151	3.937	0.495	0.146
光电子	1.972	2.742	1.791	0.416	0.311	0.167	0.073	1.614	0.092	1.943
信息通信	1.959	1.166	3.124	0.195	0.229	1.315	0.563	5.523	0.038	2.959
电子	0.301	0.988	4.651	0.697	0.952	0.168	0.247	4.304	0.058	5.043
柔性制造	0.224	4.349	0.498	1.786	0.570	0.862	0.272	0.778	0.053	0.915
先进材料	0.404	5.031	2.409	2.243	1.940	8.192	0.021	1.910	0.204	1.352
航空航天	0.045	0.603	0.294	1.377	9.577	0.303	0.094	0.441	0.037	0.139
武器	0.988	0.339	0.420	2.744	0.118	0.002	0.000	0.192	0.131	2.036
核技术	0.318	0.567	0.064	1.215	9.784	0.627	0.000	0.000	0.513	0.000

资料来源：根据 http：//www.census.gov/foreign-trade/statistics/product/atp/2003/12/ctryatp/atp5700.html 有关数据计算

第七，新产品开发能力较强，但新产品国际市场竞争力偏低。

新产品销售率和新产品出口销售率①是衡量高技术产业产品创新市场化能力的重要指标，它反映高技术产业竞争力可持续性的大小。高技术产业是研发密集型产业，成长性高，新产品开发及市场化能力明显高于全部制造业的平均水平。1997～2003各年高技术产业新产品销售率和新产品出口销售率远大于同年制造业的平均水平（表11）。2003年，高技术产业新产品销售率约为制造业的2倍，新产品出口销售率是制造业的1.7倍。表明与制造业相比，高技术产业有较强的新产品开发能力，新产品在国际市场具有一定的竞争力。由于缺少数据，无法直接进行国际比较，这里选取我国高技术产业中的三资企业作替代比较。2003年，高技术产业新产品销售率比三资企业高3.8%，新产品出口销售率低12.9%；新产品开发能力稍优，但新

① 新产品销售率 =（新产品销售收入/全部产品销售收入）×100%；新品出口销售率 =（新产品出口额/新产品销售收入）×100%

产品国际市场竞争力远低于三资企业。

表 11　中国高技术产业和制造业新产品销售率和新产品出口销售率　　（%）

指标名称 ＼ 年份	1997	1998	1999	2000	2001	2002	2003
高技术产业新产品销售率	14.3	18.3	19.5	24.8	23.9	23.4	22.1
高技术产业新产品出口销售率	18.1	22.7	22.1	27.3	24.6	26.2	31.4
全部制造业新产品销售率	6.7	7.9	9.2	10.6	10.9	11.5	11.3
全部制造业新产品出口销售率	13.2	14.5	13.6	16.7	15.9	16.4	18.3
三资企业新产品销售率	9.3	16.4	18.2	24.9	24.9	24.4	18.3
三资企业新产品出口销售率	40.1	39.5	33.1	39.3	31.3	30.5	44.3

资料来源：根据国家统计局等编《中国高技术产业统计年鉴》（2004）整理计算

第八，价格优势明显。

进出口价格指数①是将产品出口价格与进口价格进行比较，可以直接反映一国同类产品的价格竞争力，并间接反映一国同类产品的质量与档次（附加价值）。

根据 2002 年《中国海关统计年鉴》有关数据计算出的中国高技术产品进出口价格指数和贸易竞争指数，包括电子及通信设备制造业、电子计算机及办公设备制造业、医药制造业和航空航天制造业 4 大类共 40 余种高技术产品。

海关统计数据计算结果表明，中国电子及通信设备制造业具有一定的国际市场竞争力。相关的 21 种小类产品中，贸易竞争指数大于 0 的有 13 种。其中，无绳电话机、其他电话机、容量≥5000 门的局用数字式程控电话交换机、对讲机、无线寻呼机等贸易竞争指数更是高达 0.93 以上，具有很强的国际市场竞争力。贸易竞争指数小于 0 的 8 种产品，如光端机、脉冲编码调制设备（PCM）、波分复用光传输设备、路由器、无线用户接入网设备等，基本上是国内需求增长迅速、技术含量高、附加值高的产品，这方面，中国电子及通信设备制造业的国际市场竞争力较弱。从出口价格指数来看，21 种小类产品中，其他电话机、集线器、对讲机等出口价格指数不到 0.22，而贸易竞争指数均在 0.68 以上，具有极强的价格竞争力，充分发挥了劳动力成本低廉的优势；无绳电话机、容量≥5000 门的局用数字式程控电话交换机、模拟式移动通讯交换机、移动通讯基地站等出口价格指数均高于 1.11，而贸易

① 进出口价格指数 =（出口额/出口数量）/（进口额/进口数量）

竞争指数也均在0.51以上，已经具有极强的高端技术竞争力，在国际市场处于领先地位；光端机、脉冲编码调制设备（PCM）、其他光通讯设备、无线用户接入网设备等出口价格指数均高于1.23，而贸易竞争指数均在-0.63以下，说明中国生产的此类产品可能为高端产品，廉价劳动力的优势没有得到发挥；至于波分复用光传输设备、IP电话信号转换设备、路由器等产品，出口价格指数均低于0.17，贸易竞争指数均在-0.39以下，属于低档产品，总体上国际市场竞争力较弱①。

电子计算机及办公设备制造业，两类产品（8470计算机器；装有计算装置的会计计算机等机器及8471自动数据处理设备及其部件）贸易竞争指数分别为0.756和0.499，已具有一定的出口规模优势，价格指数分别为0.179和0.505，价格竞争力仍然明显。相关的18种小类产品中，贸易竞争指数大于0的有11种，其中，其他微型数字式自动数据处理机、系统形式的微型机、键盘、鼠标器和显示器等贸易竞争指数高达0.8以上，具有很强的国际市场竞争力。贸易竞争指数小于0的7种产品，如巨型、大型及中型数字式自动数据处理机、系统形式的巨型机、大型机及中型机及系统形式的分散型工业过程控制设备等基本上是国内需求增长迅速、技术含量高、附加值高的产品，这方面，中国的国际市场竞争力较弱。从出口价格指数来看，18种小类产品中，有15种产品小于1，保持较大的价格竞争力。值得注意的是，重量≤10千克的便携数字式自动数据处理设备贸易竞争指数为0.783，而价格指数为1.085，反映出该产品在质量和档次上已与国际持平，且竞争力较强；而模拟式或混合式自动数据处理设备及系统形式的分散型工业过程控制设备两种产品贸易竞争指数低于-0.9，价格指数不到0.2，属于低档产品，总体上国际市场竞争力很弱。

医药制造业中，药品大类产品的价格指数为0.112，贸易竞争指数为-0.177，具有较强价格竞争力，贸易竞争力略低于国际平均水平。小类产品抗生素的价格指数为0.165，贸易竞争指数为0.494，具有很强的综合竞争力②。航空航天制造业的两类产品中，航空器发射及甲板停机装置等及零件价格指数为0.872，贸易竞争指数为-0.838，价格竞争力不明显，国际市场开拓能力极弱；其他航空器、航天器（包括卫星）及运载工具价格指数为0.048，贸易竞争指数为-0.993，属于低档产品，总体上国际竞争力很弱。

---

① 详见穆荣平等：中国通信设备制造业国际竞争力评价．载《2004高技术发展报告》

② 详见穆荣平等：中国医药制造业国际竞争力评价．参见本报告5.1节

二、高技术产业竞争实力演进态势

1. 中国高技术产业资源转化能力变化趋势

（1）劳动生产率持续快速增长。1997～2002 年，我国制造业和高技术产业劳动生产率均保持逐年增长，高技术产业年均增长达 20.0%，高于制造业年均增长水平（18.5%）。从国际比较来看，德国 1995～1998 年高技术产业劳动生产率年均增长约 6.3%，远低于我国增长率；芬兰约 19.0%（同期制造业年均增长仅 3.5%），略低于我国①；美国 1996～2001 年劳动生产率增长最快的三位码产业为计算机及电子产品制造业，年均增长 15.6%②，其他高技术产业如医药制造业的劳动生产率甚至出现负增长。可以预见，由于技术进步和劳动者素质的提高及后发优势的存在，我国高技术产业劳动生产率还将持续快速增长，高技术产业劳动生产率与发达国家的差距会越来越小。

（2）固定资产生产率、工业增加值率及产值利税率呈振荡下滑态势。固定资产生产率、工业增加值率及产值利税率 6 年间基本上呈相同的变化态势，即在 2000 年达到峰值（0.88 元/元、26.50% 和 9.92%）后逐年下降（表 12）。同期，制造业固定资产生产率和工业增加值率保持稳中有升的态势，产值利税率 2002 年比 1997 年增长了 29.2%，总体上优于高技术产业。需要说明的是，2000 年前后网络和信息产业泡沫破灭、世界经济衰退等负面因素的影响是导致高技术产业固定资产生产率、工业增加值率及产值利税率下跌的直接原因。值得注意的是，我国高技术产业基本上处在产业价值链的中低端，如果不能在高附加值的高端技术和产品上占领一席之地，固定资产生产率、工业增加值率及产值利税率等还将持续走低。

---

① 资料来源：Joachim Hubertus：High-Technology Industries：Key Manufacturing Sectors，Statistics in Focus，Theme 4-32/2001

② 根据 U. S. Department of Labor，Bureau of Labor Statistics，Office of Productivity and Technology 有关数据计算．See：ftp：//ftp. bls. gov/pub/special. requests/opt/dipts/oaert. txt

表 12　中国高技术产业资源转化能力变化趋势

产业	年份	全员劳动生产率（万元/人）	固定资产生产率（元/元）	工业增加值率（%）	产值利税率（%）
高技术产业	1997	3.578	0.69	25.79	8.66
	1998	4.546	0.72	25.10	7.80
	1999	5.480	0.75	25.64	8.68
	2000	7.075	0.88	26.50	9.92
	2001	7.770	0.77	25.24	9.04
	2002	8.891	0.64	24.96	7.72
制造业	1997	2.442	0.52	26.27	7.16
	1998	2.993	0.49	25.57	7.00
	1999	3.540	0.49	26.35	8.04
	2000	4.277	0.54	26.23	8.92
	2001	4.926	0.53	26.43	8.91
	2002	5.699	0.59	26.76	9.25

资料来源：根据国家统计局等编《中国高技术产业统计年鉴》（2003）整理计算

2. 中国高技术产业市场化能力变化趋势

（1）产业规模保持持续快速扩大的态势。1997～2003年，高技术产业产值年均增长达22.9%，高技术产业增加值占制造业增加值及GDP的比重年均增长7.1%和13.1%（图3）。从国际比较来看，1995～2000年，中国、美国、法国和韩国高技术产业产值占制造业产值的比重年均增长率分别为10.7%、3.1%、3.5%和4.4%；同期美国、英国和韩国高技术产业增加值占制造业增加值的比重年均增长率分别仅为2.7%、3.2%和2.4%（表3）。

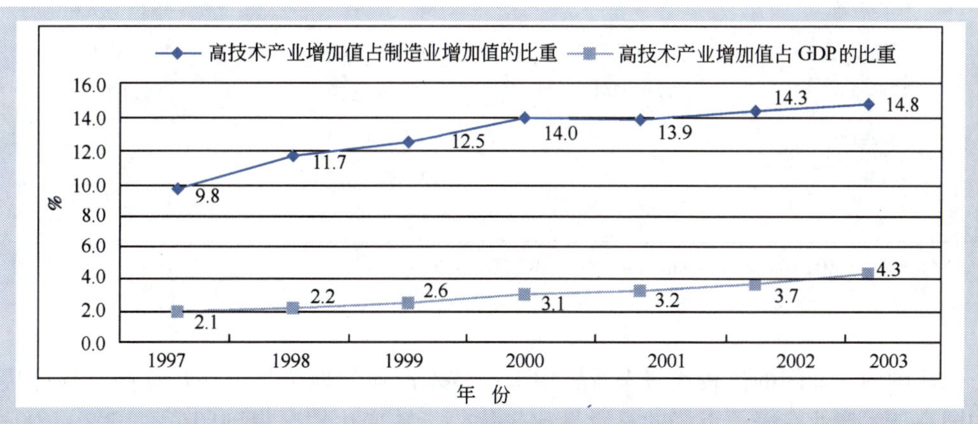

图3　1997～2003年中国高技术产业增加值占制造业增加值及GDP的比重
资料来源：根据国家统计局等编《中国高技术产业统计年鉴》（2003、2004）计算绘制

（2）国际市场占有率稳步增长，产业显示性比较优势不断提高。1997～2003年，中国高技术产业国内市场占有率（表5）年均下降4.3%，可以预见，随着加入WTO过渡期满，国内市场占有率还将继续下降，渐趋稳定。

同时，中国内地高技术产业国际市场占有率逐步提高，由2000年的第9位，上升到2002年的第5位。同期，美国和日本虽保持了高技术产业国际市场占有率第1位和第2位的位置，但占有率明显下降；根据表13的数据推算，中国内地高技术产业国际市场占有率占美国和日本高技术产业国际市场占有率的比例也从2000年的20.7%和32.1%上升到2002年的42%和72%，增势强劲。国别市场以美国为例，2002～2003年中国内地高技术产业美国市场占有率增长了37.5%（表14）。总体上看，随着规模不断扩大，中国高技术产业的世界市场占有率会保持上升态势。

表13　高技术产业出口额前十名的国家和地区　（百万美元）

	2000	2001	2002
美国	197 033（1）	178 906（1）	162 345（1）
日本	127 368（2）	99 389（2）	94 730（2）
德国	82 958（3）	85 958（3）	86 861（3）
英国	72 616（5）	67 416（4）	71 481（4）
中国内地	40 837（9）	49 427（6）	68 182（5）
新加坡	73 604（4）		63 792（6）
法国	59 397（6）	67 191（5）	52 582（7）
中国台湾			48 680（8）
韩国	53 950（7）	40 427（8）	46 438（9）
马来西亚	39 964（10）	40 939（7）	40 912（10）
墨西哥		29 759（9）	
加拿大		27 000（10）	
荷兰	44 439（8）		

数据来源：IMD，Global Competitiveness Yearbook，2001～2004

从国内产业间的比较优势来看，中国高技术产业的地位将进一步提高，这可从中国高技术产业在美国市场的显示性比较优势指数变化情况得到印证。2002～2003年，中国高技术产业美国市场显示性比较优势指数增长了22.3%，显示出良好的增长态势。

表 14　2002 ~ 2003 年部分国家和地区高技术产业美国市场占有率及显示性比较优势指数

（%）

		中国内地	日本	韩国	德国	法国	芬兰	爱尔兰	新加坡	印度	中国台湾
美国市场占有率	2002	10.30	12.14	7.08	4.14	4.94	0.33	6.47	5.16	0.10	6.83
	2003	14.16	10.80	6.96	3.86	4.44	0.29	7.03	5.02	0.12	5.81
美国市场显示性比较优势指数	2002	0.955	1.161	2.312	0.770	2.033	1.104	3.348	4.045	0.100	2.468
	2003	1.168	1.151	2.349	0.713	1.912	1.024	3.434	4.172	0.118	2.313

资料来源：根据 http：//www.census.gov/foreign-trade/statistics/product/atp/2003/12/ctryatp/atp5700.html 有关数据计算

（3）贸易竞争力不断提高。图 4 显示 1992 ~ 2004 年中国高技术产业贸易逆差呈振荡递减的态势，贸易竞争指数稳步增加，由 -0.46 递增到 -0.01，由几乎不具备出口竞争力到基本达到国际平均水平。尤其是 1999 年以来，贸易竞争指数逐年快速增加，保持了良好的态势。

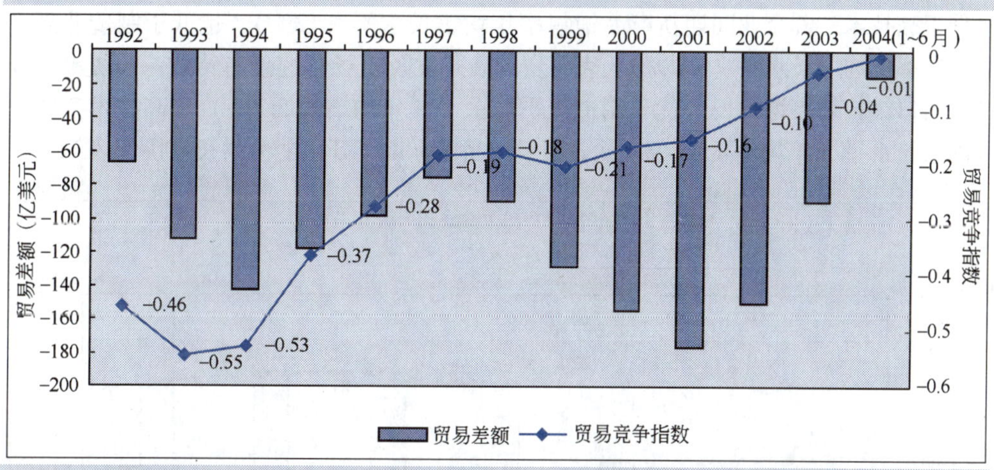

图 4　1992 ~ 2004 年中国高技术产业贸易差额与贸易竞争指数变化趋势

资料来源：根据 http：//www.sts.org.cn/sjkl/gjscy/DATA2003/2003 - 2.htm 和发改委高技术产业司《高技术产业工作动态》第 45、46 期有关数据计算

从重点产品全球目标市场的贸易竞争指数变化来看，高技术产业内部小类产业贸易竞争力发展很不平衡。以电子及通信设备制造业为例，1998 ~ 2002 年两大类产品（编号为 8517 和 8525）贸易竞争指数由负转正，不断增大。21 种小类产品中，有 4 种产品（容量≥5000 门的局用数字式程控电话交换机、数字式移动通信交换机、模拟式移动通信交换机和移动通信基地站）1998 年贸易竞争指数均小于

-0.72，数字式移动通信交换机和模拟式移动通信交换机几乎为纯进口，到2002年贸易竞争指数均大于0.51，竞争力逐年大幅提升。波分复用光传输设备、以太网交换机、IP电话信号转换设备、无线用户接入网设备等8种新产品（1998年和1999年没有发生贸易）自2000年发生贸易时贸易竞争指数7种为负，有6种小于-0.76，到2002年6种为负，其中有4种大于-0.65，竞争力的提升还是明显的。其他属于计算机及办公设备制造业、医药制造业和航空航天制造业的6大类产品（编号为8470、8471、30、2941、8802和8805）贸易竞争指数呈振荡下降态势。编号为30、8802和8805这3大类产品已处于绝对的出口劣势；不过编号为8470、8471和2941这3大类产品仍具有较强的出口竞争优势①。

（4）新产品竞争力呈振荡上升态势，新产品开发及市场化速度有待进一步提高。1997～2003年，中国高技术产业新产品销售率呈前升后降态势，1997～2000年均增长20%，2000～2003年均下降3.7%，1997～2003年复合增长率为7.5%；新产品出口销售率呈振荡上升态势（图5），年均增长9.6%。新产品销售率增长不仅远低于高技术三资企业同期新产品销售率年均增长水平（12%），也低于制造业新产品销售率年均增长水平（9.2%），表明新产品开发及市场化速度有待进一步提高。新产品出口销售率年均增长远优于制造业平均水平（年均增长5.7%）和高技术三资企业的增长水平（年均增长1.7%），表明新产品国际市场开拓能力增长较快（表11）。

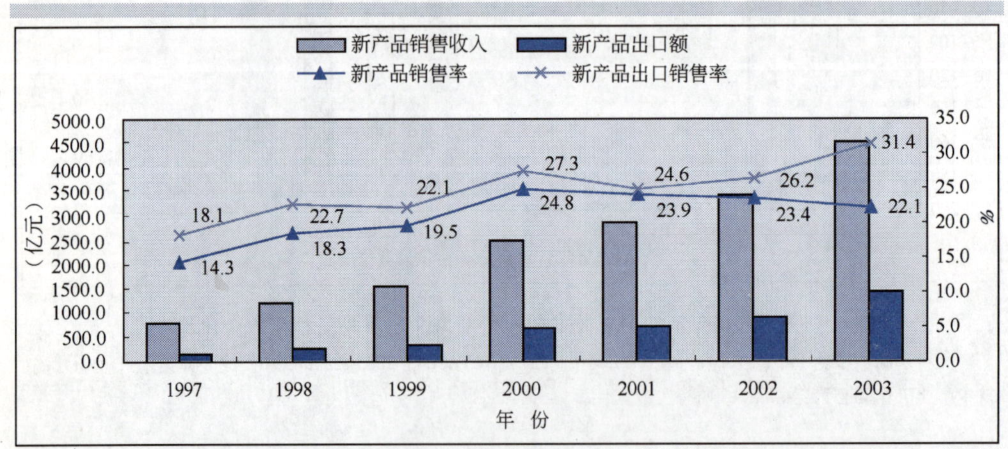

图5　1997～2003年中国高技术产业新产品销售率和新产品出口销售率变化趋势

资料来源：根据国家统计局等编《中国高技术产业统计年鉴》（2003、2004）计算绘制

① 详见穆荣平：中国医药制造业国际竞争力评价、中国航空航天器制造业国际竞争力评价、中国通信设备制造业国际竞争力评价．载《高技术发展报告》（2000、2001、2003、2004）

（5）低价格竞争力仍得到维持。以电子与通信设备制造业为例，1998～2002 年 37 种重点小类产品①中（1998 年和 1999 年为 28 种产品，2000 年为 36 种产品），价格指数小于 1 的 1998 年占 89.3%、1999 年占 85.7%、2000 年占 83.3%、2001 年占 81.1%、2002 年占 75.7%②，可以看出，中国高技术产业仍具有很强的价格优势（这直接来源于低廉的劳动力成本）。在产品结构上，采用成熟技术进行简单组装、价格低廉的低端产品正在逐渐减少，采用先进技术、附加值高的中高端产品正在逐渐增多。如容量≥5000 门的局用数字式程控电话交换机贸易竞争指数和出口价格指数 1998～2002 年分别从 -0.720 和 0.336 增加到 0.961 和 3.351。

从产品大类③来看，2002 年与 1998 年相比，价格指数递增的有编号为 8525 的产品（无线电话、电报、广播电视发送设备及摄像机）和编号为 8471 的产品（自动数据处理设备及其部件）；价格指数递减的有编号为 8470（计算机器及装有计算装置的会计计算机等机器）、2941（抗菌素）、30（药品）、8802［其他航空器、航天器（包括卫星）及运载工具］和 8805（航空器发射及甲板停机装置等及零件）等产品。这表明有部分小类产业正向高质量、高技术、高附加值竞争模式转型，而众多的小类产业仍固守低成本、低质量、低价格的竞争模式④。

三、简要结论

6 年来中国高技术产业国际竞争力总体上不断增强，主要表现在：产业规模保持持续快速扩大的态势；市场占有率及产业显示性比较优势不断扩大；贸易竞争力不断提高；新产品竞争力呈振荡上升态势，新产品开发及市场化速度较低；价格竞争力仍得到了维持。

现实竞争力分析表明，与美国、日本和欧洲相关产业相比，中国高技术产业的资源转化能力仍然较弱，特别是劳动生产率和工业增加值率上的差距仍然巨大。尽管由于技术进步和劳动者素质的提高及后发优势的存在，我国高技术产业劳动生产率还将持续快速增长，高技术产业劳动生产率与发达国家的差距呈缩小态势。在国际高技术产业链中，中国高技术产业分工和利益分配地位较低，基本上处在产业价值链的中低端；如果不能在高附加值的高端技术和产品上占领一席之地，固定资产

---

① 指海关统计中 8 位码产品

② 根据《中国海关统计年鉴》（1998～2003）计算，详细资料可向作者索取

③ 指海关统计中 2 位码和 4 位码产品

④ 详见穆荣平：中国医药制造业国际竞争力评价、中国航空航天器制造业国际竞争力评价、中国通信设备制造业国际竞争力评价．载《高技术发展报告》（2000、2001、2003、2004）

生产率、工业增加值率及产值利税率等方面的竞争力还将持续降低。

在国际市场上，我国高技术产业竞争优势呈现小类产业聚集的特点。用贸易竞争指数和价格指数衡量，中国电子及通信设备制造业具有一定的国际市场竞争力；电子计算机及办公设备制造业，具有一定的出口规模优势，价格竞争力较明显；医药制造业具有较强的价格竞争力，贸易竞争力略低于国际平均水平；航空航天制造业价格竞争力不明显，国际市场开拓能力极弱。

参考文献

[1] 国家统计局、科学技术部等编．中国高技术产业统计年鉴（2003、2004）．北京：中国统计出版社．2003、2004

[2] 国家统计局．中国工业统计年报，1998～2003

[3] 国家统计局．中国统计年鉴（1998～2004）．北京：中国统计出版社．1998～2004

[4] 金 碚．竞争力经济学．广东：广东经济出版社．2003

[5] 穆荣平．中国高技术产业国际竞争力评价、中国医药制造业国际竞争力评价、中国航空航天器制造业国际竞争力评价、中国通信设备制造业国际竞争力评价．高技术发展报告（2000、2001、2003、2004）．北京：科学出版社．2000、2001、2003、2004

[6] 穆荣平．中国高技术产业国际竞争力评价指标研究．中国科技论坛，2000，(3)：28～32

[7] 朱之鑫主编．国际统计年鉴（2000）．北京：中国统计出版社．2000，689

[8] 中华人民共和国海关总署．中国海关统计年鉴（1998～2003）．中华人民共和国海关总署《海关统计》编辑部．2004

第六章 专家论坛

6.1 关于国家技术创新系统建设的若干问题思考

穆荣平*
（中国科学院科技政策与管理科学研究所）

一、引　言

自从熊彼特提出创新理论以来，创新特别是技术创新研究越来越受到政府、企业和学术界的关注。自弗里曼（Christopher Freeman）[1] 20 世纪 80 年代提出国家创新系统研究框架以来，技术创新系统研究也越来越受到政府、企业和学术界的关注。尽管如此，学术界至今没有形成一个统一的国家创新系统或国家技术创新系统的定义。本文认为，国家技术创新系统是国家创新系统的重要组成部分，是有关提高技术开发、扩散、应用和商业化效率与效益的制度安排，涉及个人、企业、政府、大学、科研机构和社会中介服务机构等行为主体之间的相互作用，具有系统性、开放性、交互性、学习性和互补性 5 个特征及促进技术进步和经济增长的功能。从功能上区分，国家技术创新系统包括了行业技术创新系统、区域技术创新系统和企业技术创新系统。行业技术创新系统主要提供行业共性技术；区域技术创新系统则主要满足区域产业集群发展的技术需求，促进技术的扩散；企业技术创新系统则主要为

* 赵兰香、宋河发、任锦鸾、苏英、吴灼亮等同志参与了本文的研讨，在此一并致谢。本文中提出的国家技术创新系统是指中国内地的技术创新系统，有关统计数据不包含中国台湾、香港和澳门地区

企业形成核心竞争力提供技术支撑。

作为一种制度安排，国家技术创新系统的效率受到国际政治、经济、技术环境、国家经济制度和文化传统的深刻影响，因此不存在一个普适的最优模式，需要结合国情和世界经济技术发展趋势不断研究与探索。本文旨在分析我国技术创新系统建设环境、机遇与挑战，就国家技术创新系统建设的目标、策略、任务和措施等问题提出初步思考。

二、国家技术创新系统建设环境

1. 国家技术创新系统建设的现状

随着科研院所转制和中国科学院知识创新工程试点及高校“985 工程”等实施以来，源头创新能力、产业化能力均得到了进一步加强，国家重点实验室、国家工程（技术）研究中心、生产力促进中心、技术转移中心、创新服务中心等创新机构与相关中介服务机构均得到了较快发展，进一步优化了社会科技资源的配置，逐步形成了适应市场经济要求的技术创新机制。总体上讲，国家技术创新系统建设已经取得重要进展。

（1）我国企业越来越重视技术开发机构建设，科技投入增长迅速，整体创新能力不断增强。表现在科技投入逐年增长，承担的国家科研项目增多。技术创新经费投入方面，2003 年，全国企业使用的研究与发展经费达 960.2 亿元，占全国的 62.4%（同年科研院所和高等学校所占比重分别为 25.9% 和 10.5%，大中型工业企业占 46.8%），比上年提高了 1.2%。全国 22 276 家大中型工业企业筹集的科技活动经费为 1588.61 亿元，占当年全国科技活动经费筹集额的 45.9%，比上年增长了 4.6%。2003 年，我国企业研究与发展人员全时当量为 65.61 万人，占全国的 59.93%（同年科研院所和高等学校的研究与发展人员所占比重分别为 18.8% 和17.3%）。国内企业专利申请总数为 54 869 件，比上年增长 48.2%。其中，发明专利增长了 131%，实用新型专利增长了 30%，外观设计专利增长了 56.6%[2]。

（2）政府积极推进职能转变，逐步转向对技术创新的宏观战略指导。我国政府对技术创新的管理方式进一步转变，政府已逐渐从直接微观的以行政手段为主管理转向间接和宏观的以法律手段为主的管理。

（3）服务技术创新的社会中介机构发展迅速，技术创新服务环境得到明显改善。“十五”期间，政府积极推动了高新技术创新服务中心的建立，推动了为技术创新系统服务的技术和工程咨询机构、专利代理机构、技术评估机构、会计事务所、科技担保公司的转制，使他们脱离政府职能转向市场化服务。

(4) 我国产学研合作机制逐步完善，规模不断扩大，合作形式呈现出多元化发展态势。大学科技园、战略技术联盟、共建企业技术中心已成为产学研合作的有效形式。近5年高等学校、科研院所来自企业的委托研究经费迅速增长。高等学校科技经费筹集额中来自企业的从1999年的53.24亿元增长到2003年的112.59亿元，同期科研机构来自企业的科技经费从34.3亿元增长到47.1亿元[2]。

值得指出的是，近年来国家技术创新体系建设虽然取得了重要进展，但也存在着一些不容忽视的薄弱环节，突出表现在技术创新系统建设动力不足，能力不强，缺乏战略性、前瞻性、长远性思考与布局。

(1) 技术有效需求和供给不足，科技中介服务体系建设相对滞后，国家科技资源优化配置机制还未形成。一方面过度的市场化价值取向导致研究人员短期行为和浮躁作风，削弱了产、学、研合作基础，使产、学、研的技术开发能力和水平趋同，容易商业化的技术，大学和研究所倾向于自己商业化，难以获利的技术，企业也不要；另一方面，企业在激烈的市场竞争中通常依赖引进国外先进技术解决市场竞争问题，很少从培育企业技术创新能力出发系统集成国内外技术。此外，技术创新中介服务机构起步晚、数量少、服务范围和能力有限，特别缺乏专业化高素质中介创新服务机构，影响创新资源配置效率。

(2) 我国企业技术创新结构性矛盾突出，小企业投入不足，大中型企业和三资企业技术创新能力没有充分发挥。中小企业技术创新活动相对活跃，目前70%的企业职务专利申请来自于中小企业，大型企业和三资企业的比例相对较小。国有企业体制转换后的活力还远未发挥出来，民营企业成长时间较短，技术积累不够。中小企业技术创新投入不足，大中型企业、国有企业技术创新活动效率不高，三资企业模仿创新作用尚未有效发挥。

(3) 我国技术创新总体绩效还不高，真正具有自主知识产权的技术和产品还比较少。一方面，受理的发明专利申请中，外国居民和机构发明专利申请量长期大于国内申请量；另一方面，专利申请中发明专利比例和专利授权率均低于美国、日本等发达国家相应的比例。许多重要行业和领域的发明专利中，外国公司已经占主导地位。

(4) 技术创新系统基础设施建设滞后，政策法律环境有待进一步完善。一方面，随着行业科研院所企业化转制以后，面向产业提供共性技术和技术服务的创新能力有所削弱；另一方面，技术创新投融资体系有待完善，技术创新政策法律的完整性、有效性和一致性有待进一步加强，政府与市场在创新活动中的互动关系尚未建立。

2. 国家技术创新系统建设的机遇与挑战

经济全球化使我国经济更加开放，为我国实现技术跨越提供了历史机遇。国际产业分工使我国制造业发展融入全球制造体系之中，有可能得到更先进的技术和更广阔的市场，国内市场开放与竞争将会加速国际先进技术向中国转移，外商直接投资的增加和跨国公司为主体的技术转移数量的增长，将为我国的带来更多的先进技术、信息和先进的管理模式。与此同时，全球化使技术创新投入更加多元化，外资因素比重增加，从而带动技术创新的国内外合作，为实现从单纯依靠劳动力优势的传统产业向依靠先进技术和自主知识产权的先进制造及知识产业的转变奠定重要基础。

随着社会主义市场经济体制的完善，我国的政治、经济、科技、文化体制改革必然会释放出巨大的技术创新活力。我国政府将对一系列与 WTO 不相适应的法律和制度进行修改调整，投资环境、技术贸易环境、市场机制作用进一步改善，为技术创新系统建设完善提供了强大的推动力，主要表现在观念创新、制度创新上，创造更好的发展环境，更加强调以市场为导向，不断提高创新效率。一方面，我国企业参与国际经济和科技活动渠道更加顺畅，同时国际市场多样化需求迫使企业加大技术创新系统建设投入，注重提高自身技术创新能力和效率；另一方面，转制后国有企业和民营企业创新动力大大增强，技术创新系统内要素流动和互动性增强，从而不断提高技术创新能力。

国民经济持续发展，技术创新投入持续增长，为技术创新系统建设奠定了坚实的物质基础。但是，我国面临的经济社会发展问题、资源环境约束问题和国家安全问题，也为国家技术创新系统建设带来了严重挑战，具体表现为知识经济与全球化挑战和国家安全问题、跨国公司技术转移与技术控制问题、全面建设小康社会与人民生活需求多样化问题、自主创新与国际竞争能力问题、技术创新体制机制问题、技术创新与产业结构调整问题、技术创新与知识产权保护问题等。

三、国家技术创新系统建设的目标与策略

1. 国家技术创新系统建设的目标

为了解决国家技术创新体系的结构性缺陷，需要建立一个既能够发挥市场作用，又能够体现国家意志；既能够激发技术创新行为主体自身活力，又能够有效整合系统各部分能力的新型国家技术创新体系。国家技术创新体系建设的指导方针是：突出战略重点，强化要素互动，培育优势产业，完善支撑服务，提高创新能力。

总体上讲，国家技术创新系统建设目标是：紧密围绕国家战略需求，以提高技术创新能力为目的，优化技术创新社会、法律环境，突出系统的前瞻性、开放性，确立企业的技术创新主体地位，培育优势产业和产业集群；以市场为导向，完善创新主体间的合作机制，推进产、学、研合作与交流，增强企业技术创新能力；加强技术创新平台建设，建立共建共享机制，提高技术资源配置能力，优化创新资源配置；加强政策引导，完善创新社会服务体系，促进创新要素流动，提高企业技术创新效率，提升企业和产业的国际竞争力，推进我国工业化进程，加速向创新驱动型经济发展模式转变，为实现我国经济发展总目标提供技术保障。

2. 国家技术创新系统建设的基本策略

（1）系统推进，突出重点。国家技术创新系统建设需要在国家层次上整体设计、系统推进，在宏观层次上要与国家创新系统建设总体部署一致，在中观层次上要与行业发展水平和区域经济发展水平协调，在微观层次上要符合企业总体发展战略和技术能力发展阶段的要求。国家技术创新系统建设要突出重点，突出企业在技术创新活动中的中心地位，在科技成果产业化过程中的主体地位，突出企业可持续技术创新能力建设目标。

（2）政府引导，市场选择。国家技术创新系统建设过程中，政府要加强引导、重点支持、有限参与，就是要采用政策引导技术创新系统建设方向，采取资金支持弥补市场缺陷，充分发挥市场的选择功能，在市场竞争中实现优胜劣汰，使技术创新系统在发展中走向完善。

（3）协调主体，持续发展。技术创新涉及从发明到商业化的全过程，创新主体在创新链的不同环节的作用和功能差异很大，需要从整体上予以协调。技术创新系统建设过程中必须着眼于推进产、学、研等创新主体协调共进，持续发展。

（4）资源共享，集群创新。国家技术创新系统建设的重点之一是建设有利于共性技术开发和扩散的创新平台，建立资源共享机制，提高资源配置效率。国家技术创新系统建设要着眼于促进技术集群创新和关键技术系统集成，着眼于服务于产业集群的形成与发展，服务于主导产业、先导产业的快速发展。

（5）以人为本，竞争合作。国家技术创新系统建设要坚持以人为本，首先表现在技术创新的目的是为了创造更舒适、更安全、更健康、更便利的生活环境，其次表现在营造经营管理人才和专业技术人才脱颖而出的环境，培养、吸引、用好各类创新人才。竞争合作是指技术创新系统建设要有利于技术创新主体之间的竞争与合作，有利于产业的横向、纵向合作与整合。

（6）市场导向，开放创新。国家技术创新系统建设要坚持以市场为导向，充分发挥市场配置资源的基础作用，大力发展创新要素市场，完善风险投资机制，有效配置国内外资源，促进企业技术创新。开放创新，首先表现在技术创新要注意利用两种资源，两个市场；其次表现在技术创新过程中要正确处理引进与自主创新之间的关系，注重关键技术系统集成。

四、国家技术创新系统建设的重点任务与对策

国家技术创新系统建设要紧密围绕我国经济社会发展总目标，着眼于提高国家技术创新能力，确定技术创新系统建设的重点任务。

1. 国家技术创新系统建设的重点任务

（1）完善技术创新系统，提高国家技术创新能力。通过政策引导、市场选择、系统设计、分步推进，建设企业技术创新系统、行业技术创新系统、区域技术创新系统，做到功能明确、相互协调和适合国情，以满足企业、区域、行业发展的需要，提高国家技术创新综合能力。企业技术创新系统建设的重点是企业技术中心，行业技术创新系统建设的重点是工程（技术）研究中心和由行业共性技术开发机构与行业龙头企业技术中心组成的技术开发网络，区域创新系统建设的重点是区域生产力促进中心和区域技术创新服务网络。

（2）加强体制机制创新，提高产、学、研合作效率。引入市场机制，通过创新项目带动、技术中心共建、产业技术联盟等形式，建立以企业为中心的技术创新合作机制，促进研发成果的产业化，提高产、学、研合作的成功率和效率。

（3）建设资源共享平台，提高创新资源的配置效率。建设技术资源共享的软、硬件平台，不断完善资源共享制度，探索新的高效、科学的资源共享机制，大幅度提高技术资源、社会资源的配置效率。

（4）完善技术创新立法，营造创新创业的良好环境。结合国家科技进步法修订，制定国家技术创新法。建立以技术创新法为主体，包括相关配套政策的技术创新法规体系，营造有利于我国技术创新并符合 WTO 有关条款和国际惯例的政策法制环境。

2. 国家技术创新系统建设的主要措施

（1）实施国家技术创新平台建设行动计划。根据行业共性技术开发和为中小企业创新提供服务的需要，确定技术创新基础能力设施和重大装备建设重点，支撑企业引进、消化和吸收国外先进技术，以及开发自主知识产权、参与技术标准制定工作，显著提高国家技术创新能力基础设施水平。

（2）实施技术创新中心建设行动计划，加强国家工程中心建设，培育共性技术创新能力。开展行业共性技术发展监控，加快行业共性技术自主创新能力建设，促进中心人员与企业技术开发人员的交流与合作，支撑行业或区域发展。整合现有的国家工程（技术）研究中心和产业化基地，根据技术创新中心功能定位，认定国家技术创新中心，同时建立严格的创新能力监测与评价体系和相应的评价、更新机制。建立行业共性技术平台和技术创新资源共建共享机制。

（3）建立产、学、研人员双向流动合作的机制和企业主导的产、学、研合作模式。强化国家创新政策引导作用，一方面强调国家科技计划项目必须以产、学、研联合为基础，加强创新价值链各个环节的创新活动紧密联合，有效整合创新资源；另一方面，要明确产、学、研分工与合作关系，推动建立行业关键技术和共性技术或有较好市场前景技术的技术联盟，促进产、学、研密切合作。此外，加强企业博士后流动站建设，促进企业消化吸收国外技术和引进海外杰出人才。

（4）实施国家中小企业技术创新与扩散行动计划。制定有关技术转移和创新的财政政策，激发中小企业创新活力，促进企业之间交流与合作，降低中小企业技术创新风险，资助从创造发明一直到新产品和服务及营销等各环节的创新。促进技术创新管理咨询等中介机构合作，为企业跨国技术合作活动服务；促进行业协会、研究机构与国外同类机构间的跨国合作，加速相关产业技术转移和创新；提供技术创新经费和信息服务，包括低息贷款；培训企业创新管理和融资方面的专业人员；推广科技成果，开展技术跟踪，为企业吸纳技术创新成果创造有利条件。

（5）完善政策法律制度环境，保护创新创业人员权益。制定国家技术创新法，确立国家技术创新战略；完善产业技术政策体系，积极推进技术标准战略；制定反垄断法，减少技术创新障碍；制定国家商业秘密法；修订技术引进法和投资法，解决技术倾销造成的国内产业损害问题；修订科技进步法和科技成果转化法等，促进科技成果转化；建立科技经费、技术创新经费监察、审计制度。完善知识产权等相关法律、法规，发展多元化的技术创新投融资渠道，培育可持续技术创新能力。

（6）建立技术创新能力监测与考核体系，加强技术创新系统评估，提升社会创新创业意识。建立国家技术创新能力监测和考核体系，适时调整国家技术创新战略和政策，引导社会资金对技术创新活动的投入，加强企业、区域和行业技术创新体系建设，提高国家总体技术创新能力。与此同时，开展对各行业、各地区，以及有关企业、大学和科研院所技术创新成效的评估工作，将技术创新绩效评估结果作为国家技术创新资源配置的重要依据。

（7）实施国际化创新网络建设行动计划。推进大企业研究开发活动的国际化，通过建立海外研发中心，有效整合国内外技术创新资源，降低技术创新风险，提高企业跨国经营能力。加强国内技术竞争情报服务网络建设，加强专业技术情报研究人才培养和相关培训机构建设，为企业整合国外创新资源提供技术情报服务，研究重点行业和技术领域知识产权战略动向，为政府提供有关国家知识产权战略的建议。加强国内技术创新信息网络建设，为整合国内创新资源提供技术、资金等创新要素的需求与供给信息。

参考文献

[1] Freeman C. Technology policy and economic performance：Lessons from Japan. London：Pinter，1987

[2] 国家统计局、科技部. 中国科技统计年鉴（2004）. 北京：中国统计出版社. 2004

6.2　中国技术标准发展战略的思考

房　庆　白殿一

（中国标准化研究院）

在经济全球化趋势不断发展、科技进步日新月异、综合国力竞争日趋激烈的新世纪，中国进入了完善社会主义市场经济体制，全面建设小康社会，实现经济、社会的和谐与繁荣发展的关键时期。国内外形势的发展变化，将技术标准推到了战略的高度，对技术标准提出了新的战略需求。因此，选择明确的战略任务与目标，制定适应我国经济社会发展要求，满足国际竞争需要的技术标准战略，是应对进入新世纪的各种机遇和挑战的必然选择。

一、经济全球化将技术标准推向国际市场竞争的前沿

经济全球化是当今世界的发展潮流，在经济全球化的过程中，国家之间传统的关税壁垒逐步被打破，国际竞争进入了一个新的阶段，技术性贸易措施正在成为当今各国保护本国市场普遍采取的形式。

为了对国际贸易中各国采取的技术性贸易措施进行限制，1995 年 WTO/TBT 协议规定：各国制定技术法规、标准和合格评定程序时，应以已有的国际标准为基础，各国制定的技术法规、标准和合格评定程序不得对国际贸易形成壁垒。这一规定一方面使得标准，尤其是国际标准的作用愈加明显；另一方面，使得各国必须以正当

目标，即以国家安全、保障人类健康和安全、保护生态环境、防止欺诈行为等为由，采取以技术法规、标准和合格评定程序相互组合的形式制定本国的技术性贸易措施。这种组合形式的技术性贸易措施充分发挥了技术法规的法律约束性、标准的技术依据性、合格评定程序的质量保证性，成为其他国家商品自由进入某国市场的障碍。

由于技术法规、合格评定程序得以实施的技术基础是各类标准，因此，技术标准已经成为国际贸易游戏规则的组成部分，它在国际贸易中的地位越来越重要，标准的竞争已经成为国际经济和科技竞争的焦点。为此，发达国家纷纷出台国家标准化战略，将争夺控制国际标准作为国际经济竞争的重要策略，并以标准为依据，采用由技术法规、标准和合格评定程序设置的技术性贸易措施，强化其经济和技术在国际中的竞争地位，致使包括我国在内的发展中国家面临严峻的挑战。

二、我国经济社会发展新阶段将技术标准推到战略的地位

党的十六大提出了全面建设小康社会的新目标，到2020年，我国国内生产总值将比2000年翻两番，人均GDP将由目前的1000美元上升到3000美元。国际经验表明，这一时期是实现工业化的关键时期，劳动力、资本和土地资源等传统生产要素对经济增长的边际贡献率将出现递减趋势。为了实现全面建设小康社会的目标，在经济社会发展的这一新阶段，我国在各方面提出了新的发展战略与思路。建设创新型国家、科技兴贸、走新型工业化道路、建设资源节约型和环境友好型社会成为我国科技、贸易、工业和社会发展的重要战略，以人为本，树立全面、协调、可持续的发展观成为我国经济社会重要的发展理念。

在科技、贸易和产业发展各个方面的发展战略中都明确提出，技术标准的强力支撑是实现跨越式发展的必要要素，技术标准是国家战略得以实现的基础保障。因此，制定技术标准战略，发挥技术标准在科技创新成果产业化中的桥梁和纽带作用，对经济发展、社会进步的基础支撑和引导作用，以及技术性贸易措施的技术依据作用刻不容缓。技术标准要为科技、贸易、产业及可持续发展战略提供支撑，要注重制定具有自主知识产权的技术标准，建立以支持高新技术的研究开发和技术进步为核心的高新技术领域的标准体系，发展信息领域的技术标准，要从战略高度上重视安全、健康、环保、资源和能源领域的技术标准。

总之，由于技术标准不可替代的作用，它是创新成果产业化的关键环节，是高新技术尤其是信息技术发展的先导规制，关联着社会经济均衡发展的规则和秩序，是实现我国发展总目标必不可少的要素。因此，制定和实施技术标准战略是我国经济社会发展新阶段对我们提出的迫切要求。

三、战略构想

1. 指导思想

以党的十六大提出的科学发展观及走新型工业化道路和建设小康社会的要求为指导，以提高技术标准适应性和竞争力为核心，坚持标准的自主创新与国际接轨相结合，坚持政府引导、企业主体与市场导向相结合，满足国家科技创新、产业和贸易发展对技术标准的战略需求。

2. 战略任务

根据技术标准战略的指导思想，今后15年，我国技术标准战略的根本任务是提高技术标准的市场适应性和竞争力。提高技术标准的市场适应性，是指提高技术标准适应科技、贸易、产业和市场需求的能力。提高技术标准的竞争力，是指通过有效采用国际标准，实质参与国际标准制定，自主制定具有我国知识产权的技术标准，提高我国技术标准的国际竞争力和产品的国际市场占有率。

3. 战略目标

在2010年前，基本形成比较完善的国家技术标准体系，使我国技术标准的整体技术水平跟上国际水平，使重点领域的技术标准与国际标准达到相互融合的程度。2020年前部分重要领域的技术标准的整体技术水平达到国际领先水平，形成制定国际标准重点突破的局面。具体目标为：

（1）对我国有效的国际标准转化率争取在2010年前超过70%，2020年前超过85%。安全、健康、环境和高技术等重点领域及适用于国际贸易的标准与国际标准的制定逐步实现同步。

（2）国际标准提案数争取在2010年前达到300～500项，2020年前达到600～1000项。逐步成为参与制定国际标准的一支重要力量，能够与其他国家共同推动国际标准化的发展。

（3）争取把我国优势、特色领域的技术标准转化为国际标准，使以我国为主起草或我国标准被采纳为国际标准的数量基本能够满足我国国际贸易和产业国际发展的需要，总数争取达到150项。

（4）我国承担ISO、IEC/TC、SC秘书处和WG召集人及主持制定的国际标准数量在发展中国家位于前列。我国在区域性的标准化活动中处于领衔的地位，成为区域乃至国际标准化活动的中心之一。

(5) 我国标准中含有自主创新的技术成果的比例，以及企业创新成果形成专利，进而形成企业技术标准或通过专利池的形式形成联盟标准，最终实现产业化的比例明显提高。能够产业化的国家科研成果有效、及时转化为技术标准的比例显著提高。

(6) 培育一批具有自主创新能力和国际竞争力的大型企业和企业集团参与甚至实力主导起草国际标准。引导企业成为国家乃至国际标准化活动的主力军。

(7) 建立并完善适应社会主义市场经济体制的布局合理的自愿性标准体制，形成标准、技术法规、合格评定程序有机结合的机制。

(8) 优先发展与科技兴贸及与传统产业改造关系密切的、具备比较优势的高新技术标准；重点发展先进制造业、农业和现代服务业中的重要技术标准；重点制定安全、健康和环境保护及资源节约型技术标准，为实现可持续发展，淘汰高耗能、高污染、落后的生产工艺提供依据。

4. 实施策略

(1) 技术标准研制和科技研发协调发展策略。该策略的实施将解决我国技术标准的科技含量问题，使我国能够产业化的科技研发成果，迅速转化为适应市场的标准，使其中科技水平属于国际水平或国际领先水平的标准成为具有竞争力的技术标准。策略实施的重点：发挥政府的引导作用，通过政策引导科技创新和产业技术领域的科技研发与标准研制的协调发展；使技术标准体系与科技研发体系形成一个有机的整体，使标准研制体系成为国家知识创新体系的一个重要组成部分；逐步完善技术标准与科技研发协调发展的机制，通过市场机制的作用，形成二者关系的自协调机制，强化技术标准与科技研发的良性发展。

(2) 国际标准竞争策略。该策略的实施将解决我国技术标准对国际市场适应性的问题，提高我国在国际标准化舞台上的地位，改变我国经济大国、标准弱国的形象。策略实施的重点：通过有效采用国际标准，提高我国产品和技术进入国际市场的能力；通过实质参与国际标准制定，使国际标准更多地反映我国的技术要求；通过在我国优势、特色领域实力主导制定国际标准，使国际标准充分体现我国重点领域的技术要求和经济利益，确保我国重点领域在国际经济竞争中的优势。

(3) 标准体制创新策略。标准体制创新是指在经济全球化的国际趋势下，在我国建立社会主义市场经济的大背景下，建立一种与国际接轨的、满足我国发展需要的新型标准体制和相应的机制。策略实施的重点：通过明确定位标准的自愿性属性，创立自愿性标准体制，使技术标准来源于市场，企业成为技术标准的主要起草者，从而提高我国标准的市场适用性；通过标准、技术法规、合格评定程序的有机结合，在用市场机制发挥标准作用的同时，充分利用技术法规、合格评定的手段，发挥组合效应，达到规范市场、促进贸易的作用。

四、若干战略措施建议

1. 建立科技研发与技术标准研制的协调发展机制

（1）建立技术创新与标准研制之间畅通的交流渠道。建立与科研项目配套的标准化研究机制，以及以市场需求为引导的满足标准需求的科研支撑机制。建立科技成果快速转化为技术标准的快速通道，使国家技术创新成果通过制定成国家或行业技术标准，实现产业化，形成产业规模，加速科技成果向生产力的转化。

鼓励企业的技术创新成果形成拥有专利等核心技术的企业标准，实现产业化，形成产业规模。对于在国内有相当竞争力、国际上有一定竞争力、发展潜力巨大的行业，鼓励将行业内多家企业的技术创新成果，通过专利池等方式形成企业联盟标准。鼓励企业、行业的技术开发成果形成标准后，以此为基础积极参与国际上论坛标准的制定。

（2）培育科技－标准中介组织，引导它们将科研成果通过标准向企业和协会提供和推介。建立“科研成果—试点示范—研制标准—应用推广”的科研成果产业化一条龙体系。

2. 实施国际标准竞争策略

（1）推动有效采用和实质参与国际标准化活动。全面推进有效采用国际标准的策略。确立有效采用国际、国外标准的原则，建立国际标准转化为我国标准有效性的评价指标体系。实质参与国际标准的审查和国际标准化会议。在国家科技专项中设立国际标准研究项目，有组织地进行国际标准提案。

（2）创造参与国际标准竞争的有利条件。积极与国外建立战略合作伙伴关系，支持和争取承担国际标准化组织的工作组（WG）召集人、技术委员会（SC）秘书处和担任ISO、IEC的领导职务，为我国实现国际标准的突破创造条件。

（3）确定实施的重点。重点支持外贸企业、外向型产业成为实质参与国际标准化活动的主体。支持有实力的企业有重点地参与论坛标准、区域联盟标准和合作体标准的制定。组织在我国科技领域有相对优势及局部可跨越的领域，制定一批国际标准，实现以我国标准为基础制定国际标准的新突破。

3. 建设适应市场的标准体制

（1）建立适应市场经济发展的自愿性标准体制。在确立标准的自愿性属性的同时，建立标准立项的市场导向机制，使标准的需求来自市场。强化标准制定过程的公开透明，强化全国专业标准化技术委员会委员构成的多元化，使标准能够充分反映各方利益，促使标准的自愿采用。

（2）建立技术法规、标准、合格评定程序有机结合的机制。建立技术法规引用标准的机制，使法规制定机构在制定技术法规时充分利用“标准”资源；标准制定机构制定标准时，要考虑法规的需求。将标准、技术法规、合格评定程序作为规范市场相互联系的手段，使三者在规范市场这个共同目的下，实现标准为技术法规、合格评定提供支撑，技术法规、合格评定以标准为基础，形成以标准为技术依据、以技术法规为法律约束、以合格评定程序为质量保证的产品市场准入机制。

4. 加强技术标准的保障机制建设

（1）人才培养。建立技术标准人才培养机制。在大学开设标准化课程，设立标准化研究方向的研究生专业。在国家级标准化研究院所中建立标准化实习基地。建立标准化人才培训中心，加大培养技术标准的国际型人才，并注重在大型国际化企业中选拔国际型人才。

营造技术标准人才充分发挥作用的良好环境。对我国在国际标准组织中工作的高级管理人员、技术人员实行登记管理，简化他们因公出境的审批手续。

（2）资金保障。国家标准化工作是一项基础性、公益性事业，需要必要的财政投入。为了实现战略目标，国家财政应对以下标准化工作提供稳定的资金支持，并保持一定的递增幅度：重点领域的标准制定、我国主导制定的国际标准项目、国际型标准化人才的培养、标准化法律法规体系建设、标准化基础理论研究、标准信息平台等标准化基础性建设等。

拓展其他经费来源，建立标准销售、合格评定收益反馈机制。按照“谁受益、谁出资”的原则，由利益相关主体负责资金筹措。

（3）设立国际标准研究中心。开展国际标准的分析研究工作，对国际标准转化为我国标准的可行性、适应性和有效性进行分析，并建立相应的评价指标体系，提高采用国际标准的有效性。跟踪国际标准化动态，研究和评估中国的国际标准化战略。

（4）法律法规及政策环境建设。制定和修订相关法律法规，完善相关法律法规体系，如修订《中华人民共和国标准化法》、《采用国际标准管理办法》，制定《实质参与国际标准化活动管理办法》等。

国家发展战略、规划、政策的制定要充分利用并体现技术标准的技术依据和基础支撑作用。

制定企业参与标准化活动的鼓励政策，如对以自主技术为核心制定企业标准，进而形成产品并出口创汇的企业，可享受海关便捷通关服务、市场准入简化手续、税收优惠等政策。

（5）实施全民标准化知识普及工程。充分利用电视、广播、报刊、网络等各种媒体普及标准化知识。利用质量月和世界标准化日的机会，通过论坛、展览等多种形式，广泛宣传标准化，增进公众对标准化事业的了解，提高全社会的标准意识，特别要提高企业负责人和管理人员的标准化意识。

加强标准化的教育和培训工作，努力做到“小学进课本，中学搞实践，大学开课程，标准研究机构设博士后工作站”。建立标准化人才培训基地，提高工程技术人员、科研人员、标准化工作人员的标准制定、应用和标准化管理水平。

5. 实施技术标准推动工程

（1）建立标准研发创新基地，培养企业成为标准化活动的主体。培育若干家大型企业作为重点突破国际标准的主体，这些企业应以有竞争力的企业标准为基础，进行国际标准提案，在国家的支持和帮助下，最终形成国际标准。引导若干家国内企业在自主研发形成创新成果的基础上，制定含有专利技术的企业标准，实现产业规模，成为行业内的事实标准。

（2）筛选若干个具有产业化前景的国家科研项目，制定形成技术标准。在国家科研项目中筛选出若干自主创新的，并具有技术优势和产业化前景的技术成果，通过制定包含创新成果的技术标准，形成产业规模，进而形成国际标准提案，争取以我国标准为基础形成国际标准，从而有利于我国产品占领国际市场。

（3）实施重要技术标准国家支持计划。制定成体系的安全、卫生、环保、资源利用等技术标准及其配套的技术法规与合格评定程序。支持制定市场准入机制和技术性贸易措施的技术标准。支持企业参与影响其出口贸易的国际标准、区域标准和国外先进标准的制定。

（4）培养国际型标准化人才。设立国际型标准化人才培训中心，统一负责标准化国际人才的培养及相关教材、师资建设等。近期应培养500名国际型标准化人才，包括国际型标准化高级管理专家、国际型标准化技术专家、国际型标准化技术管理专家等。

（5）建立技术标准动态评估机制。组建技术标准评估机构，建立标准发展战略及发展状况评估指标体系，对我国标准化的发展状况，以及技术标准战略实施状况进行评估；评估标准对市场的适应性，以及国内标准和国际标准之间的一致性；跟踪国际标准战略、发展动向，定期发布国际标准化发展战略、发展状况及最新趋势。

参 考 文 献

[1] 国家产业技术政策．国经贸〔2002〕444 号，2002 年 6 月 21 日

[2] 关于进一步实施科技兴贸战略的意见．国办发〔2003〕92 号，2003 年 11 月

[3] 石广生等．中国加入世界贸易组织知识读本（三）．北京：人民出版社．2002 年 1 月

[4] 国家标准化管理委员会和中国标准研究中心．欧洲共同体新方法指令应用指南．北京：中国标准出版社．2002 年 10 月

[5] 财政部经济建设司．我国标准化工作现状及未来发展的对策研究．2002 年 11 月

[6] 张平，马晓．标准化与知识产权战略．北京：知识产权出版社．2002 年 7 月

6.3 实施生物经济强国战略的构想

王昌林

（国家发展和改革委员会产业经济与技术经济研究所）

当前，世界现代生物技术发展已开始进入大规模产业化阶段，全球范围内一场具有划时代意义的生物科技革命和产业革命正在孕育和逐步形成。我国面临重大战略机遇，必须从战略和全局的高度，充分认识实施生物经济强国战略的重要性与紧迫性，采取强有力政策措施，加快发展生物产业和生物经济，努力实现跨越式发展。

一、充分认识实施生物经济强国战略的重要性和紧迫性

工业革命以来，三次大的科技革命和产业革命对世界经济社会发展产生了巨大推动作用，深刻改变了国际分工格局和大国间的力量对比。当前，世界新科技革命和产业革命又处在一个新的历史关头，继信息产业之后，生物产业极有可能成为世界经济中又一个新的规模巨大的主导产业。

1. 生物科技的重大突破正在迅速孕育和催生新的产业革命

20 世纪 50 年代以来，世界生命科学研究、生物技术创新取得了一系列重大进

展，在提高人类健康水平、推动农业发展等方面发挥了重要作用。特别是最近几年，随着人类基因组计划、水稻基因组计划等重大研究计划的大规模开展，生命科学正在向揭示生命本质规律和控制生命过程方面快速发展。与此同时，生物技术与信息技术、纳米技术等广泛交叉与融合，新技术、新科学、新方法不断涌现，生物科技正在成为当代科学技术发展强有力的引擎。

目前，世界现代生物技术发展已开始进入大规模产业化阶段。预计未来几年将会出现新的快速增长时期。全球研制中的生物技术药物超过2200种，其中1700余种已进入临床试验；世界范围内批准进行试验的转基因动植物已超过6000例，批准生产的转基因动植物已达100余种。此外，生物化工、生物能源、生物环境等一批新兴产业群正在逐步形成。专家预言，生物产业将成为世界经济中又一个新的主导产业，继信息经济之后，人类将在21世纪20年代迎来生物经济时代。

为抢占21世纪国际经济技术新的制高点，世界许多国家已经对加快发展生物产业和生物经济做出了战略部署。美国力争全面保持世界领先地位。2001年，美国生物技术研究开发经费投入高达380亿美元，占其民口经费的50%。2003年1月，美国启动实施了预计耗资70亿美元、为期10年的“生物盾”计划。为加快生物产业发展，美国FDA简化了新药申报程序，放宽了转基因大田试验的管制等，许多州出台了吸引生物技术企业，促进产业化的优惠政策措施。英国于2000年发表了《生物技术制胜——2005年的预案和展望》，其战略目标是要努力保持仅次于美国的世界第二的地位。日本决心在生物经济时代再创辉煌，提出要实施“生物产业立国”战略，并于2002年启动实施了“生物行动计划”（Bio Action Plan），具体包括50个指导计划、88个基本计划和200个详细行动计划。印度在成为计算机软件大国后，立志再成为生物产业大国。为适应生物技术快速发展的需要，1986年印度在科学计划部下单独设立了生物技术司（Department of Biotechnology），出台了《印度生物技术十年展望》。

2. 我国生物产业发展面临重大战略机遇

当前，生物产业革命正在兴起，产业进入壁垒相对较低，为我国生物产业发挥后发优势、实现跨越式发展提供了时间和空间。我国可以充分利用生物科技革命和产业发展的孕育期，抢占战略性生物技术产业领域的某些制高点，形成具有自主知识产权的、有国际竞争力的产业基础，在产业国际分工格局中占据有利地位。同时，经济全球化和科技全球化向纵深发展，也为我国发挥生物资源丰富、市场潜力大等优势，积极参与生物产业国际分工与合作，实现快速发展提供了有利条件。

历史经验反复证明，新产业革命是后发国家实现跨越发展的历史契机。在19世纪，英国在第一次产业革命中抓住纺织业、钢铁业等新兴产业发展机遇率先进入工业化时代；美国和德国在 19 世纪末 20 世纪初抓住了第二次产业革命引发的化工、电气、汽车等新兴产业形成的机会，在较高起点上推进工业化，迅速超过英国、法国成为新的工业化强国；20 世纪 60 年代以来，日本抓住信息产业革命的机遇，实现了对西方发达国家的赶超。

在发展生物产业方面，我国具有诸多有利条件和优势。我国是世界生物物种最丰富的国家之一，拥有的 26 万种生物物种是我国发展生物产业的独特资源优势；我国人口众多，生物产品市场需求潜力巨大。随着我国经济快速增长，人民收入水平不断提高，我国生物产品市场规模将会迅速增加，到 2020 年将成为世界最大的生物产品市场之一。生命科学与生物技术的整体水平与世界先进水平差距相对较小，是最有可能实现跨越式发展的领域之一；生物技术人才队伍具备相当规模，海外留学生和华人在生命科学、生物技术领域具有重要地位和影响。生物产业发展已粗具规模。2003 年全国广义的生物产业实现工业总产值近 5000 亿元，其中现代生物产业 600 多亿元，已具备一定的产业基础。

3. 加速生物产业发展对我国全面建设小康社会、实现现代化建设第三步战略目标具有重要战略意义

21 世纪生物产业革命有可能从根本上解决人类生存与发展面临的健康、资源、环境等重大问题，在医药、农业、环境、能源等领域引发新的产业革命。生物医药产业的发展，将从预防、疾病诊断、药物制造等方面全面提高人类健康水平，推动医学发展进入个性化治疗和再生医学新时代；生物农业的发展，将推动种植业和养殖业变革，大幅度提高农产品产量和质量，促进传统农业向生态农业、现代农业的转变。并有可能打破农业与工业的界限，使“农业工业化”；生物制造的发展，将大幅度减少污染物的排放，为循环经济的发展提供有力支撑，实现人与自然和谐发展；生物环保、生物能源的发展，有可能改变干旱地区的生态环境，缓解沙漠化、盐碱化的威胁，减少人类对石油的依赖，推动人类社会发展进入可再生资源时代。

生物产业的发展为我国有效解决国计民生的许多关键问题提供了强有力的手段。我国人口众多，人均资源匮乏，工业化、城市化、现代化进程中面临着巨大的人口、资源、环境压力，实现全面小康和现代化目标，任务艰巨。未来 20 年，随着我国人口增长达到峰值和快速进入老龄化社会，以及工业化、城市化进程的不断加快，人口与健康问题、生态环境问题、能源安全、粮食安全、公共卫生安全等问题将越来越突出。解决这些问题，要求我们必须大力发展生物产业，依靠生物技术构造人与自然的和谐关系，走出一条具有中国特色的新型工业化道路。这既是一项发展绿色 GDP 的重大经济工程，更是一项惠及 13 亿人口健康、建设现代农业、发展农村经济、增加农民收入、改善我们生活生存环境的民生工程。

4. "十一五"时期是我国生物产业发展的关键时期

"十一五"时期是世界生物产业进入大规模产业化、国际分工格局快速形成的重要时期，也是我国生物产业发展面临国际竞争压力比较集中的关键时期。随着入世过渡期结束，发达国家知识产权、技术标准等方面的保护强化，我国长期以来建立在技术引进和仿制基础上的生物产业发展模式面临严峻压力。国内市场进一步开放，跨国生物企业和流通企业将进一步进入我国。如果我国本土生物企业不能尽快提高创新能力，有可能在全球化过程中走向"边缘化"。近年来，我国生物产业发展取得了长足进步。但必须看到，当前生物产业发展还存在诸多突出问题和制约因素，主要是：生物产业发展缺乏高层协调机制，政出多门、政策不配套、有限资源投入分散等问题比较突出；融投资体制、医药卫生体制改革等滞后，生物企业发展资金缺乏，低水平重复建设与低价格恶性竞争的问题比较突出；生物企业税负重，缺乏优惠政策支持。目前生物技术企业增值税实际税负达到13%～14%；生物科技成果转化率低，工程化环节薄弱，产业创新能力严重不足。这些问题如果不能及时有效地解决，有可能把握不住稍纵即逝的战略机遇，使我国生物产业发展水平迅速与发达国家拉大差距。

在近代史上，我国曾经几次与世界科技革命和产业革命失之交臂。同时，也不乏一些成功的例子。如20世纪50～70年代，我国在当时国力比较弱的情况下，集中力量搞出了"两弹一星"；又如，改革开放后，党中央、国务院明锐洞察新科技革命浪潮，把握机遇，及时做出发展高技术产业的战略部署，在短短的20年间，实现了我国高技术产业发展从小到大的历史性飞跃。当前，我国综合国力较20年前已明显增强，社会主义市场经济体制初步建立并日趋完善，生物产业实现跨越发展的经济技术产业基础和制度、体制条件基本具备。只要战略思路得当，我国在生物科技革命和产业革命中不仅可以有所作为，而且大有作为。

二、实施生物经济强国战略，推动我国经济社会全面协调可持续发展

未来20年，是我国全面建设小康社会并为实现现代化建设第三步战略目标打好坚实基础的重要历史时期，也是生物产业从初步形成到发展壮大的关键时期。必须充分估量生物科技革命和产业革命对我国经济社会的巨大影响，把加速生物产业发展放在经济社会发展的突出位置，积极参与生物科技革命和产业革命。

1. 指导思想

实施“生物经济强国战略”，将发展生物产业作为国家战略。以解决国计民生的关键问题为切入点和突破口，以营造良好的发展环境为重点，以体制创新为动力，大力发展现代生物产业，主动迎接生物经济时代；加快生物技术在农业、化工、环保等领域的应用，推进经济增长方式转变和产业结构升级。努力开创中华民族继农业文明领先之后生物经济时代新的辉煌。

2. 指导原则

（1）超前谋划。着眼于国民经济的长远发展，将生物产业作为战略性新兴产业进行超前谋划布局，既不能急功近利，又不能贻误时机。鉴于当前世界生命科学、生物技术发展方兴未艾，以及生物产业发展的特点，有必要适度超前部署相关工作。

（2）体制先行。体制性问题是制约我国生物产业的主要因素，发展生物产业，必须以体制创新为科技创新的先导，体制改革、优化政策环境先行。

（3）全球发展。国际化是我国生物产业做大做强的必然选择。要通过以市场换技术、以技术换技术等方式，充分利用国内外两种资源、两个市场，加快国内企业走出去步伐，迅速培育和壮大我国生物产业。

（4）重点突破。按照“一纵一横”对我国生物产业发展进行布局。一方面，要以关系国家生物安全、具有比较优势、可以缓解未来 20 年经济社会发展瓶颈约束的生物产业领域为重点，集中力量，实现重点领域的突破性发展。另一方面，全国生物产业布局要突出优势、特色，在重点地区实现突破性发展。

（5）集聚发展。集聚化是现代工业特别是高技术产业发展的一般趋势和必然规律。要选择产业基础好、技术创新能力强、国际化水平高的地区建设国家生物产业基地，示范、辐射和带动生物产业快速发展。

3. 战略目标

实施生物经济强国战略是一项长期任务，需要统筹规划，分步实施。2006～2010 年生物产业发展目标：建立有利于生物产业快速发展的行业管理体制、组织体系、技术创新体制和政策法规体系；生物产业增加值达到 5000 亿元，培育 3000～5000 家现代生物中小企业，初步形成一批大企业、一批有自主知识产权的产品、若干产业集聚基地。在此基础上，力争再通过 10 年的努力，将生物产业发展成为经济总量大、增长速度快、带动效应强的新兴主导产业，主要经济指标名列世界前三位；在战略性生物技术领域掌握相当数量的自主知识产权，大幅度提高生物产业的自主创新能力；主要生物技术产品能够满足国内人民群众的基本需求。到2020年，全国生物产业增加值突破20 000亿元，占GDP比重达到5%。为从根本上解决我国的粮食和食品安全问题提供重要支撑；生物医药产业规模进入世界前5位；生物能源占我国能源总量达到8%。

4. 主要任务

（1）建立健全生物产业发展的政策体系、法律体系和体制环境。加快建立健全生物安全应急技术体系、法律法规体系；加强领导和协调，形成政策合力；出台促进生物技术产业发展的优惠政策，包括税收政策、投融资政策、人才政策等，营造良好的政策环境和体制环境。开展生物物种资源调查，加强生物资源保护基础能力建设，建立生物资源保护与开发示范基地。加快医药卫生体制改革。

（2）实施集聚化战略，优化生物产业结构与布局。以科学发展观为指导，以加快发展为主线，以营造良好的创新创业环境为重点，在发挥市场配置资源的基础性作用的同时，通过宏观引导，实施政策倾斜，促进生物企业、资金、技术等资源向生物产业基地集中，重点支持优势技术和优势地区的发展，将发展生物产业基地与发挥区域比较优势相结合，与产业结构调整、培育新经济增长点相结合，努力形成各具特色的生物产业增长极。到2010年，初步形成若干专业化分工、各具特色、产业集聚度较高、销售收入“千亿元”的生物产业基地，工业增加值占全国的70%以上。力争通过十多年的努力，到2020年形成1个具有国际一流水平的“生物谷”。国家重点支持产业基地创新能力基础设施和产业创新体系建设，包括生命科学研究基础设施、生物技术公共实验室、中试基地，以及融资平台、人才培训平台等建设。

（3）实施规模化战略，加快培育生物龙头企业。发展技术创新能力较强、跨国经营的大型生物企业集团，对于实施走出去战略、突破发达国家的知识产权壁垒限制、提高产业集中度、带动中小企业发展、增强我国生物产业竞争力都具有重要作用。经过近年来的发展，目前我国涌现了一批高速成长、发展潜力巨大的企业。但与跨国公司相比，不论是在企业规模还是在技术创新能力方面都存在巨大差距。未来一段时期，要通过政策引导，按照市场经济要求，参照国际上大型企业集团的通行做法和先进经验，培育少数大型跨国生物龙头企业，重点增强其技术创新能力、投融资能力。力争通过十多年的努力，到2020年培育10家左右具有国际竞争力的跨国生物龙头企业。

（4）实施知识产权战略，提高生物产业核心竞争力。生物医药产业是高投入、高风险、高收益、周期长的行业，产品集中度非常高。2002年，全球销售额排名前6位的基因工程药物合计为236亿美元，占世界生物技术产品销售总额的67%。其中，重组人促红细胞生成素（EPO）销售额就达到81亿美元。但从我国情况看，目前产品重复严重，单品种销售规模小，有自主知识产权的产品更少。为此，未来20年，要在我国有基础和优势的领域，通过完善政策环境，加强政策扶持，培育一批重量级产品。力争到2020年培育100个具有自主知识产权的大品种。

（5）实施中小生物科技企业创新创业工程。新兴产业成长是小企业不断诞生，并在市场竞争中大浪淘沙、滚动发展的过程。从发达国家经验看，中小生物企业（人数在50人以下）是生物技术产业发展的主力军，具有极强的生命力。根据培育我国生物新兴产业的战略需要，目前迫切要求加强创新创业环境建设，出台鼓励创新创业的政策措施。实施国家“百万元创业示范工程”，对科研人员、教授的优秀生物技术项目产业化给予专项支持。力争到2020年培育数万家创新型中小生物企业。

三、政策措施建议

1. 加强对生物产业发展的宏观管理

建立高层协调机制，强化国家对生物产业发展政策协调的力度，包括：研究制定整体规划和相关产业发展政策、统筹协调生物产业发展与生物科技研发、统筹协调生物产业机制创新和科技创新、统筹协调生物技术产品市场准入和生物安全监管等。同时，成立国家生物产业协会，促进官、产、学、研、金的结合，为企业提供信息、政策等服务。

2. 多方筹措资金，加大对生物产业的投入

设立国家生物产业发展基金，提高预算内基本建设资金、科技发展资金对生物产业的支持力度，完善生物产业风险投资机制，引导社会资金投资生物产业。同时，优先安排科技型生物企业在深圳中小企业板上市融资，允许符合条件的生物企业到境外上市融资。对于具有良好市场前景及人才优势的生物企业，在资产评估中无形资产占净资产的比例可由投资方自行商定。

3. 出台支持现代生物产业发展的税收优惠政策措施

以增值税和所得税优惠减轻生物企业实际税负，鼓励企业研究开发具有自主知识产权的生物技术产品。对国家急需的防疫用生物制品实行零增值税率；对于企业自主开发生产的生物制品以“即征即退”方式按3%的实际税负征收增值税；对新创办的生物企业自获利年度起，享受“两免三减半”的所得税优惠政策；对国家规

划布局内的重点生物企业，当年未享受免税优惠的减按 10% 的税率征收企业所得税；生物企业人员薪酬和培训费可按实际发生额在企业所得税税前列支。

4. 建立开放型生物产业技术创新体系

以大学、科研院所为依托，完善生命科学综合研究设施，形成若干高水平的生命科学基础研究平台；打破部门、单位界限，组建若干开放运行的生物科技研究公共实验室、生物技术工程中心、GMP 中试基地、GCP 临床试验基地等，提高生物技术工程化能力；成立生物产业协会，大力发展生物信息中心等中介机构，加强市场体系建设，鼓励建立企业间策略性技术联盟，促进生物技术及市场供求信息的流动，提高生物技术成果转化率。

5. 建立良好的吸引培养人才机制

依托现有大学、国家生物工程中心、重点实验室等，建立生物技术人才培养基地，加强原始性创新人才、生物技术工程人才、复合型人才的培养。设立生物技术留学人员回国专项基金，吸引海外留学生回国创业。完善人才评价标准、分配激励机制，营造有利于生物技术优秀人才脱颖而出的机制和环境。

6.4 中药现代化是中药可持续发展必由之路

刘耕陶*
（中国医学科学院药物研究所）

新药研究与开发在任何国家和任何时代都是维护人们健康所必需的，因而是永不凋谢的“朝阳产业”。

药物依照其来源不同，分为合成药、动植物药和生物工程药三大类。新药研究有“三高一长”的特点：高投入、高风险、高回报和周期长。高投入指研制成功一种新药一般需要花费 3 亿～5 亿美元。高风险指 100 000 个新化合物经筛选后可能有 1000 个进入临床前研究，经多方评估后可能有 10 个候选药物进入Ⅰ期和Ⅱ期临床试验，最后只有 1 个成为新药。高回报指一旦研制成功，经济效益相当可观。一般

---

* 中国工程院院士

而言，约 30% 有投资回报。周期长指研制成功一个新药一般需要 10～15 年的时间。由于研制成功一个新药具有上述“三高一长”的特点，加之无法避免药物的不良反应，因而国际上出现一股从传统药物寻找新药的潮流。

目前全球植物药市场及发展趋势是，植物药市场销售份额增长迅速，从 1994 年的 125 亿美元增长至 2002 年的 244 亿美元，增长几乎 1 倍，主要市场在欧洲和美国。表 1 是近 10 年来植物药销售总额及地区分布情况。

表 1　近 10 年来植物药销售总额及地区分布情况

地　区	销售额（亿美元）			
	1994 年	1996 年	1998 年	2002 年
欧洲	60	70	75	95
东南亚国家	27	27	30	40
日本	18	24	24	29
北美洲	15	16	38	70
其他国家	5	3	9	12
合计	125	140	176	244

资料来源：《IMS Market Analysis》及《Phytopharm Consulting》

一、我国中药现代化面临的形势

为促进传统医药的应用和发展，2002 年 5 月世界卫生组织提出了对传统医药的看法，鼓励各国政府对传统医药及替代医药进行规范化管理，并纳入本国的卫生保健系统；促进传统医药及替代医药安全性、有效性及品质标准研究，保证民众对传统医药、替代医药的可获得性及药品费用的可承受性；促进传统医药及替代医药的合理使用。

美国食品药品管理局（FDA）和欧洲有关机构也相应地制定了有关传统药物的新管理条例。2004 年 6 月，美国 FDA 制定植物药管理条例不再坚持要求传统中药的单一化学成分分子，只要有历史文献资料说明该药有治病的历史记载，便能较快地进入Ⅰ期和Ⅱ期临床试验，但进行Ⅲ期临床试验（治疗）和申请作为新药（new drug application，NDA）则需要有完整的安全性和疗效数据，植物药的生产需要有优良或规范化的农业生产（good agriculture practice，GAP）和优良或规范化的工厂生产（good manufacture practice，GMP），品质控制需要有全面的化学和生物学分析。美国 FDA 修订植物药管理条例的原因是：①营养品和功能食品辅助剂工业产值一年达 20 亿美元；②对单一分子、蛋白类及植物药首先发放许可证；③有许多高新技术方法可用于控制药品质量，包括分子指纹图谱 LC/MS、基因组学和蛋白质组学指纹图谱、功能基因组学及复杂的作用机制。

在这样的形势下，我国的中药要实现现代化，面临诸多困难和挑战。

二、我国中药现代化面临的挑战

首先是印度制药业的发展对我们的挑战。1995 年前，印度制药企业数量多达 8000 家，年产值约 40 亿美元，药物品种少，仅约有 400 种西药原料，1/4 药品依赖进口，未开发出世界级新药。1995 年以后，印度政府对制药业调整政策，开放药价，同意药价上浮，引进外资，鼓励出口，发挥民族药物优势，利用亚热带植物资源开发新产品，重视创新药物的研发，努力与国际接轨。印度制药业采取的市场战略是，用仿制药进行原始积累，专利法不保护药品；用普通药打入市场，2000 年普通药出口 16 亿美元；用低价开拓国外市场，使印度一跃成为美国植物药市场的主要供货商。印度 Cipla 药厂生产的一种抗艾滋病药药费一年仅 350 美元，而同样一种药美国产则需 7 万美元。印度采取先仿制后创新，目前已有 20 家药厂得到美国 FDA 批准。

通过上述措施，印度正在向制药强国转变，表现在：①向国际化发展，Cipla 公司生产的某些药品销往世界 100 多个国家，Reddy Lab，Ranboxy 等药物公司也成为世界级医药公司；②收购西方药厂，如收购 Caraco 制药公司，德国 Bayer Basics 公司；③开发专利药物，已有 3 个专利新药［RBx2258，RBx6198，RBx7644（Ranbenzolid）］转让给欧、美制药公司；④生产通用名药进入国际市场。

印度制药业快速发展的原因主要是：①高薪吸收人才，十分重视创新；②有效参与国际竞争；③实行有效的市场战略；④有有眼光的企业和企业家；⑤印度属英语语系的国家，有语言上的有利条件。

概括起来，印度依靠政策扶持和通过非专利市场的潜心开发，已找到了一条适合该国制药工业发展的成功道路。在世界制药工业中，印度已成为中国的主要竞争对手。

再来看看我国台湾地区中药产业研究规划及市场现状。我国台湾地方管理当局制定了至 2008 年台湾地区的中药研究发展规划及目标，分为 15 个子课题，并落实了承担单位及经费支持额度。在中药产业方面，目前台湾有中药制剂厂 195 家（已实现 GMP 者 78 家）。资本额大都在 2000 万～5000 万元，多属于小型工厂，超过 1 亿元的厂家有胜昌（3.6 亿）、顺天堂（2.52 亿）、科达（2.2 亿）、港香兰（1.92 亿）、正和（1.2 亿）等，从业人员约 4000 人。2002 年中药总产值 48.1 亿（不包含保健食品），比 1995 年增长近 4 成。台湾中药厂将于 2005 年 3 月全面实施 GMP。

台湾卫生署中医药委员会预测，到 2008 年中药相关产业总产值将达 2000 亿台币（大约相当于人民币 500 亿）。2004 年 5 月 1 日起实施《中华中药典》，收载 200

种中药材品种。凡供制造、输入之中药材尚未收载于《中华药典》及《中华中药典》的药材，仍应按药事法相关规定，确保品质及规格，以保障民众用药安全[1]。

日本和韩国在中药产品的品质及传统中药复方的现代化研究与开发方面也走在我国的前面。

三、我国中药现代化面临的机遇

目前，传统药（主要为中草药产品）在国际市场销售额已超过240亿美元，平均每年以10%左右的速度递增。销往日本的救心丹、韩国的牛黄清心丸、德国的银杏叶制剂均是开发成功的例子。在国际传统药销售方面，日本、韩国、中国台湾占领大约95%。中国中药每年出口仅占5%市场，而进口的“洋中药”则有数亿美元。如此形势，对我国既是挑战又是机遇，如何去应对新的挑战是摆在中国医药界面前的大事。我国中药有其优势，也存在许多亟待解决的问题，要使中医中药走向世界，与国外竞争，出路在于现代化（图1）。

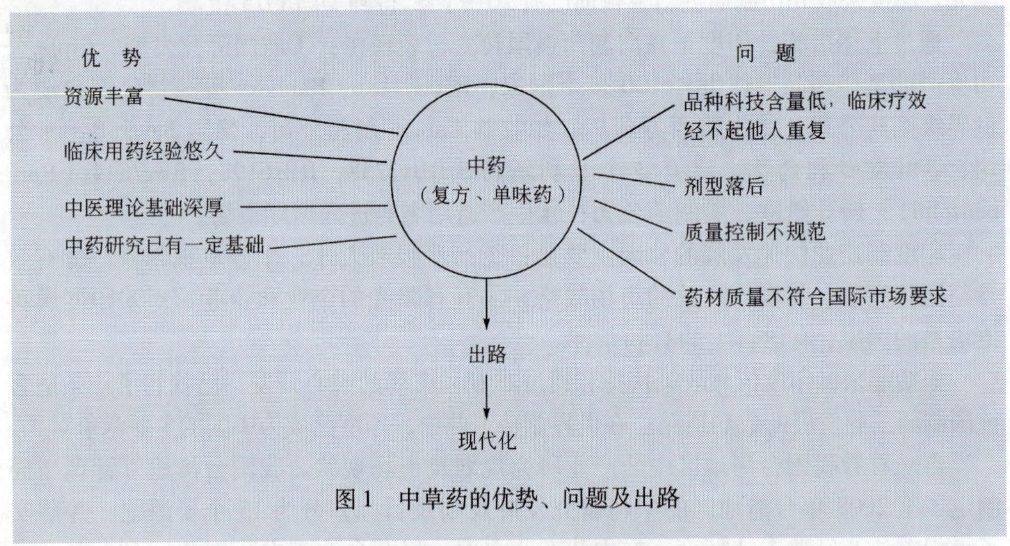

图1　中草药的优势、问题及出路

四、对　策

我国科技部、国家计委等八部委2002年颁布了《中药现代化发展纲要(2002~2010)》[2]。主要内容包括：指导思想、基本原则、战略目标、重点任务和主要措施。该纲要将有力地推动我国中药现代化的发展。中国内地已于2004年6月对所有药厂全面实施GMP。下面结合笔者的体会提出一些不成熟的看法[3]。

1. 如何处理中医与中药现代化的问题

中医中药是一个整体，在现代化进程中，是中医中药齐头并进还是选择突破口？中医理论现代化难度很大，相当长时间内难见成效。相比而言，中药现代化容易一些，如果组织实施好，10 年内可能会在某些方面，取得突破。因此，选择中药现代化作为突破口是时代发展的需要。

2. 中药现代化的含义

关于中药现代化学术界存在不同的看法。笔者认为，中药现代化目标就是国际化，我们应当参考中医中药理论，通过对一些有效中药复方和单味药的研究，赋予现代医药科学知识的内涵和表述，才能与国际医药学界交流并被认同。

3. 中药现代化研究目标

中药现代化究竟瞄准什么目标？笔者认为，应当瞄准西医尚无良好治疗方法的疑难病症，而中医中药有其疗效和特色，例如，肿瘤、心脑血管病、神经退行性疾病（老年性痴呆和帕金森病）、病毒性疾病（肝炎和艾滋病）、自身免疫性疾病（红斑狼疮、关节炎、某些皮肤病）、代谢病（高血脂症、糖尿病）和功能性障碍（疲劳综合征、衰老综合征）等等。

围绕上述疾病，中药复方、单味药均可研究，目标是二类中药，甚至是一类新药。对临床有效、销路好的中药产品进行二次开发，提高其科技含量，扩大社会效益和经济效益。此外，好的保健品也可以开发。

4. 新药研究选项的标准

选择什么项目进行开发研究？选择项目总的原则是：有效、安全、成本低、效益高。应公开招标，由专家评审，最后决策。

（1）有效性。指与同类其他药比较，选择项目的药效学要有特点，或是药理活性强，或作用机制新，能有自主知识产权，作用“平平”的一般项目不应选择，否则属于低水平重复。

（2）安全性。首选药效好、毒性低或无毒性的药物，如果某些药的药效确实很好，虽有一定毒性亦可选用，如抗艾滋病药、抗癌药。

（3）生产成本。生产成本的高低涉及药品销售价格和厂家效益。成本高药价也贵，患者经济能力承受不了，厂家经济效益相应地也会低。因此，对生产成本要进行预测评估。

（4）市场大小。直接涉及生产厂家的效益问题，首选市场大的药品。某些疾病患者人数多，市场必然大。例如肝炎，中国有几千万患者，如能找到一个好药，市场一定大，生产厂家效益一定高。有的病种发病率低，例如某些遗传病，发病人数少，市场也很小，但是如果某药确有疗效，“舍此无他”，市场虽然小，亦可生产。这就要多从社会效益考虑了。

上述四个标准，科研人员和企业家需要综合考虑，全面评估，最终做出选择，决定是否进行研究开发。

5. 中药现代化的几个技术关键问题

（1）准确的临床疗效评价。要按 GCP（good clinical practice）标准，采用双盲、随机、对照方法进行新药的临床试验，疗效判断指标明确有意义，检测技术方法灵敏、稳定可靠，才能客观地对药物的疗效做出评估。GCP 指优良或规范化临床试验，最基本的原则是随机、双盲、对照（安慰剂或阳性有效药）。随机指进入临床试验的患者应是随机分配入试验组和对照组，而非主观分配。双盲指医生、护士和患者均不知道所试验的药品何者为试验新药，何者为安慰剂。对照在国外多采用安慰剂对照法。安慰剂指所试药的一种赋形剂，其外观、形状、色泽、体积，乃至味道都要与所试真药相同。“有比较才能有鉴别”，新药临床疗效的评价如果不采用 GCP 标准，所得结果很难有说服力。有人说，中医是辨证论治，对中药疗效的评估不能采用 GCP 方法。“真金不怕火炼”，凡是有效的药品，即使是中药，也应将中医辨证与西医辨病相结合，在 GCP 中应能得到确认。

（2）提高中药药理基础研究水平。药理学研究应当回答有什么药理作用，为什么有效等问题。为此，应当采用新的靶标，从动物→细胞→亚细胞→受体、酶（蛋白质组学）→基因水平，进行深入研究，不要满足于拿到新药证书，不再继续去研究新药作用的机制。研究的越深入，阐明的问题越多、越清楚，就越能延长药物的市场寿命。

（3）中药药效的物质基础的阐明。无论是中药复方还是单味中药，临床有疗效，药理有活性，必有其物质基础。植物化学家采用各种先进的分离技术方法，回答中药发挥疗效的物质是什么？是单一成分还是多成分或组分？这对生产工艺的改进，药品质量控制和剂型改进均有十分重要的意义。有些中药的活性物质一时也分不出来，至少应弄清楚其化学成分指纹图谱。虽非活性物质成分，但可作为指标成分。

（4）严格质量控制问题。药品必须有定量或定性的质量控制指标，化学的或生物的质量控制方法均可，以保证每批产品质量一样。

（5）加强制剂的研究。中药制剂除传统的丸、散、膏、丹外，已有胶囊、片剂、颗粒冲服剂、口服液、注射液等新制剂。但总的说来，还离不开“粗、大、黑”，应当不断改进剂型，研制出“精、细、小”不同规格的新剂型，使患者服用更方便。要实现这一转变，关键在于要有药理学和中药化学研究的基础。

（6）基地建设问题。为保证生产所需的中药材质量合乎要求，应当逐步建立符合农业生产规范要求的GAP。GAP指药用植物和动物的优良农业实施，以管制中药的质量。从生态学环境、种质和育种、栽培、培育和采收、运输、包装和应用，每一步都应当在全程管控下进行。中药材GAP产地应选择大气、水质、土壤无污染地区，要求在一定范围内没有各种污染源，灌溉水质达到农田灌溉水质标准（需要检测pH、汞、镉、铅、砷、铬、氯化物、氰化物），大气环境要达到大气环境质量标准（需要检测总悬浮微粒、二氧化硫、氢氧化物、氟化物），药园土壤环境质量要达到土壤质量标准（应检测汞、铅、铜、铬、砷及BHC、DDT等农药残留量）。诸如所用的农药、土壤、化肥及药材采集时间都要好好研究。

中药现代化必须建立符合GMP标准的中药厂。GMP指中药产品的生产药厂应具备优良的生产规范和条件。实施GMP的目的，是要把人为错误减少到最低，防止药品的污染与品质变化，建立能保证产品品质优良的生产体系。

概括起来，我国中药要实现现代化与国际化，主要步骤和内容如下表（表2）。

表2 中药现代化与国际化的主要步骤

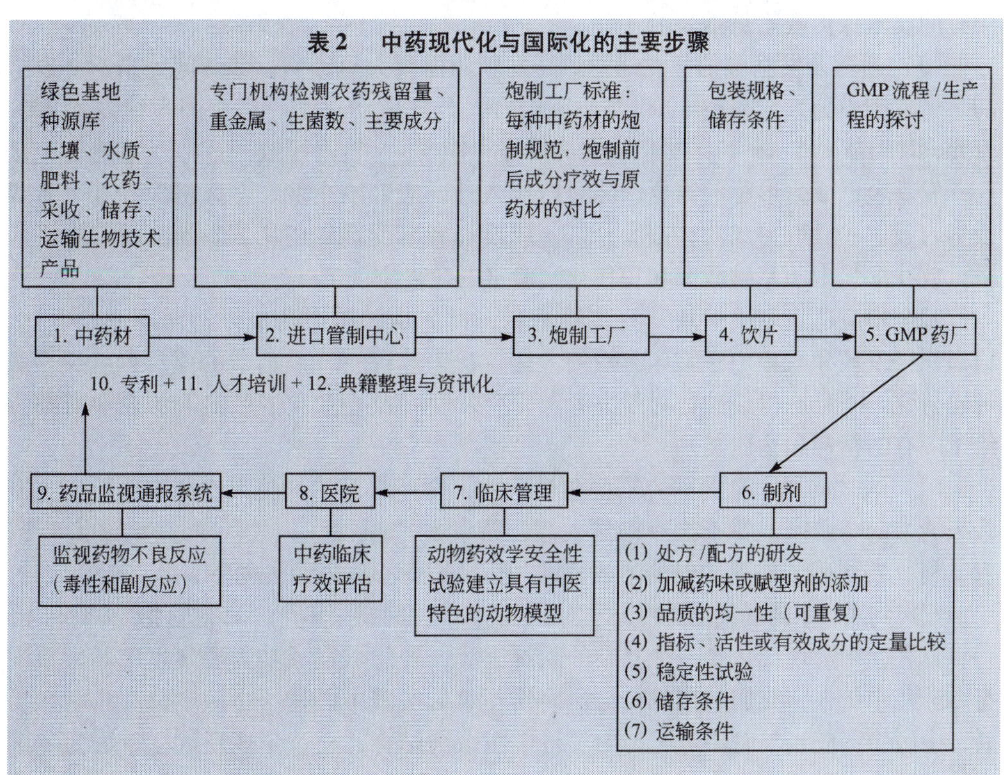

6. 中药现代化的政策问题

上面所述均为技术层面问题。中药现代化实施过程中还有许多政策问题。

（1）“双百”方针。有人担心，中药现代化会导致“废医存药”。其实不然，中药现代化只会推动中医现代化的研究，通过药的研究可反证中医的某些理论。有人认为，中药特别是中药复方现代化应以中医理论指导中药研究，着重研究中药复方配伍规律及中医理论所赋予的药理性状的表述，如笔者所述的中药现代化观点是“中药西做”，如此等等。我们要贯彻“双百”方针，允许不同观点和研究思路并存，争论而不互相干扰，存异而求同，最后争取异途同归。“实践是检验真理的唯一标准”，临床疗效好坏是衡量中药现代化策略成功与否的标准。

（2）保护政策问题。对外开放和促进民族制药工业的发展中有些技术政策需要处理妥当。例如，在中药研究和开发成产品的过程中，还包括药政管理的多个环节，如申报临床试用、申报试生产、最终申报生产，还有“洋中药”进口的审评制度，处理这些环节时既要掌握安全有效的原则，又要促进我国民族医药产业的发展，其中有的技术保护政策是重要的一环。

（3）新药开发基金的建立问题。开发新药需要大量经费，钱从何处来？开发成功一个二类中药大约需要1000万研究经费，开发成功一个一类中药大约需要2000万元，时间需要6～8年。投产后推销得好可能3～5年就可收回成本。筹建一个新药开发基金已成为形势的需要，除政府投入外，应鼓励企业、金融机构和社会各界投资入股，一旦取得成功，按股分红，或投资者享受优先使用权。当前政府投入应重点放在加强中药基础研究和现代化实验室的建设方面。

基金中应适当划出一块作为奖励基金，目的是加速中药成果的涌现和产业化，应当积极发现和收集中医临床有效的方药，从中选择有开发前景的项目，组织力量加速研究，一旦取得成功，对献方者、研究发明者及企业化成效显著的企业家都要给予应有的精神和物质奖励。

（4）人才问题。新药研究需要两类人才，即高水平的科技人才和精明能干、有开拓能力的企业家。要不拘一格选人才，特别是“顶尖”人才。对这些人的“责、权、利”要明确，提高他们的生活待遇，让他们专心致志地去创新。

归根到底，中药现代化需要人才、项目和钱，三者缺一不行，其中人才是关键。

总之，中药现代化是一个复杂的系统工程，要想取得成功需要集思广益，共同努力。几千年来，我们的祖先在与疾病作斗争的实践中创建了中医中药。科学在发展，中医中药应当与时俱进，努力实行中西医药结合，通过中药现代化争取为中国人民乃至全人类健康做出新贡献。

参 考 文 献

[1] 林宜信．建置台湾中药用药安全产业．两岸中草药产业技术教育推广与产业论坛论文集（台北医学大学生药学研究所主办）．2004 年 11 月 27 ~ 28 日，台北、台湾，6 ~ 13

[2] 科技部、国家计委、国家经贸委、卫生部、药品监督局、知识产权局、中医药局、中科院．中药现代化发展纲要（2002 ~ 2010）

[3] 刘耕陶．也谈中药现代化．中西医结合杂志，2001，21（1）：3 ~ 4

6.5　促进生物产业发展的融资政策和税收政策

李志军
（国务院发展研究中心）

当前，我国生物产业发展既存在高新技术产业在创业初期遇到的普遍性问题，也有生物产业自身面临的一些特殊问题。其中，资金短缺、融资困难是生物产业发展面临的重要问题，需要在完善全国多层次的资本市场、全面推进国家税制改革的基础上，对生物产业采取一些特殊政策。

一、融资政策

1. 建立和完善全国多层次的资本市场

（1）加大对基础产业的投资力度，设立产业投资基金，逐渐弱化自身在创业投资中的地位，充分调动民间资本，使创业投资的资本金来源更趋多样化。

（2）建立专门的中小企业银行，政策性银行对初创期企业进行无息、免息、低息贷款，商业性银行对信用较好的企业实行优惠贷款利率；完善贷款体系（抵押贷款、信用贷款、担保贷款等）；建立健全信用保证体系，成立信用担保公司、信用评级公司，设立信用保证基金等。

（3）尽快解决上市公司股权分裂现象，完善风险资本的退出途径。深圳中小企业板应该汲取国外创业板运作的成功经验，采取独立运作模式，尤其是中小企业板与主板应实行差别化上市标准，以真正加快中小企业尤其是高新技术企业的融资步伐。

（4）努力使风险资本的来源多样化，积极吸收民间资本、公司养老金等资金。可以借鉴国外的经验，利用税收政策激励创业投资的发展，如美国从联邦政府到各州都有税收优惠政策，主要表现为降低资本利得率和所得税抵免。而英国除了以上税收优惠外，还推迟资本利得纳税，即如果资本利得是从对科技型中小企业的再投资中获得的，投资者可以推迟对该部分资本利得的纳税。放开对创业投资公司有限合伙制的限制，避免对创业投资的重复征税。

2. 对生物产业融资的建议

（1）多方筹措资金，加大对生物产业的投入。设立中国生物产业发展基金；在国家计划中适当安排一部分预算内基本建设资金，用于生物产业的基础设施建设和产业化项目；国家发展和改革委员会、财政部、科技部在安排年度计划时，应从其掌握的科技发展资金中各拿出一部分，用于支持基础生物开发，或作为生物产业的孵化开办资金；建立生物产业风险投资机制，鼓励对生物产业的风险投资。由国家扶持，成立风险投资公司，设立风险投资基金。初期国家可安排部分种子资金，同时通过社会定向募股和吸收国内外风险投资基金等方式筹措资金。

（2）为生物企业在国内外上市融资创造条件。支持生物企业在深圳中小企业板上市融资。生物企业不分所有制性质，凡符合中小企业创业板上市条件的，应优先予以安排；对具有良好市场前景及人才优势的生物企业，在资产评估中无形资产占净资产的比例可由投资方自行商定；支持生物企业到境外上市融资。经审核符合境外上市资格的生物企业，均可允许到境外申请上市筹资。

（3）鼓励以无形资产入股、放宽对无形资产持股比例的要求、允许并鼓励生物企业或个人捐赠建立生物技术研究基金（捐款税前列支）、允许专利技术（或可评价的技术）在银行抵押贷款、加速折旧等。

（4）促进生物企业的兼并收购，鼓励非生物企业对生物企业的战略投资。

二、税收政策

在税收政策方面，应充分考虑生物产业的特点和我国生物产业所处的发展阶段，立足长远，坚持“放水养鱼”的思想，研究制定有效的税收措施，对生物产业的重要领域和重要产品给予支持，促进生物产业更快、更好地发展。

1. 全面推进国家税制改革

党的十六届三中全会通过的《关于完善社会主义市场经济体制若干问题的决

定》，明确了我国下一步税制改革的基本原则和主要内容：分步实施税收制度改革；统一各类企业税收制度；增值税由生产型改为消费型，将设备投资纳入增值税抵扣范围；改进个人所得税，实行综合和分类相结合的个人所得税制。

按照党中央、国务院的部署，我国下一步税制改革的基本思路是：按照“简税制、宽税基、低税率、严征管”的原则，围绕统一税法、公平税负、规范政府分配方式、促进税收与经济协调增长、提高税收征管效能的目标，在保持税收收入稳定、较快增长的前提下，适应经济形势和国家宏观调控的需要，积极稳妥地分步骤对现行税制进行有增有减的结构性改革。

第一，逐步推行增值税由生产型改为消费型。

我国1994年进行增值税改革时，从当时控制固定投资规模膨胀的宏观经济环境和保持税负基本稳定的需要出发，采用了国际上很少使用的生产型增值税制。这种税制只允许企业抵扣购进原材料所含进项税金，不允许抵扣购进固定资产所含进项税金，因而存在对资本品重复征税的问题，影响了企业投资的积极性，制约了资本有机构成高的企业和高新技术产业的发展。

实行消费型增值税，允许扣除外购固定资产、原材料等项目中所含的税金，可以避免重复征税，鼓励企业增加固定资产投资。因此，这一转型可以进一步消除重复征税，有利于鼓励企业增加固定资产投资，特别是鼓励资本有机构成高的企业扩大投资，带动产业结构调整，促进企业技术进步。

第二，统一各类企业税收制度。

（1）按照世贸组织原则，统一内、外资企业所得税。改革开放初期，中国为吸引外资，推出很多对外企有利的税收优惠政策。目前我国对内、外资企业实行两套不同的所得税制度。统计资料显示，内资企业所得税税率为33%，外资企业为15%，去掉大量税收优惠政策的因素，内资企业所得税平均实际负担率为22%左右，外资企业所得税的平均实际负担率则为11%左右。也就是说，外资企业所得税率比内资企业低整整一半。因此，我国对外资企业实行的是“超国民待遇”。

考虑到我国企业所得税的实际负担率，以及其他国家企业所得税的水平，统一后的税率应设计在24%左右。而在统一税率的同时，还应该统一税基计算，将所有生产和经营有关的费用列入成本，从税基中扣除，从而实现实际税率的统一。

我国加入世贸组织的过渡期已临近结束，金融、商贸等服务领域的市场正全面向外资开放，在外资企业享受国民待遇原则而进入国内市场的同时，原来对外资企业采取的一系列税收优惠政策要相应取消，这样才符合世贸组织关于公平竞争的原则。统一内外资企业税收制度包含许多方面，其中最主要的是统一内外资企业所得税制。统一后的企业所得税应按照“扩大税基、降低税率”的原则，减轻内资企业的税负，取消外资企业的税收优惠，进一步规范税前扣除范围和标准，促使实际税负与名义税负趋于一致。推进这项改革涉及企业所得税“两法”合并问题，要与人大立法进程相协调，同时还要考虑对外资的影响，以及周边国家和地区对吸收外资采取的税收政策。为减轻对外资企业的影响，统一内、外资企业所得税还可与增值税的转型联动推进。

（2）结合税费改革，统一内资企业的税收制度。要按照十六届三中全会提出的“非公有制企业在投融资、税收、土地使用和对外贸易等方面，与其他企业享受同等待遇”的要求，对现行税费政策进行调整，消除现行税费制度对非公有制经济的歧视性待遇，促进非公有制经济的平等竞争，共同发展。在成本摊提、投资的税收抵扣和税收减免等方面，应当对各类企业一视同仁，消除按所有制划分的不公平税负，改善企业经营环境。应按照扩大税基、降低税率的原则，减轻内资企业的税负。

第三，改进个人所得税，实行综合与分类相结合的个人所得税制度，合理确定税前扣除项目，适当调整税率。

现行个人所得税是“94 税制”中由以前的个人收入调节税、个人所得税修改合并而来的一个税种。现在个人所得税的起征点为 800 元，是根据 10 年前的个人收入水平确定的，这就使广大工薪阶层成为纳税主体，而对高收入者起不到应有的调节作用，个人收入差距继续呈扩大趋势。

现行个人所得税政策起征点太低。虽然近年来有所改动，但仍存在税基扣除额偏低、税率太高的问题。要提高个人所得税税基，下调税率。要实行综合与分类相结合的个人所得税制，把工资薪金所得、生产经营所得、劳务报酬所得、财产租赁所得等有较强连续性的收入列入综合课征项目，实行统一的累进税率；对于财产转让、特许权使用费、利息、红利、股息等其他所得，仍然按比例税率实行分项征收；进一步规范税前扣除范围和标准，建立支付所得的单位与取得所得的个人双向申报的纳税制度，强化个人纳税意识；同时，按照公平税负、合理负担、鼓励引导个人投资公益事业的原则，适当提高个人捐赠支出的税前扣除标准，鼓励富裕阶层回报社会，促进社会捐助制度的建立。

第四，把区域税收优惠逐步转向产业优惠，重点向高技术产业（包括生物产业）倾斜。

目前我国对高新技术企业的税收减免政策具有很强的区域性，主要集中在高新技术开发区。开发区的高新技术企业从被认定之日起，减按 15% 的税率征收所得税；开发区外的高新技术企业，享受的税收优惠很少。实际上，高新技术企业在开业之初，赢利的可能性不大，15% 的所得税所起作用并不明显。要调整规范企业所得税优惠政策，要将区域税收优惠逐步转向产业优惠，重点向高新技术产业倾斜。

第五，采取多种鼓励措施，支持高技术产业发展。

通过加速折旧、中间试验品免税、放宽企业开发和研究开发的税前扣除等间接税收调控手段，对高新技术产业的促进作用更大。因此，应创新高新技术产业税收调控手段。可借鉴国外的经验，建立成本列支、快速折旧等方面的税收优惠制度，形成鼓励投入的良性机制。

第六，完善税收投资抵免政策，鼓励民间投资。

通过完善财税政策，形成民间投资稳定增长的机制。政策的杠杆作用，对企业创建和民间资金的进入具有很强的导向作用。投资抵免可以采取两种形式：①按投资额的一定比例抵免企业应纳所得税，该比例可以根据需要鼓励的程度不同，而采取高低不同的比例；②再投资退税，即对用前期税后利润再投资的部分，按投资数量全部退税。在投资抵免的方式上，可以进一步分别采取前抵和后抵两种方式，前者是抵免已经实现的利润，后者是抵免将要实现的利润，更能体现政府鼓励的导向，尤其是对政府鼓励的项目，建议可以按投资额的一定比例分别冲抵后三年或后五年将要实现的利润。

2. 对生物产业税收政策的建议

第一，关于增值税。

（1）对生物企业生产的国家急需的防疫用生物制品实行“零税率”政策。零税率是我国1994年税制改革后制定的增值税税率，目前实行零税率的纳税人仅局限于内、外资有“进出口经营权”的少数国家鼓励类和支持类产品。实行零税率对企业来讲是非常彻底的税收优惠政策，从促进我国生物产业的发展来讲，虽然不可能全部实行零税率政策，但对其中涉及的国家急需的防疫用生物制品可以实行零税率。

（2）对生物产品生产企业可实行增值税“即征即退”税收优惠政策。即比照财政部、国家税务总局、海关总署《关于鼓励软件产业和集成电路产业发展有关税收政策问题的通知》（财税［2000］25号）文件规定，对增值税一般纳税人销售其自行开发生产的生物产品，按17%的法定税率征收增值税，对实际税负超过3%的部分即征即退，由企业用于研究开发生物产品和扩大再生产。

生物产品生产企业实行这个政策，虽然不如“防疫用生物制品生产企业”实行零税率那样优惠，但它更具有普遍意义，应用范围也更加广泛。

（3）对生物产业率先实行消费型增值税。把生产型增值税转为消费型增值税，是我国增值税制改革的方向。实行消费型增值税就是在对企业征收增值税时，允许企业抵扣购进固定资产所含税款，以避免重复征税，鼓励企业增加固定资产投资，特别是可以促进高新技术企业和基础产业加大固定资产投资，带动产业结构调整，拉动经济增长。但是，在推进增值税转型的时候，要考虑到它对国民经济的影响和调节作用。

在转型的步骤上，可在高新技术产业首先转型。这样考虑，既能减缓对财政收入造成的减少，又能兼顾优先鼓励高新技术产业的发展。待条件成熟时，在所有行业中实现增值税转型。**建议对生物产业率先实行消费型增值税。**

第二，关于企业所得税。

在我国境内设立的生物企业可享受企业所得税优惠政策。新创办生物企业自获利年度起，享受企业所得税“两免三减半”的优惠政策。

对国家规划布局内的重点生物企业，当年未享受免税优惠的减按10%的税率征收企业所得税。

生物企业人员薪酬和培训费用可按实际发生额在企业所得税税前列支。

第三，关于关税和进口环节增值税。

对生物企业进口所需的自用设备，以及按照合同随设备进口的技术（含生物）及配套件、备件，除列入《外商投资项目不予免税的进口商品目录》和《国内投资项目不予免税的进口商品目录》的商品外，均可免征关税和进口环节增值税。

第四，关于投资生物产业。

（1）积极引导企业和社会资金投向生物技术，逐步使企业成为生物技术研究开发及产业化投入的主体。允许生物技术企业在税前按营业收入或销售收入计提一定比例的技术开发基金，用于产品开发和技术创新活动。生物技术企业可按当年销售额的3%～5%提取技术开发费用。投入相关活动的技术开发费用，可以抵扣当年税金。当年未使用完的，余额可结转下一年度使用。允许企业生产性设备实行快速折旧，鼓励企业技术进步。鼓励企业使用和购买具有自主知识产权的技术和设备，企业购买具有自主知识产权的技术和设备，购买价的15%～20%可以抵扣应税所得税。

（2）对生物产业风险投资给予税收优惠政策。对风险投资机构以股权投资方式投资生物产业，给予税收的优惠政策。通过税收政策鼓励风险投资机构发展来解决生物技术科研和产业化过程中的资金短缺问题；还可通过鼓励相关产业投入，支持配套产业跟进，扩大生物产业发展对整体经济发展的带动作用。

第五，加强税收政策与投资政策的配合。

在投资体制上，需要采取有效措施，以组建中国生物产业发展基金为重点，逐步建立风险投资机制，发展风险投资公司和风险投资基金，鼓励民间资本投入到生物技术产业。同时，在信贷政策上放宽限制，改变对民营科技企业的歧视观念，支持有发展前景的中小型科技企业发展；对市场前景好、技术含量高、经济效益好的生物技术成果转化和技术改造项目，应加大信贷支持的力度。

6.6 我国生物技术产业化的基本思路

袁志彬 温 珂

（中国科学院科技政策与管理科学研究所）

一、我国生物技术产业的发展

生物技术作为技术手段和基础，已经成为现代科技研究和开发的重点。生物产业是生物技术效应的具体体现，已经成为新经济和科技竞争的焦点。生物经济则成为21世纪继信息产业之后可持续发展的新的经济增长点。随着生物技术、生物产业的发展壮大，生物社会在不久的将来即会实现[1]。生物技术产业美好的发展前景已受到各国政府的普遍关注。

改革开放20多年以来，我国生物技术产业发展迅速，已经开始了从跟踪仿制到自主创新、从实验室探索到产业化、从单项技术突破到整体协调发展的历史性转变。全国科技厅局的实地调研结果表明，2003年底我国生物企业7373家，其中传统生物技术企业4573家，以现代生物技术为主的生物企业2860家，大多分布在北京、上海、浙江、江苏、广东、山东等地。截至2003年，我国现代生物企业从业人数为32.15万人[2]。

统计数据表明，全国31个省市涉及生物产业的开发区、科技园区、基地等园区共有168个，其中专门的生物园区（包括生物医药、生物农业和中药）总数为126个，约占75%；其他综合园区42个，占25%。调研结果显示，平均每省市有3.4个生物园区，每个生物园区的投资规模超过4亿元，年产值约10亿元，利税超过1.6亿元[3]。

据预测，未来几年中国生物技术产业的年均增长率不低于25%。从目前生物技术研发和产业化的整体水平来看，我国与国外尚存在一定的差距，但在某些方面却完全有可能实现跨越式发展。我国应该抓住未来20年发展的战略机遇期，在政策上予以充分支持，加快生物技术产业的进步和发展。

二、我国目前生物技术产业化中存在的主要问题

虽然我国生物技术产业发展取得了重要进展，但是生物技术产业化仍然面临着一系列问题，制约着生物技术产业持续快速发展。主要问题包括：对无形资产和知识产权认识不足，金融、税收、风险投资机制等方面还无法适应生物技术产业的发展要求，等等。

1. 对无形资产的认识不足

生物技术产业的一个显著特点就是无形资产远远大于有形资产。然而，目前我国在这个问题的认识上还存在不足，直接表现为规定无形资产在股权结构中的比例不得超过35%。与此相对照，在美洲（尤其是北美），生物技术高新企业在创建的时候，在第一期、第二期的融资中（即种子资金期和风险投资期），一般都是技术出资者控制了50%以上的股权，而资本出资方是小股东。随着企业规模的不断扩大，企业融资的不断增多，创业者（技术拥有者）才逐渐失去了绝对的控股权。

尽管我国明文规定，只要技术出资方和资本出资方双方认可，无形资本可以突破35%的股权限制，但是目前国内企业在注册过程中，工商部门并不认可无形资产占有企业股份超过35%。如果国内不能做到对无形资产价值的真正认同，那么很难将海外优质的无形资产引入国内，也很难将国内优秀的无形资产产业化。

2. 知识产权保护有待加强

知识产权保护不但关系到保护创新、保护研究与开发的积极性问题，还关系到创新与研发的可持续性开展等问题。目前我国在知识产权保护体系中，对发明人和专利权人的司法保护不到位，对创新的保护不到位，不仅体现在对企业技术泄密行为的打击力度不足，也体现在有关管理部门在行政中缺乏足够有效的技术保密监督机制，泄密后追究责任乏力，以及对专利侵权行为的惩治力度不够等，这些都会对生物技术产业化发展不利[4]。

3. 资金投入保障不力

生物技术产业在发展的不同阶段（种子期、创业期、扩展期和成熟期）都需要持续、高强度的资金投入，特别是前期资本投入非常大。我国生物技术产业化融资问题比较突出，主要包括金融和风险投资机制两个方面。

首先是金融措施存在制度性障碍。我国目前支持生物技术产业发展的金融手段

比较单一，鼓励中小企业发展的政府优惠信贷和信贷租赁机制也未建立。虽然规定银行要为生物技术企业提供积极支持，并可安排发行一定额度的长期债券，但实际落实难度很大。许多生物技术企业因缺乏足够的资本金或担保，很难申请到贷款。目前，我国生物技术企业的资本融通渠道只有创业者个人出资、上市公司或民营企业投资、政府的风险投资、国家科技部的中小企业担保基金、中小企业科技创新基金5种。其中，上市公司或民营企业的投资因为缺乏对无形资产的认识和认可，常常希望利用其所提供的有形资本在投资的企业中控股，严重地打击了创业者的积极性。其他几种渠道也因有关政策保障措施不到位而导致生物技术产业发展在融资措施方面存在制度性障碍。

其次是风险投资机制不健全。发达国家的实践表明，风险投资在促进高技术产业发展中起着重要的支撑和推进作用。许多生物技术公司都是通过风险投资筹措资金发展起来的。当前，我国风险投资机制不健全，存在的主要问题有：风险投资运作机制与生物技术企业的治理结构缺乏结合，投资公司难以参与企业经营；缺乏风险投资退出机制和渠道。

4. 税收优惠政策没有得到充分体现

目前在国家税收政策中，针对生物技术企业发展的优惠政策没有得到充分体现。

当前，我国对生物技术企业在所得税、进出口关税等方面做出了一些优惠规定，其中力度较大且执行较好的是高新区内的企业可减为按15%的税率征收所得税，新办企业自投产年度起免征所得税2年，但由于生物技术企业在投产初期利润甚微，故此条款给企业带来的实际利益并不是很大。另外，增值税的设置也对生物技术企业的发展构成一定的制度性障碍。增值税对增值各环节的征税模式，不断地抽走生物技术企业的流动资金，增加了生物技术企业运转的困难。此外，工资不能计入生产成本，以减免增值税，同样制约了中小型生物技术企业的发展。

三、促进我国生物技术产业化的基本思路

1. 改革科技组织与管理体制

中国政府涉及生物技术及产业的管理部门较多，如基础研究由科技部、国家自然科学基金委负责；生物高技术的研究、开发与产业化示范，生物高技术企业的认证由科技部负责；生物技术产业化与产业发展的有关政策由国家发改委负责。

以高技术产业计划为例，国家科技部负责的与生物技术有关的计划（或者基

金）有 3 个：“火炬计划”主要资助包括生物技术在内的高技术产品开发项目和高技术产业开发区建设；“科技型中小企业创新基金”主要用于支持和资助科技型中小企业（包括生物和医药）；“863 计划”重点资助高技术产业（其中包括生物工程、生物产业）。国家发改委有 2 项计划与生物技术产业化有关：“国家重大科技工程计划”确定 8 项重大科技产业工程计划（其中包括涉及生物技术的旱稻品质改良科技农业产业工程）；“生物技术产业化专项”主要支持生物技术及其产品的产业化、生物技术产业基地建设。从中可以看出，诸多计划政出多门、互相独立，资源分散，难以形成合力，结果造成资源浪费、效率低下等现象。

因此，有必要在适当时机建立一个专门的组织、领导和协调机构，对全国生物技术研发及其产业化进行统一、总体规划和协调指导，从而做到对生物技术及其产业的发展做出统筹安排，避免多头指挥和政出多门，实现决策、协调和实施系统的统一、简便和高效[5]。

2. 完善知识产权制度，加强法律法规建设

完善知识产权制度（重点是专利权保护），不断提高知识产权的管理和服务水平。积极借鉴国外一些成功的做法，如德国专利可为技术成果的产业化提供长达 20 年的法律保护，其生物技术领域的技术成果转化多以出售或转让拥有专利的技术和产品的许可证方式进行。法国政府通过法令修改，允许政府部门的研究人员在私营部门开发其创造的科研成果，知识产权属于其雇主——研究机构。

不断加强和完善法律法规体系和管理制度，为生物技术产业化发展提供有力的支持和保证。这方面可借鉴美国的一些做法，例如近年来，美国食品药品管理局（FDA）对基因药物的审批程序进行了一定程度的修改，包括放宽对某些新药的审批条件、减少新药申报环节、提高行政审批效率等措施，促使本国产品快速打入国际市场。

3. 制定多元化的投入政策，鼓励企业研发投入

国家应进一步加大对生物技术研发及产业化的投入力度，同时积极引导企业和社会资金投向生物技术，逐步使企业成为生物技术研发及产业化投入的主体。比如，允许生物技术企业在税前按营业收入或销售收入计提一定比例的“技术开发基金”，用于产品开发和技术创新活动；投入相关活动的技术开发费用，可以抵扣当年税金；允许企业生产性设备实行快速折旧，鼓励企业技术进步。

在现阶段，政府还应该设立专项科研成果转化扶持资金，支持科研机构和企业

吸取人类最新的生物技术研究成果，强化我国生物技术产品的国际竞争力。

4. 改革税收政策，发挥税收杠杆作用

对生物技术产业，建议国家制定并实行特殊的税收优惠政策，如实行类似于软件产业的专门增值税政策等。制定鼓励和吸引企业向生物技术研发投入的减免税或退税政策。对生物技术企业免征进口关税和进口环节增值税，并实行出口零税率，以提升其在国际市场的竞争力。

在充分发挥税收杠杆作用方面，可以借鉴国外有关经验。例如，美国政府利用税额优惠（如减免高技术产品投资税、高技术公司的公司税、财产税、工商税）等税制来间接刺激投资。英国政府对生物技术产业所给予的税收优惠政策包括：鼓励研究与开发及扩大科研投资的税收补贴；实行对中小企业倾斜的低公司税政策。另外，英国的税收法典和预算法均对私人投资者、风险资金的使用者和管理者规定了优惠的税收措施。法国政府把研究开发税额减免在投资后当年而不是 3 年后返还给投资公司，并废除对雇员享有股票选择权征收的社会担保费。德国从 1997 年 4 月开始对生物等高技术投资者免收股权交易盈利税。

5. 采取积极的金融措施，加大风险投资力度

采取积极的金融措施，首先是对生物技术企业贷款实行财政贴息的政策，引导银行贷款向生物技术产业倾斜。在政策性银行开辟生物技术企业贷款渠道，设立“专项贷款”。鼓励商业银行加大对产品目标市场良好的生物技术企业的扶植力度，扩大贷款规模。同时考虑由开发银行、风险投资机构、国内外大企业共同建立“生物技术产业基金”，用于发展投入较大、周期较长的重点项目[6]。其次，扩大生物技术企业直接融资渠道，特别是以发行企业债券的形式融资。选择具有自主知识产权并有一定市场规模的产品支撑的生物技术企业发行股票，增加股票上市指标和发行额度。第三，借鉴国外成功经验，如法国政府拨款建立生物技术“种子”基金，用来帮助创办新的生物技术公司，并通过信用担保和税收优惠等措施，使生物技术创新企业得到资助。

在采取积极的金融措施的同时，要加强风险投资的融资力度，建立高科技风险投资机制，开通创业板股票市场或者生物技术企业的柜台交易。如美国 28 个州都设立了政府支持的种子或风险基金，可以投资于与生物技术有关的公司，另外，5 个州设立了专门服务于生物技术公司的政府支持的风险基金[7]。目前英国科技企业投资的 90% 来自风险资本，其中 85% 的风险投资用于发展高新技术企业，中间很大一部分投向了生物技术企业。

参 考 文 献

[1] 王友同，吴文俊，吴梧桐．世界生物技术产业与生物经济．药物生物技术，2003，10（4）：199 ~ 208

[2] 李学勇．中国生物产业调研报告．北京：中央文献出版社．2004. 1 ~ 14

[3] 李学勇．中国生物产业调研报告．北京：中央文献出版社．2004. 435 ~ 443

[4] 王萍，王静波．我国生物技术产业发展政策建议．中国生物工程杂志，2003，23（12）：116 ~ 120

[5] 陈文晖．中国生物技术产业发展现状、问题及对策．中国工程咨询，2004（3）：22 ~ 24

[6] 国家发展计划委员会高技术产业发展司、中国生物工程学会．为生物技术产业发展营造良好的政策环境，中国生物技术产业发展报告（2002）．北京：化学工业出版社．2002. 236 ~ 238

[7] 马德秀，刘艳荣，宋群等．国外生物技术产业发展动向．经济研究参考，2004，9：28 ~ 37